嵌入式技术与应用丛书

嵌入式Linux
开发技术

廖建尚 王治国 郝玉胜 编著

电子工业出版社
Publishing House of Electronics Industry
北京·BEIJING

内容简介

本书主要介绍嵌入式 Linux 开发技术，主要内容包括嵌入式系统概述、嵌入式 Linux 开发环境、嵌入式 Linux 系统的移植、Linux 应用开发技术、Linux 驱动程序开发技术。本书结合具体的开发实践，由浅入深地介绍嵌入式 Linux 开发技术。读者可以边学习理论知识边进行开发实践，快速掌握嵌入式 Linux 开发技术。本书的开发实践均有完整的代码。读者可在开发实践代码的基础上快速地进行二次开发，并方便地将这些代码转化为各种比赛和创新创业的案例。这些开发实践不仅可为高等院校相关专业提供教学案例，也可为工程技术开发人员和科研工作人员提供较好的参考资料。

本书既可作为高等院校相关专业的教材或教学参考书，也可供相关领域的工程技术人员查阅。对于物联网开发的爱好者来说，本书也是一本深入浅出的读物。

本书提供了丰富的技术资料、开发实践代码以及 PPT 课件，读者可登录华信教育资源网（www.hxedu.com.cn）免费注册后下载。

未经许可，不得以任何方式复制或抄袭本书之部分或全部内容。
版权所有，侵权必究。

图书在版编目（CIP）数据

嵌入式 Linux 开发技术 / 廖建尚，王治国，郝玉胜编著. —北京：电子工业出版社，2021.11
（嵌入式技术与应用丛书）
ISBN 978-7-121-42374-1

Ⅰ. ①嵌⋯ Ⅱ. ①廖⋯ ②王⋯ ③郝⋯ Ⅲ. ①Linux 操作系统－程序设计 Ⅳ. ①TP316.89

中国版本图书馆 CIP 数据核字（2021）第 235950 号

责任编辑：田宏峰
印　　刷：北京天宇星印刷厂
装　　订：北京天宇星印刷厂
出版发行：电子工业出版社
　　　　　北京市海淀区万寿路 173 信箱　邮编 100036
开　　本：787×1 092　1/16　印张：19.25　字数：489 千字
版　　次：2021 年 11 月第 1 版
印　　次：2022 年 10 月第 2 次印刷
定　　价：88.00 元

凡所购买电子工业出版社图书有缺损问题，请向购买书店调换。若书店售缺，请与本社发行部联系，联系及邮购电话：(010) 88254888，88258888。
质量投诉请发邮件至 zlts@phei.com.cn，盗版侵权举报请发邮件至 dbqq@phei.com.cn。
本书咨询联系方式：tianhf@phei.com.cn。

前　言

近年来，物联网、移动互联网、大数据、云计算和人工智能技术的迅猛发展，改变了社会的生产方式，大大提高了生产效率和社会生产力。工业和信息化部、国家发展和改革委员会联合制定了《智能硬件产业创新发展专项行动（2016—2018年）》，提出了智能硬件发展的重点任务：提升高端智能穿戴、智能车载、智能医疗、智能服务机器人及工业级智能硬件产品的供给能力；加强低功耗轻量级底层软硬件技术、高性能智能感知技术、高精度运动与姿态控制技术、低功耗广域智能物联技术和端云一体化协同技术等智能硬件核心关键技术创新；推动健康养老、教育、医疗、工业等重点领域智能化提升。可以看出，我国在推动智能产品和嵌入式系统应用方面的决心，相信嵌入式系统的应用规模会越来越大。

作为嵌入式系统的主流开发技术，嵌入式Linux开发技术涉及的方面很多，如嵌入式Linux开发环境、嵌入式Linux系统的移植、Linux应用开发技术、Linux驱动程序开发技术等。本书结合具体的开发实践，由浅入深地介绍嵌入式Linux开发技术，每个开发实践均有完整的代码。读者可在开发实践代码的基础上快速地进行二次开发，并能够方便地将这些代码转化为各种比赛和创新创业的案例。这些开发实践不仅可为高等院校相关专业提供教学案例，也可为工程技术开发人员和科研工作人员提供较好的参考资料。

全书包括5章：

第1章是嵌入式系统概述，主要内容包括嵌入式系统的定义、特点与组成，嵌入式操作系统，Linux操作系统，嵌入式技术的应用，通过开发实践引导读者认知嵌入式系统。

第2章是嵌入式Linux开发环境，主要内容包括Linux的安装与基本命令、常用的嵌入式开发工具、Linux的编译环境。通过本章的学习，读者可以搭建嵌入式Linux开发环境，为后续的嵌入式开发做好准备。

第3章是嵌入式Linux系统的移植，主要内容包括BootLoader的移植与应用、Linux的内核与配置、Linux的文件系统与移植。

第4章是Linux应用开发技术，主要内容包括Linux文件与多任务编程、Linux网络编程、Linux数据库开发、嵌入式Web服务器应用。

第5章是Linux驱动程序开发技术，主要内容包括Linux驱动程序开发基础、字符设备驱动程序的开发、总线设备驱动程序的开发、块设备驱动程序的开发、网络设备驱动程序的开发。

本书将理论知识和开发实践相结合，读者可以边学习理论知识边开发实践，可以快速掌握嵌入式Linux开发技术。本书既可作为高等院校相关专业的教材或教学参考书，也可供相关领域的工程技术人员阅读。对于物联网开发的爱好者来说，本书也是一本深入浅出的读物。

本书在编写过程中，借鉴和参考了国内外专家、学者、技术人员的相关研究成果，我们尽可能按学术规范予以说明，在此谨向有关作者表示感谢，但难免会有疏漏之处，如有疏漏，请及时通过出版社与我们联系。

  由于本书涉及的知识面广,编写时间仓促,限于作者的水平和经验,疏漏之处在所难免,恳请广大专家和读者批评指正。

作 者
2021 年 10 月

目 录

第1章 嵌入式系统概述 (1)

1.1 嵌入式系统的定义、特点与组成 (1)
    1.1.1 嵌入式系统的定义 (1)
    1.1.2 嵌入式系统的特点 (1)
    1.1.3 嵌入式系统的组成 (2)
1.2 嵌入式操作系统 (3)
1.3 Linux 操作系统 (3)
    1.3.1 Linux 简介 (3)
    1.3.2 Linux 的发行版本 (4)
1.4 嵌入式技术的应用 (4)
1.5 开发实践：认知嵌入式系统 (5)
    1.5.1 嵌入式系统硬件认知 (5)
    1.5.2 嵌入式系统运行测试 (8)
1.6 小结 (9)
1.7 思考与拓展 (9)

第2章 嵌入式 Linux 开发环境 (11)

2.1 Linux 的安装与基本命令 (11)
    2.1.1 Linux 的安装与配置 (11)
    2.1.2 Linux 的软件包管理机制 (15)
    2.1.3 Linux 的 Shell 与基本命令 (17)
    2.1.4 Linux 的编辑器 (20)
    2.1.5 Shell 脚本 (22)
    2.1.6 开发实践：Linux 的安装与 vim 编辑器的使用 (28)
    2.1.7 小结 (30)
    2.1.8 思考与拓展 (30)
2.2 常用的嵌入式开发工具 (30)
    2.2.1 嵌入式 Linux 的开发模式 (30)
    2.2.2 远程控制工具 (31)
    2.2.3 串口通信工具 (32)
    2.2.4 文件传输工具 (33)
    2.2.5 源代码管理工具 (34)

  2.2.6 开发实践：嵌入式开发工具的使用 ·· (36)
  2.2.7 小结 ··· (38)
  2.2.8 思考与拓展 ·· (38)
 2.3 Linux 的编译环境 ··· (38)
  2.3.1 Linux 程序的开发环境 ··· (38)
  2.3.2 Linux 编译器的安装与使用 ··· (39)
  2.3.3 Linux 的动态库与静态库 ·· (41)
  2.3.4 Linux 调试器的安装与使用 ··· (42)
  2.3.5 Makefile 文件的编写 ··· (44)
  2.3.6 开发实践：Linux 的编译环境 ·· (46)
  2.3.7 小结 ··· (49)
  2.3.8 思考与拓展 ·· (49)

第 3 章 嵌入式 Linux 系统的移植 ·· (51)

 3.1 BootLoader 的移植与应用 ·· (51)
  3.1.1 BootLoader 简介 ·· (51)
  3.1.2 U-Boot 的移植 ··· (53)
  3.1.3 U-Boot 的使用 ··· (55)
  3.1.4 开发实践：U-Boot 的编译 ·· (58)
  3.1.5 小结 ··· (60)
  3.1.6 思考与拓展 ·· (60)
 3.2 Linux 的内核与配置 ·· (60)
  3.2.1 Linux 的体系结构与内核 ·· (60)
  3.2.2 Linux 内核分析 ·· (62)
  3.2.3 Linux 内核的配置 ··· (71)
  3.2.4 Linux 内核调试技术 ·· (76)
  3.2.5 开发实践：编译与测试 ·· (78)
  3.2.6 小结 ··· (83)
  3.2.7 思考与拓展 ·· (84)
 3.3 Linux 的文件系统与移植 ·· (84)
  3.3.1 Linux 文件系统 ·· (84)
  3.3.2 Linux 的根文件系统 ·· (86)
  3.3.3 使用 BusyBox 制作根文件系统 ·· (88)
  3.3.4 Ubuntu 嵌入式系统移植 ··· (89)
  3.3.5 开发实践：Ubuntu 根文件系统的制作 ·· (92)
  3.3.6 小结 ··· (93)
  3.3.7 思考与拓展 ·· (94)

第 4 章　Linux 应用开发技术 (95)

4.1　Linux 文件与多任务编程 (95)
- 4.1.1　Linux 文件编程 (95)
- 4.1.2　Linux 进程编程 (105)
- 4.1.3　进程间通信技术 (107)
- 4.1.4　Linux 线程编程 (120)
- 4.1.5　开发实践：Linux 系统应用编程 (127)
- 4.1.6　小结 (134)
- 4.1.7　思考与拓展 (135)

4.2　Linux 网络编程 (135)
- 4.2.1　网络编程基础 (135)
- 4.2.2　UDP 网络编程 (139)
- 4.2.3　TCP 网络编程 (143)
- 4.2.4　开发实践：Linux 网络编程 (149)
- 4.2.5　小结 (159)
- 4.2.6　思考与拓展 (159)

4.3　Linux 数据库开发 (159)
- 4.3.1　嵌入式数据库 (159)
- 4.3.2　SQLite3 数据库的操作 (160)
- 4.3.3　SQLite3 数据库的编程 (163)
- 4.3.4　开发实践：Linux 数据库编程 (168)
- 4.3.5　小结 (170)
- 4.3.6　思考与拓展 (170)

4.4　嵌入式 Web 服务器应用 (170)
- 4.4.1　嵌入式 Web 服务器 (170)
- 4.4.2　Boa 服务器的移植与测试 (171)
- 4.4.3　CGI 开发技术 (172)
- 4.4.4　开发实践：嵌入式 Web 服务器应用 (174)
- 4.4.5　小结 (178)
- 4.4.6　思考与拓展 (178)

第 5 章　Linux 驱动程序开发技术 (179)

5.1　Linux 驱动程序开发基础 (179)
- 5.1.1　Linux 驱动程序的概念 (179)
- 5.1.2　Linux 驱动程序的开发 (184)
- 5.1.3　GPIO 驱动程序的开发 (192)
- 5.1.4　总线设备驱动程序 (196)
- 5.1.5　基于设备树的驱动程序设计 (199)

· VII ·

5.1.6　开发实践：LED 驱动程序的开发 ··(203)
　　5.1.7　小结 ··(209)
　　5.1.8　思考与拓展 ··(209)
5.2　字符设备驱动程序的开发 ···(209)
　　5.2.1　按键驱动程序的开发 ··(209)
　　5.2.2　ADC 驱动程序的开发 ···(217)
　　5.2.3　PWM 驱动程序的开发 ··(220)
　　5.2.4　开发实践：按键、ADC、PWM 驱动程序的开发与测试 ·····················(225)
　　5.2.5　小结 ··(242)
　　5.2.6　思考与拓展 ··(242)
5.3　总线设备驱动程序的开发 ···(242)
　　5.3.1　I2C 总线概述 ··(242)
　　5.3.2　I2C 总线驱动程序的开发 ··(244)
　　5.3.3　I2C 总线驱动程序接口函数 ···(247)
　　5.3.4　开发实践：I2C 总线驱动程序的开发 ···(250)
　　5.3.5　小结 ··(259)
　　5.3.6　思考与拓展 ··(259)
5.4　块设备驱动程序的开发 ··(259)
　　5.4.1　Linux 块设备 ··(260)
　　5.4.2　Linux 块设备驱动程序的开发 ··(261)
　　5.4.3　RamDisk 块设备驱动程序的分析 ··(275)
　　5.4.4　开发实践：RamDisk 块设备驱动程序 ··(276)
　　5.4.5　小结 ··(281)
　　5.4.6　思考与拓展 ··(281)
5.5　网络设备驱动程序的开发 ···(281)
　　5.5.1　Linux 网络设备概述 ··(281)
　　5.5.2　网络设备驱动程序的开发 ··(282)
　　5.5.3　虚拟网络设备驱动程序的开发 ··(292)
　　5.5.4　开发实践：虚拟网络设备驱动程序的开发与测试 ······························(292)
　　5.5.5　小结 ··(296)
　　5.5.6　思考与拓展 ··(296)

参考文献 ··(297)

第 1 章 嵌入式系统概述

本章是嵌入式系统概述，详细介绍了嵌入式系统的定义、特点与组成，嵌入式操作系统，Linux 操作系统，嵌入式技术的应用，通过开发实践引导读者认知嵌入式系统。

1.1 嵌入式系统的定义、特点与组成

随着计算机技术的飞速发展和嵌入式微处理器的出现，计算机应用出现了历史性的变化，并逐渐形成了计算机系统的两大分支：通用计算机系统和嵌入式计算机系统（简称嵌入式系统）。

嵌入式系统早期曾被称为嵌入式计算机系统或隐藏式计算机。随着半导体技术及微电子技术的快速发展，嵌入式系统得以风靡式的发展，其性能不断提高，导致出现一种观点，认为嵌入式系统通常是基于 32 位微处理器设计的，往往带操作系统，本质上是瞄准高端领域和应用的。然而随着嵌入式系统应用的普及，这种高端应用系统和以前广泛应用的单片机系统之间有着本质的联系，使嵌入式系统与单片机紧密地联系起来了。

1.1.1 嵌入式系统的定义

关于嵌入式系统的定义有很多，较通俗的定义是指嵌入对象体系中的专用计算机系统。

国际电气和电子工程师协会（IEEE）对嵌入式系统的定义是：嵌入式系统是控制、监视或者辅助设备、机器和工厂运行的装置。该定义是从应用的角度出发得到的，强调嵌入式系统是一种完成特定功能的装置。该装置能够在没有人工干预的情况下独立地进行实时监测和控制。这种定义体现了嵌入式系统与通用计算机系统应用目的的不同。

我国对嵌入式系统定义为：嵌入式系统是以应用为中心，以计算机技术为基础，并且软/硬件可裁减，适用于应用系统对功能、可靠性、成本、体积、功耗有严格要求的专用计算机系统。

1.1.2 嵌入式系统的特点

嵌入式系统是先进的计算机技术、半导体技术和电子技术与各个行业的具体应用相结合

的产物，这决定了它是技术密集、资金密集、知识高度分散、不断创新的系统。同时，嵌入式系统又是针对特定的应用需求而设计的专用计算机系统。这也决定了它必然有自己的特点。

不同的嵌入式系统具有一定的差异。一般来说，嵌入式系统有以下特点：

（1）软/硬件资源有限。但随着软/硬件技术的发展，过去只能安装在个人计算机（PC）中的软件，现在也出现在了复杂的嵌入式系统中。

（2）集成度高、可靠性高、功耗低。

（3）有较长的生命周期，嵌入式系统通常与所嵌入的宿主设备具有相同的使用寿命。

（4）软件程序存储（固化）在存储芯片上，开发者通常无法改变。

（5）嵌入式系统是计算机技术、半导体技术、电子技术和各个行业的应用相结合的产物。

（6）一般来说，嵌入式系统并非总是独立的设备，而是作为某个更大型计算机系统的辅助系统。

（7）嵌入式系统通常都与真实物理环境相连，并且是激励系统。激励系统通常处在某一状态，在得到输入信号或激发信号后，完成计算并输出更新后的状态。

另外，随着嵌入式微处理器性能的不断提高和软件的高速发展，越来越多的嵌入式系统出现了以下新特点：

（1）性能和功能越来越接近通用计算机系统。随着嵌入式微处理器性能的不断提高，一些嵌入式系统的功能也变得多而全。例如，智能手机、平板电脑和笔记本电脑在形式上越来越接近，尤其是人工智能的出现，让智能手机如虎添翼。

（2）网络功能已成为标配。随着网络的发展，尤其是物联网、移动互联网和边缘计算等的出现，网络功能已成为嵌入式系统的一种必备功能。

1.1.3 嵌入式系统的组成

嵌入式系统一般由硬件系统和软件系统两大部分组成。其中，硬件系统包括嵌入式微处理器、外设和必要的外围电路；软件系统包括嵌入式操作系统和应用软件。常见嵌入式系统的组成如图1.1所示。

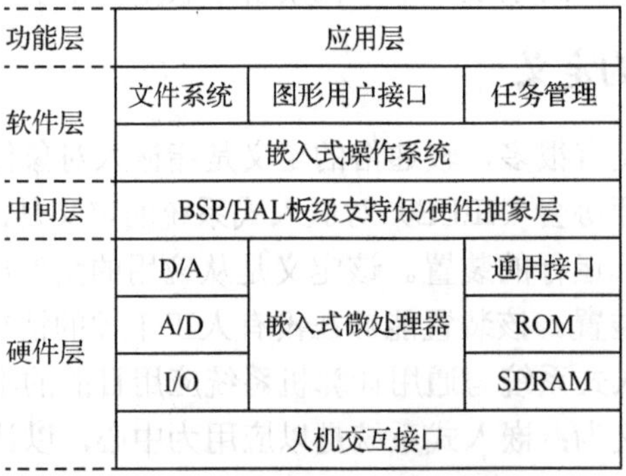

功能层	应用层		
软件层	文件系统	图形用户接口	任务管理
	嵌入式操作系统		
中间层	BSP/HAL板级支持保/硬件抽象层		
硬件层	D/A	嵌入式微处理器	通用接口
	A/D		ROM
	I/O		SDRAM
	人机交互接口		

图1.1 常见嵌入式系统的组成

1.1.3.1 硬件系统

（1）嵌入式微处理器。嵌入式微处理器是硬件系统的核心。在早期的嵌入式系统中，嵌入式微处理器通常是微处理器。如今，嵌入式微处理器一般采用 IC（集成电路）芯片形式，可以是 ASIC（专用集成电路）或者 SoC 中的一个核。核是 VLSI（超大规模集成电路）上功能电路的一部分。常用的嵌入式微处理器芯片包括微处理器、微控制器、数字信号处理器（DSP）、片上系统等。

（2）外设。外设主要是指存储器、I/O 接口等辅助设备。尽管嵌入式微处理器已经包含了大量的外设，但对于需要更多 I/O 接口和更大存储能力的大型系统来说，还需要连接额外的I/O 接口和存储器，用于扩展其他功能和提高性能。

1.1.3.2 软件系统

嵌入式系统的软件系统可以分成有操作系统和无操作系统两大类。在复杂的应用中，多任务成为基本的需求，因此操作系统也是嵌入式系统中的必要组成部分，用于协调多任务。软件系统通常由应用程序、API、嵌入式操作系统等组成。

1.2 嵌入式操作系统

嵌入式操作系统主要是指实时嵌入式操作系统，可以进一步分为软实时嵌入式操作系统和硬实时嵌入式操作系统。对于实时嵌入式操作系统来说，其最主要的特点就是满足对时间的限制和要求，能够在确定的时间内完成规定的任务。在工程项目中，往往选用实时嵌入式操作系统来统一管理软/硬件资源，使程序的设计尽量变得简单，尽量降低每个子模块的耦合性。目前，使用比较多的几种实时嵌入式操作系统有 Vxworks、Linux 和 µC/OS-II 等。

Vxworks 是于 1983 年设计开发的一款实时嵌入式操作系统，是一个高效的内核，具备很好的实时性能，开发环境的界面也比较友好。Vxworks 在对实时性要求极高的领域应用得比较多，如航天航空、军事通信等。

Linux 的最大特点是开源并且遵循 GPL 协议，其应用范围比较广。自从 Linux 在中国普及以来，其用户数量越来越多。嵌入式 Linux 和普通 Linux 并无本质的差别。常用的实时嵌入式 Linux 操作系统有 RT-Linux、µCLinux、国产红旗 Linux 等。

µC/OS-II 具备一个实时内核应具备的所有核心功能，编译后的代码只有几 KB。开发者可以廉价地使用 µC/OS-II 开发商业产品或进行教学研究，也可以根据自己的硬件性能优化代码。

1.3 Linux 操作系统

1.3.1 Linux 简介

Linux 是一种类 UNIX 操作系统，是一个基于 POSIX 和 UNIX 的多用户、多任务、支持多线程和多 CPU 的操作系统，支持 32 位和 64 位硬件。Linux 继承了 UNIX 以网络为核心的设计思想，是一种性能稳定的多用户网络操作系统，其特点如下：

(1) Linux 由众多微内核组成，源代码完全开源。

(2) Linux 继承了 UNIX 的特性，具有非常强大的网络功能，所支持的网络协议包括 TCP/IPv4、TCP/IPv6 和链路层拓扑程序等，可以利用 UNIX 的网络特性开发出新的协议栈。

(3) Linux 的工具链完整，通过简单的操作就可以配置合适的开发环境，从而简化开发过程，减少开发中仿真工具的障碍，使系统具有较强的移植性。

1.3.2　Linux 的发行版本

在 Linux 的发展过程中，各种 Linux 发行版本推动了 Linux 的应用，让更多的人开始关注 Linux。往往多款 Linux 发行版本使用的是同一个 Linux 内核，因此不同发行版本不存在兼容性问题。常用的几款 Linux 发行版本介绍如下：

(1) RedHat Linux。RedHat 公司的产品主要包括 RHEL（RedHat Enterprise Linux）和 CentOS（RHEL 的社区克隆版本）、Fedora Core（由 RedHat 桌面版本发展而来）。

(2) Ubuntu Linux。Ubuntu Linux 是基于 Debian Linux 发展而来的，其界面友好、容易上手，对硬件的支持非常全面，适合作为桌面系统。

(3) SuSE Linux。SuSE Linux 以 Slackware Linux 为基础，于 1994 年发行了第一版，2004 年被 Novell 公司收购后，成立了 OpenSUSE 社区，推出了社区版本 OpenSUSE。SuSE Linux 可以与 Windows 交互，拥有界面友好的安装过程和图形管理工具。

(4) Gentoo Linux。Gentoo Linux 最初是由 Daniel Robbins（FreeBSD 的开发者之一）创建的，首个稳定版本发布于 2002 年。

(5) 其他 Linux 发行版本。除了以上 4 款 Linux 发行版本，还有很多其他版本。表 1.1 所示为常见的 Linux 发行版本及其特点。

表 1.1　常见的 Linux 发行版本及其特点

版本名称	特　　点
Debian Linux	开放的开发模式，易于进行软件包升级
FedoraCore	拥有数量庞大的用户，优秀的社区技术支持，并且有许多创新
CentOS	一种对 RHEL（RedHat Enterprise Linux）源代码再编译的产物，将 RHEL 的源代码进行再编译后分发，并在 RHEL 的基础上修正了不少已知的漏洞
SuSE Linux	专业的操作系统，易用的 YaST 软件包管理系统
Mandriva	操作界面友好，使用图形配置工具，有庞大的社区进行技术支持，支持 NTFS 分区的大小变更
KNOPPIX	可以直接在 CD 上运行，具有优秀的硬件检测和适配能力，可作为系统的急救盘
Gentoo Linux	高度的可定制性，使用手册完整
Ubuntu Linux	优秀的桌面环境，基于 Debian 构建

1.4　嵌入式技术的应用

自从 20 世纪 70 年代微处理器诞生后，将计算机技术、半导体技术和微电子技术等融合在一起的专用计算机系统，即嵌入式系统，已广泛地应用于家用电器、航空航天、工业、医疗、汽车、通信、信息技术等领域。各种各样的嵌入式系统和产品在应用数量上已远远超过通用计算机系统，从日常生活到生产的各个角落，可以说嵌入式系统无处不在，与人们生活紧密相关的几个应用领域如下。

（1）消费类电子产品应用。嵌入式系统在消费类电子产品应用领域的发展最为迅速，而且这个领域对嵌入式微处理器的需求量也是最大的。由嵌入式系统构成的消费类电子产品已经成为生活中必不可少的一部分，如智能手机、PDA、数码相机、平板电脑等。

（2）智能仪器仪表类应用。这类产品可能离日常生活有点距离，但是对于开发人员来说，却是实验室里的必备工具，如网络分析仪、数字示波器、热成像仪等。通常这些嵌入式设备中都有一个应用微处理器和一个运算微处理器，可以完成数据采集、分析、存储、打印、显示等功能。

（3）通信信息类产品应用。这些产品多数应用于通信机柜设备中，如路由器、交换机、家庭媒体网关等，在民用市场使用较多的莫过于路由器和交换机了。基于网络应用的嵌入式系统也非常多，目前市场发展较快的是监控领域的应用。

（4）过程控制类应用。过程控制类应用主要是指在工业控制领域中的应用，包括对生产过程中各种动作流程的控制，如流水线检测、金属加工控制、汽车电子等。汽车工业在我国取得了飞速的发展，汽车电子也在这个大发展的背景下迅速成长。现在，一辆汽车中往往包含有上百个嵌入式系统，它们通过总线相连，实现对汽车各部分的智能控制，如车载多媒体系统、车载GPS导航系统等都是典型的嵌入式系统。

（5）航空航天类应用。不仅在低端的民用产品中，在航空航天这样的高端应用中同样需要大量的嵌入式系统，如火星探测器、火箭发射主控系统、卫星信号测控系统、飞机控制系统、探月机器人等。我国的探月工程"嫦娥三号"中的探月工程车就是最好的实例。

（6）生物微电子类应用。在指纹识别、生物传感器数据采集等应用中也广泛采用嵌入式系统。环境监测已经成为人类必须面对的问题，随着技术的发展，将来的空气中、河流中可以用大量的微生物传感器实时地监测环境状况，并将监测到的数据实时地发送到环境监测中心，从而监测环境，避免发生更深层次的环境污染。

1.5 开发实践：认知嵌入式系统

本节以深圳市亿晟科技有限公司的 RK3399 嵌入式开发板为例，带领读者认知嵌入式系统。

1.5.1 嵌入式系统硬件认知

嵌入式开发板和扩展板实例分别如图 1.2 和图 1.3 所示。

嵌入式系统的组成结构如图 1.4 所示。

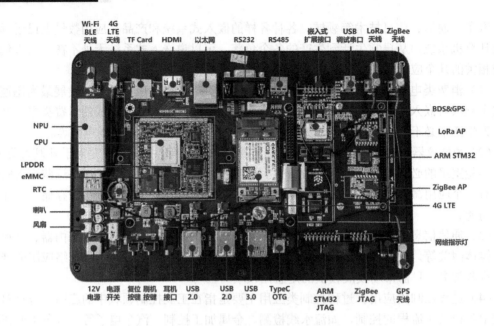

图 1.2 嵌入式开发板实例

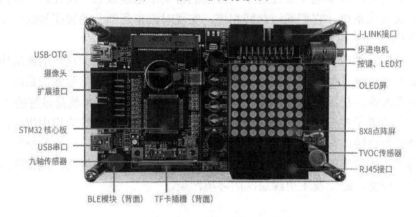

图 1.3 嵌入式扩展板实例

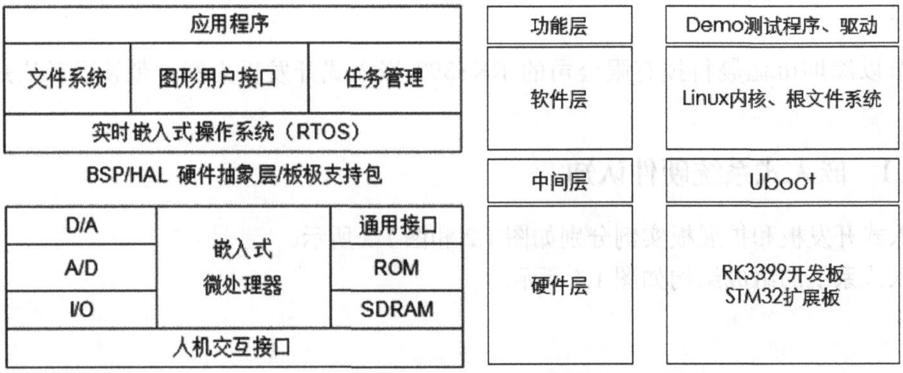

图 1.4 嵌入式系统的组成结构

RK3399 嵌入式开发板的功能框图如图 1.5 所示。

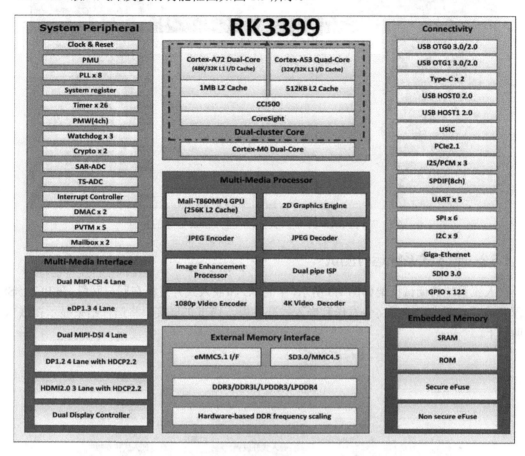

图 1.5　RK3399 嵌入式开发板的功能框图

嵌入式平台的硬件连接如图 1.6 所示。

图 1.6　嵌入式平台的硬件连接

在 RK3399 嵌入式开发板上启动 Linux 系统，其界面如图 1.7 所示。

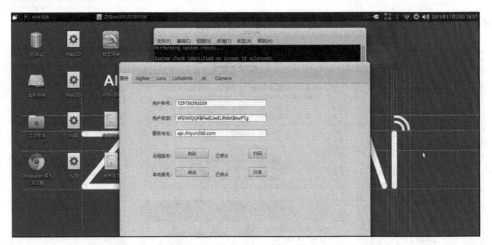

图 1.7　在 RK3399 嵌入式开发板上 Linux 系统的界面

1.5.2　嵌入式系统运行测试

嵌入式系统的调试框架如图 1.8 所示，保证 PC 和嵌入式开发板在同一网段，在 PC 上 SSH 远程登录后，可将已调试文件发送到嵌入式开发板，通过扩展接口将运行结果显示在嵌入式扩展板上。

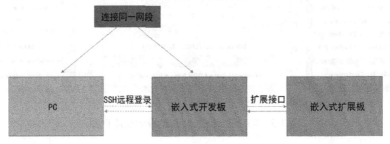

图 1.8　嵌入式系统的调试框架

PC 通过 SSH 远程登录嵌入式开发板后，在 PC 上运行测试程序，如图 1.9 所示。

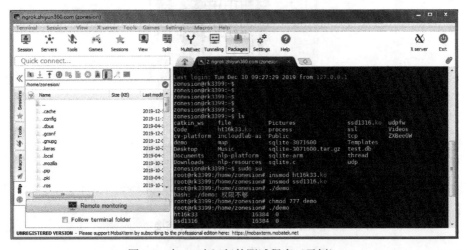

图 1.9　在 PC 上运行的测试程序（示例）

测试程序运行成功后,可以在嵌入式扩展板上显示运行结果,如图 1.10 所示。

图 1.10 扩展板显示

1.6 小结

通过本章的学习,读者可以了解嵌入式系统的定义、特点与组成,理解嵌入式操作系统、Linux 操作系统和嵌入式技术的应用,并通过一个开发实践,对嵌入式系统有个定性的认知。

1.7 思考与拓展

(1) 嵌入式微处理器有哪些种类?各有什么特点?
(2) 常见的嵌入式操作系统有哪些?
(3) 在实际应用中,哪些工控设备需要运用嵌入式操作系统?

第 2 章 嵌入式 Linux 开发环境

本章主要介绍 Linux 的安装与基本命令、常用的嵌入式开发工具、Linux 的编译环境。通过本章的学习，读者可以搭建嵌入式 Linux 开发环境，为后续的嵌入式开发做准备。

2.1 Linux 的安装与基本命令

2.1.1 Linux 的安装与配置

2.1.1.1 Linux 安装的基础知识

1）文件系统

文件系统是操作系统用于明确存储设备中文件的方法和数据结构，即在存储设备中组织文件的方法。操作系统中负责管理和存储文件信息的软件部分称为文件系统。

文件系统由三部分组成：文件系统接口、对象操纵和管理的软件集合、对象及属性。文件系统是一种对文件存储设备的空间进行组织和分配，负责文件存储并对存入的文件进行保护和检索的系统，可实现文件的建立、存入、读出、修改、转存等操作。文件系统是软件系统的一部分，可以使应用程序方便地使用抽象的符号来命名数据对象，并使用大小可变的存储空间。Linux 和 Windows 的文件系统对比如表 2.1 所示。

表 2.1 Linux 和 Windows 的文件系统对比

对 比 项 目	Linux 的文件系统	Windows 的文件系统
文件系统的类型	根目录文件系统	多根目录文件系统
路径名分割符	/	\
文件系统结构	文件夹	驱动器盘符

2）分区

分区是对硬盘的一种格式化。通过创建分区可设置好硬盘的各项物理参数，指定硬盘主引导记录和引导记录备份的存放位置。

（1）分区格式。硬盘必须经过低级格式化、分区和高级格式化三个处理步骤后才能存储数据，常用的分区格式如下：

① FAT16。FAT16 支持的最大分区为 2 GB，几乎所有的操作系统都支持 FAT16 这种分区格式。FAT16 的最大缺点是硬盘利用效率低。硬盘文件的分配是以簇为单位的，一个簇只能分配给一个文件使用，不管这个文件占用整个簇容量的多少。即使文件很小，它也要占用一个簇，该簇的剩余空间便无法被其他文件使用，造成了硬盘空间的浪费。

② FAT32。FAT32 采用 32 位的文件分配表,这种分区格式大大增强了对硬盘的管理能力。FAT32 的一个最大优点是：在一个不超过 8 GB 的分区中，采用 FAT32 分区格式的每个簇容量都固定为 4 KB，可以大大减少硬盘空间的浪费，提高硬盘空间的利用率。但采用 FAT32 分区格式的硬盘，由于文件分配表的扩大，运行速度比采用 FAT16 分区格式的硬盘慢。

③ NTFS。NTFS 的优点是硬盘在使用过程中不易产生碎片。NTFS 解决了存储容量限制的问题，最大可支持 16 EB（1 GB=1024 MB，1 TB=1024 GB，1 PB=1024 TB，1 EB=1024 PB）。NTFS 的簇大小为 512 B～4 KB。采用 NTFS 分区格式时，可恢复文件系统。NTFS 分区格式通过使用标准的事务处理日志和恢复技术，可保证分区的一致性，支持对分区、文件夹和文件的压缩。

（2）GRUB。GRUB（GRand Unified BootLoader）是一个多操作系统启动程序，允许用户在同一台计算机中安装多个操作系统，在启动计算机时可以选择希望运行的操作系统。GRUB，还可用于选择操作系统分区上的不同内核，并向内核传递启动参数。

3）挂载与挂载点

挂载是指用户通过操作系统的文件系统来访问存储设备中的文件或目录的过程。挂载点必须是一个目录。在 Linux 中，挂载点实际上就是文件系统的入口目录，类似于 Windows 中用来访问不同分区的盘符。

2.1.1.2 Linux 的安装过程

Linux 发行版本非常多，常用的 Linux 发行版本有 Ubuntu、Fedora、SuSE 等。这里以 Ubuntu14 为例介绍 Linux 的安装过程。

（1）下载并单击 Ubuntu14 安装包，会出现是否新建分区表的界面。

（2）选择新建分区表选项，会弹出一个提示框图，如图 2.1 所示，单击"继续"按钮，可弹出"安装类型"对话框。

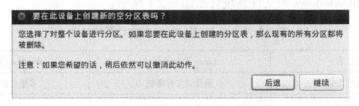

图 2.1　Ubuntu14 安装过程（1）

（3）在"安装类型"对话框中选择"空闲"条目后，单击下角的"+"，如图 2.2 所示，可弹出"创建分区"对话框。

（4）在"创建分区"对话框中，将"大小"设置为"62376（原来大小为 64424 MB，减去 2048 MB 的内存，即 62376 MB），"挂载点"一定要设置为根目录，如"/boot"，如图 2.3 所示，单击"确定"按钮后可返回"安装类型"对话框。

图 2.2 Ubuntu14 安装过程（2）

图 2.3 Ubuntu14 安装过程（3）

（5）在"安装类型"对话框中双击"空闲"条目，可再次弹出"创建分区"对话框，将"新分区的类型"设置为"主分区"，将"新分区的位置"设置为"空间起始位置"，将"用于"设置为"交换空间"，如图 2.4 所示，单击"确定"按钮后返回"安装类型"对话框。

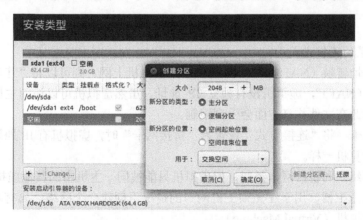

图 2.4 Ubuntu14 安装过程（4）

（6）在"安装类型"对话框中单击"/dev/sda1 ext4 /boot",在弹出的对话框中单击"继续"按钮,如图 2.5 所示,就可以安装 Ubuntu14 了。

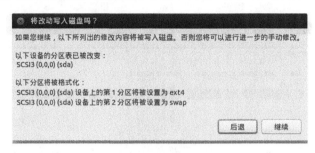

图 2.5　Ubuntu14 安装过程（5）

以上的主分区大小需要手动计算,如果在设置分区时设置错误,就会导致虚拟机无法正常工作。

2.1.1.3　Linux 的常用服务配置

Linux 的服务配置有很多选项,最常用的是网络配置和文件传输配置（用于和 Windows 进行交互）。网络配置的连接方式有"网络地址转换（NAT）""桥接网卡""内部网络""仅主机适配器"等,如图 2.6 所示。

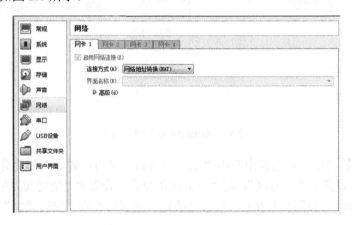

图 2.6　网络配置的连接方式

1）网络配置的连接方式

（1）网络地址转换（NAT）。如果只需要使用虚拟机上网,则可以将"连接方式"设置为"网络地址转换（NAT）",虚拟机没有独立 IP 地址,虽然虚拟机可以访问主机,但主机无法访问虚拟机,因此在文件共享方面会受到限制。

（2）桥接网卡。将"连接方式"设置为"桥接网卡"时,虚拟机有 IP 地址,此时就像局域网中的其他计算机一样。

（3）内部网络。和桥接网卡类似,但虚拟机只能被同一主机中的其他虚拟机访问。

（4）仅主机适配器。用于在无须主机网卡的情况下创建一个网络,只有本主机（Host）和其上的一些虚拟机（Virtual Machine）。

2）文件传输的配置

Linux 之间可以在安装 SSH 协议后利用 scp 命令进行文件互传；Windows 默认不支持 SSH 协议，可以通过文件夹的映射进行交互。通过其他一些工具可以实现 Windows 和 Linux 之间的文件传输。

2.1.2 Linux 的软件包管理机制

2.1.2.1 软件包管理机制简介

大多数类 UNIX 操作系统都提供了一个集中的软件包管理机制，用于帮助用户搜索、安装和管理软件，软件通常以包的形式存储在软件包仓库中。

软件包的管理通常不仅涉及软件的安装，还涉及对已安装软件进行升级的工具。软件包仓库有助于确保代码已经在使用的系统上进行了审核，并由软件开发者或软件包维护者进行管理。大多数软件包管理系统是建立在包文件上的集合，包文件通常包含已编译好的二进制文件和其他资源组成，如软件、安装脚本、元数据及其所需的依赖列表。

虽然大多数流行的 Linux 发行版本在软件包管理工具、方式和形式上都大同小异，但还有一些差异，如表 2.2 所示。

表 2.2 常用 Linux 发行版本在软件包管理方面的差异

发行版本	格式	工具
Debian	.deb	apt、apt-cache、apt-get、dpkg
Ubuntu	.deb	apt、apt-cache、apt-get、dpkg
CentOS	.rpm	yum
Fedora	.rpm	dnf

软件包的命名方式为 Filename_Version-Reversion_Architecture.deb，其中，Filename 为软件包名称，Version 表示软件版本，Reversion 表示修订版本，Architecture 表示体系结构。

根据用户交互方式的不同，可以将软件包管理工具分为三类，如表 2.3 所示。

表 2.3 根据用户交互方式进行的软件包管理工具分类

交互方式	常用的软件包管理工具	描述
命令行窗口	dpkg-deb、dpkg、apt	在命令行窗口中完成软件包的管理任务。为了完成软件包的获取、查询、依赖性检查、安装、卸载等任务，需要使用不同的命令
文本窗口界面	dselect、aptitude、tasksel	在文本窗口界面中，使用窗口和菜单可以完成软件包的管理任务
图形界面	synaptic	在 X-Window 桌面环境中运行，具有更好的交互性、可读性、易用性等特点

2.1.2.2 deb 软件包管理工具与常用命令

Debian Linux 首先提出"软件包"的管理机制，将应用程序的二进制文件、配置文档、man/info 帮助页面等文件合并打包在一个文件中，用户可以通过软件包管理工具直接操作软件包，完成软件的获取、安装、卸载、查询等操作。

deb 软件包基于 tar 包，因此本身会记录文件的权限以及所有者/用户组。由于类 UNIX 操作系统对权限、所有者、组有严格的要求，而 deb 软件包又经常涉及底层的操作，所以对权限的设置尤其重要。

deb 软件包本身由三部分组成：第一部分是数据包，包含实际安装的程序数据，文件名为 data.tar.XXX；第二部分是安装信息及控制脚本包，包含 deb 软件包的安装说明、标识、脚本等，文件名为 control.tar.gz；第三部分是 deb 软件包的一些二进制数据，包含文件头等信息。

Ubuntu 有两种类型的软件包：二进制软件包和源代码包。

（1）二进制软件包（Binary Packages）：包含可执行文件、库文件、配置文件、man/info 页面、版权声明和其他文件。

（2）源代码包（Source Packages）：包含软件源代码、版本修改说明、构建命令和编译工具等。源代码包先由 tar 工具归档为 .tar.gz 文件，再打包成 .dsc 文件。

dpkg 软件包管理工具的命令如表 2.4 所示。

表 2.4　dpkg 软件包管理工具的命令

命　令	含　义
dpkg -i <package>	安装一个在本地文件系统上已存在的 deb 软件包
dpkg -r <package>	移除一个已经安装的软件包
dpkg -P <package>	移除已安装的软件包及配置文件
dpkg -L <package>	列出已安装的软件包清单
dpkg -s <package>	显出软件包的安装状态

Debian 作为 Ubuntu、Linux Mint 和 Elementary OS 等 Linux 操作系统的母板，具有功能强大的软件包管理工具，它的每个组件和应用程序都内置在系统的安装包中。Debian 使用一套名为 apt（Advanced Packaging Tool）的软件包管理工具来管理安装包中的组件和应用程序。注意，不要和 apt 命令混淆。

在基于 Debian 的 Linux 发行版本中，有各种工具可以与 apt 软件包管理工具进行交互，方便用户安装、删除和管理软件。apt-get 便是其中一款广受欢迎的命令行工具，另外一款较为流行的命令行工具是 aptitude（可以与 GUI 兼容）。

apt-get 软件包管理工具的常用命令如表 2.5 所示。

表 2.5　apt-get 软件包管理工具的常用命令

命　令	含　义
apt-get update	安装一个新软件包
apt-get install packagename	卸载一个已安装的软件包（保留配置文件）
apt-get remove packagenam	卸载一个已安装的软件包（删除配置文件）
apt-get -purge remove packagename	把已安装或已卸载的软件备份在硬盘上
apt-get clean	清除已经删掉的软件包

2.1.2.3　rpm 软件包管理工具与常用命令

rpm 是 RedHat Package Manager 的缩写，SuSE Linux、Turbo Linux 等 Linux 发行版本都

采用 rpm 软件包管理工具。rpm 软件包管理工具将编译好的应用程序的组成文件打包成一个或几个程序包，可方便快捷地实现应用程序的安装、卸载、查询、升级和校验等操作。

rpm 软件包管理工具的常用命令如表 2.6 所示。

表 2.6　rpm 软件包管理工具的常用命令

命　　令	含　　义
rpm -ivh filename.rpm	安装软件
rpm -Uvh filename.rpm	升级软件
rpm -e filename.rpm	卸载软件
rpm -qpi filename.rpm	查询软件描述信息
rpm -qpl filename.rpm	列出软件信息
rpm -qf filename	查询文件属于哪个程序包

2.1.2.4　yum 软件包管理工具与常用命令

yum 软件包管理工具是 Fedora、RedHat 和 SuSE Linux 中的 Shell 前端软件包管理工具，提供查找、安装、删除某个或某组甚至全部软件包的功能，其命令简洁、好记。yum 软件包管理工具的常用命令如表 2.7 所示。

表 2.7　yum 软件包管理工具的常用命令

命　　令	含　　义
yum check-update	列出所有可更新的软件
yum update	更新所有的软件
yum install <package_name>	仅安装指定的软件
yum update <package_name>	仅更新指定的软件
yum list	列出所有可安装的软件
yum remove <package_name>	删除软件包
yum search <keyword>	查找软件包
yum clean packages	清除缓存目录下的软件包
yum clean headers	清除缓存目录下的头文件
yum clean oldheaders	清除缓存目录下旧的头文件
yum clean, yum clean all (= yum clean packages; yum clean oldheaders)	清除缓存目录下的软件包及旧的头文件

2.1.3　Linux 的 Shell 与基本命令

2.1.3.1　Linux Shell

Shell 是 Linux 的交互界面，提供用户与内核进行交互的操作接口。Shell 接收用户输入的命令并把接收到的命令送入内核中去执行。

Shell 实际上是一个命令解释器，用于解释用户输入的命令并且把命令发送到内核。Shell

有自己的编程语言，用于编辑命令，以及编写由 Shell 命令组成的程序。Shell 编程语言具有普通编程语言的很多特点，如具有循环结构和分支控制结构等。使用 Shell 编程语言编写的 Shell 程序与其他应用程序具有同样的效果。

Linux 提供可视的命令输入界面——X Window 的图形用户界面（GUI），提供了很多桌面环境系统，有窗口、图标和菜单，所有的管理都可以通过鼠标控制。

2.1.3.2　Linux 的基本命令

开发 Linux 应用程序，需要熟悉 Linux 的基本命令。Linux 的基本命令如下：

（1）查询当前目录文件列表命令：ls。ls 命令在默认状态下将按首字母升序的方式列出当前文件夹下面的所有文件，可以结合以下参数查询更多的信息，例如：

```
ls -l                       //给出普通文件或者文件夹的详细信息
ls -a                       //显示所有文件，包括隐藏文件
```

（2）查询当前所在目录命令：pwd。要想知道当前所处的目录，可以使用 pwd 命令，该命令会显示整个目录名。

（3）进入指定目录命令：cd。该命令可将当前目录改变为指定的目录。若没有指定目录，则回到用户的主目录。为了改变到指定的目录，用户必须拥有对指定目录的读权限。

（4）在屏幕上输出字符命令：echo。例如：

```
echo hello
```

（5）读取文件内容命令：cat。例如：

```
cat 123.txt
```

（6）复制文件命令：cp。该命令的格式为：

```
cp[选项]　原文件或原目录　目标文件或目标目录
```

说明：把指定的文件复制成目标文件或把多个文件复制到指定的目标目录中。例如：

```
cp fork.c fork
```

（7）移动文件命令：mv。该命令的格式为：

```
mv[选项]　原文件或原目录　目标文件或目标目录
```

说明：把指定的文件移动到目标文件或把多个文件移动到指定的目标目录中。例如：

```
move fork /
```

（8）建立一个文本文件命令：touch。例如：

```
touch fork.c
```

（9）建立一个目录命令：mkdir。该命令的格式为：

```
mkdir　[选项]　dir-name
```

说明：该命令用于创建由 dir-name 命名的目录。要求创建目录的用户在当前目录中（dir-name 的父目录中），具有写权限，并且 dir-name 不能是当前目录中已有的目录或文件名。

例如：

> mkdir fork

（10）删除文件/目录命令：rm。该命令的格式为：

> rm　[选项]　文件

说明：该命令的功能是删除某个目录中的一个或多个文件或目录，也可以将某个目录及其下的所有文件及子目录均删除。对于链接文件，只是断开了链接，原文件保持不变。

（11）访问权限命令：chmod、chown 和 chgrp。在确定一个文件的访问权限后，用户可以利用 chmod 命令来重新设定不同的访问权限。也可以利用 chown 命令来更改某个文件或目录的所有者，利用 chgrp 命令来更改某个文件或目录的用户组。例如：

chmod u+s file	//为 file 的属主加上特殊权限
chmod g+r file	//为 file 的属组加上读权限
chmod o+w file	//为 file 的其他用户加上写权限
chmod a-x file	//为 file 的所有用户减去执行权限
chmod 765 file	//将 file 的属主设为完全权限，属组设成读写权，其他用户具有读和执行权限

通常使用 1、2 和 4 来分别表示文件的执行、写和读权限。例如 754，7 表示当前用户的权限，4+2+1=7，即当前用户具有读、写、执行的权限；5 表示当前用户所在组的权限，4+1=5，即当前用户组所在组对文件有读、执行权限，没有写权限；4：代表其他用户对该文件仅有读权限。例如，将文件 123.txt 的权限修改为 761，代码如下：

> test@hostlocal:~$ chmod 761 123.txt
> test@hostlocal:~$ ls -l 123.txt
> -rwxrw---x 1 test hostlocal 7 11 月 15 16:50 123.txt

（12）修改密码命令：passwd。使用 passwd 命令不仅可以为每一位新增的用户设置密码，还可以随时修改密码。

（13）关机与重启命令：shutdown。shutdown 命令可以安全地关闭或重启 Linux 系统，执行该命令后，会自动进行数据同步的工作。需要特别注意的是，该命令只能由超级用户使用。该命令的一般格式为：

> shutdown[选项][时间][警告信息]

其中，选项的含义如下：
- -k：并不真正关机，只是向所有的用户发出警告信息。
- -r：关机后立即重新启动。
- -h：关机后不重新启动。
- -f：快速关机，重新启动时跳过 fsck。
- -n：快速关机，不经过 init 程序。
- -c：取消一个正在运行的 shutdown 命令。

（14）压缩/解压缩命令：tar 命令。tar 的参数可通过"tar -help"查询。压缩示例如下：

> root@hostlocal:~#touch foo bar
> root@hostlocal: ~#ls

bar foo
root@hostlocal: ~#tar -cf pack.tar foo bar
root@hostlocal: ~#ls
bar foo pack.tar

解压缩示例如下：
root@hostlocal:~#rm bar foo
root@hostlocal:~#tar -xf pack.tar
root@hostlocal:~#ls
bar foo pack.tar

（15）系统管理命令：ps、kill。ps 命令用于显示当前系统中由该用户运行的进程列表，例如：

root@hostlocal:~#ps
PID TTY   TIME CMD
5044 pts/2 00:00:00 su
5051 pts/2 00:00:00 su
5052 pts/2 00:00:00 bash
5097 pts/2 00:00:00 ps

kill 命令用于将特定的信号输出到指定 PID（进程号）的进程，并根据该信号完成指定的行为。其中可能的信号有进程挂起、进程等待、进程终止等。例如：

root@hostlocal: ~#kill 5051
会话结束，结束 shell ...root@hostlocal:~#ps
PID TTY   TIME CMD
5044 pts/2 00:00:00 su
5051 pts/2 00:00:00 su
5052 pts/2 00:00:00 bash
5114 pts/2 00:00:00 ps

（16）系统查看命令。例如：

uname -a   //查看内核
lsmod   //查看内核加载的模块
lspci   //查看 PCI 设备
lsusb   //查看 USB 设备
ifconfig   //查看网卡状态
cat /proc/cpuinfo   //查看 CPU 信息
lshw   //显示当前硬件信息
free -ll   //查看当前的内存使用情况
sudo fdisk -l   //查看硬盘分区

2.1.4 Linux 的编辑器

2.1.4.1 vim 编辑器

vim 是 Linux 中常用的全屏交互式编辑器。vim 编辑器有输入、命令和编辑三种模式，这三种模式的切换如图 2.7 所示。

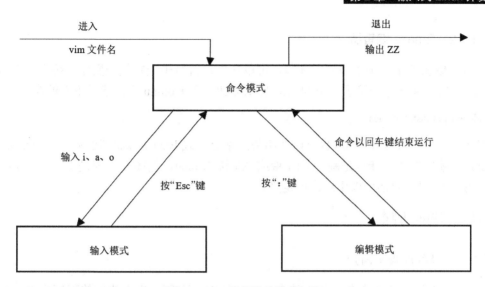

图 2.7　vim 编辑器的模式切换

通过 vim 编辑器打开文件时的编辑选项如表 2.8 所示。

表 2.8　通过 vim 编辑器打开文件时的编辑选项

vim 编辑器使用的选项	说　明
vim	打开或新建一个文件，并将光标置于第一行的行首
vim -r	恢复上次 vim 编辑器打开时崩溃的文件
vim -R	把指定的文件以只读方式放入 vim 编辑器中
vim +	打开文件，并将光标置于最后一行的行首
vi +n	打开文件，并将光标置于第 n 行的行首
vi +/pattern	打开文件，并将光标置于第一个与 pattern 匹配的位置
vi -c command	在对文件进行编辑前，先执行指定的命令

通过 vim 编辑器插入文本的快捷键如表 2.9 所示。

表 2.9　通过 vim 编辑器插入文本的快捷键

快　捷　键	功　能　描　述
i	在当前光标所在的位置插入随后输入的文本，光标后的文本相应地向后移动
I	在光标所在行的行首插入随后输入的文本，行首是该行的第一个非空白字符，相当于光标移动到首行后的快捷键 i
o	在光标所在行的下面插入新的一行，光标停在空行的行首，等待输入文本
O	在光标所在行的上面插入新的一行，光标停在空行的行首，等待输入文本
a	在当前光标所在位置之后插入随后输入的文本
A	在光标所在行的行尾插入随后输入的文本，相当于光标移动到行尾的快捷键 a

2.1.4.2 Emacs 编辑器

Emacs 编辑器是一个集成开发环境，可以让用户置身于全功能的操作系统中。在编辑器的基础上，Emacs 自行开发了一个 Shell，即 EShell。在 Ubuntu 下，通过下面的命令：

```
sudo apt-get install emacs
```

可以在终端安装 Emacs 编辑器，也可以在相关网站上下载 Emacs 编辑器的源代码后编译安装。

Emacs 编辑器的快捷键是基于 Ctrl 键或 Alt 键构成的，例如 C-x 就是 Ctrl+x，M-x 就是 Alt+x，所有的快捷键都可以由用户自定义。

2.1.5 Shell 脚本

2.1.5.1 Shell 脚本简介

Shell 脚本是指将各类命令预先放在一个文件中，方便一次性执行的程序文件，使用了 Linux、UNIX 中的命令。Shell 提供了数组、循环、条件和逻辑判断等重要功能，使用者可以直接以 Shell 来写程序，而不必使用类似 C 语言等传统程序语言的语法。

Shell 是一个命令行解释器，按照一定的语法将输入的命令加以解释并传给系统，为用户提供了一个向 Linux 发送请求以便运行程序的接口系统级程序，用户可以用 Shell 来启动、挂起、停止，甚至编写一些程序。

Shell 既是一种命令语言，又是一种程序设计语言。作为程序设计语言，Shell 定义了各种变量和参数，并提供了许多在高级语言中才具有的控制结构，如循环结构和分支结构。作为命令语言，虽然 Shell 不是 Linux 系统内核的一部分，但它调用了系统内核的大部分功能来执行程序、创建文档，并以并行的方式协调各个程序的运行。

2.1.5.2 创建 Shell 脚本

打开文本编辑器，新建一个文本文件并命名为 test.sh。在 test.sh 中输入以下代码：

```
#!/bin/bash
echo "Hello World !"                              #这是一条语句
```

第 1 行的 "#!" 是一个约定的标记，告诉系统这个脚本需要什么解释器来执行，即使用哪一种 Shell；后面的 "/bin/bash" 指明解释器的位置。

第 2 行的 echo 命令用于向标准输出设备（如显示器）输出数据。在.sh 文件中使用命令与在终端直接输入命令的效果是一样的。第 2 行的 "#" 及其后面的内容是注释。Shell 脚本示例如下：

```
#!/bin/bash
#Copyright (c) http://c.biancheng.net/shell/
echo "What is your name?"
read PERSON
echo "Hello, $PERSON"
```

上述 Shell 脚本示例的第 4 行表示从终端读取用户输入的数据，并赋值给 PERSON 变量。

read 命令用来从标准输入设备（鼠标、键盘）中读取数据；第 5 行表示输出 PERSON 变量的内容，注意在变量名前边要加上 "$"，否则会将变量名当成字符串来处理。

2.1.5.3 Shell 变量

1）系统变量

Shell 的系统变量主要在判断参数和命令返回值时使用，包括脚本和函数的参数，以及脚本和函数的返回值。Shell 的系统变量如表 2.10 所示。

表 2.10 Shell 的系统变量

变量	说明
$n	n 是一个整数，从 1 开始，表示参数的位置。例如，$1 表示第 1 个参数，$2 表示第 2 个参数
$#	命令行参数的个数
$?	当前 Shell 脚本的名称
$*	前一个命令或者函数的返回状态码
$@	以"参数 1、参数 2…"的形式将所有的参数通过一个字符串返回
$$	以"参数 1、参数 2…"的形式返回每个参数
$!	返回本程序的进程 ID (PID)

2）环境变量

Shell 的环境变量是所有 Shell 程序都可以使用的变量，会影响所有脚本的执行结果。Shell 的环境变量如表 2.11 所示。

表 2.11 Shell 的环境变量

变量	说明
PATH	命令搜索路径，以冒号为分隔符
HOME	用户主目录的路径名，是 cd 命令的默认参数
COLUMNS	定义命令行编辑模式下可使用命令行的长度
HISTFLE	命令历史文件
HISTSIZE	命令历史文件中最多可包含的命令条数
HISTFILESIZE	命令历史文件中包含的最大行数
IFS	定义 Shell 使用的分隔符
LOGNAME	当前的登录名
SHELL	Shell 的全路径名
TERM	终端类型
TMOUT	Shell 自动退出的时间
PWD	当前工作目录

3）设置变量

变量的设置规则如下：

（1）变量名称可以由字母、数字或下画线组成，但不能以数字开头，环境变量名建议大

写，便于区分。

（2）变量的默认类型都是字符串型，如果要进行数值运算，则必须指定变量类型为数值型。

（3）变量用等号连接值，等号左右两侧不能有空格。

（4）如果变量的值有空格，则需要使用单引号或者双引号包括。

4）定义变量

Shell 支持 3 种定义变量的方式，例如：

```
variable=Stone
variable1='variable'
variable2="variable"
echo $variable1
echo $variable2
```

输出为：

```
variable
Stone
```

variable 是变量名，Stone 是赋给变量的值。如果赋给变量的值中不包含空白符，则可以不使用引号；如果赋给变量的值中包含空白符，则必须使用引号包围起来。单引号和双引号是有区别的，当使用单引号包围变量时，单引号里面是什么就输出什么，这种方式适合纯字符串的情况，即不希望解析变量、命令等；当使用双引号包围变量时，输出时会先解析里面的变量和命令，这种方式适合字符串中附带有变量和命令，并且希望解析其中的变量和定义后再输出的变量定义。

5）使用变量

使用一个定义过的变量，只需要在变量名前面加符号"$"即可，例如：

```
author="张三"
echo $author
echo ${author}
```

运行结果为：

```
张三
张三
```

变量名外面的花括号是可选的，加花括号可以帮助解释器识别变量的边界。

6）修改变量的值

已定义的变量可以重新被赋值，例如：

```
url="http://c.biancheng.net"
echo ${url}
url="http://c.biancheng.net/shell/"
echo ${url}
```

运行结果为：

http://c.biancheng.net
http://c.biancheng.net/shell/

7）删除变量

使用 unset 命令可以删除变量，例如：

```
unset variable_name
```

变量被删除后不能再次使用；unset 命令不能删除只读变量。

2.1.5.4　Shell 的流程控制

（1）if 语句。if 语句的格式为：

```
if condition1
then
    command1
elif condition2
then
    command2
else
    commandN
fi
```

举例如下：

```
a=200
b=300
if [ $a == $b ]
then
    echo "a = b"
elif [ $a -gt $b ]
then
    echo "a > b"
elif [ $a -lt $b ]
then
    echo "a < b"
else
    echo "没有符合的条件"
fi
```

输出结果为：

```
a 小于 b
```

（2）for 语句。for 语句的格式为：

```
for var in item1 item2 ... itemN
do
    command1
    command2
```

```
    ...
    commandN
done
```

例如：

```
for loop in 3 4 5 6 7
do
    echo "Value is: $loop"
done
```

输出结果为：

```
Value is: 3
Value is: 4
Value is: 5
Value is: 6
Value is: 7
```

（3）while 语句。while 语句的格式为：

```
while condition
do
    command
done
```

例如：

```
#!/bin/bash
int=2
while(( $int<=6 ))
do
    echo $int
    let "int++"
done
```

输出结果为：

```
3
4
5
6
7
```

（4）case 语句。case 语句的格式为：

```
case 值 in
//模式 1
    command1
    command2
    ...
    commandN
```

```
    ;;
//模式 2
    command1
    command2
    ...
    commandN
    ;;
esac
```

例如：

```
echo '输入 5 到 8 之间的数字:'
echo '输入的数字为:'
read aNum
case $aNum in
    1)  echo '选择了 5'
    ;;
    2)  echo '选择了 6'
    ;;
    3)  echo '选择了 7'
    ;;
    4)  echo '选择了 8'
    ;;
    *)  echo '没有输入 5 到 8 之间的数字'
    ;;
esac
```

输入 5，输出结果为：

```
输入的数字为:
5
选择了 5
```

2.1.5.5 Shell 脚本的执行

运行 Shell 脚本的方法有两种：一种是在新进程中运行 Shell 脚本；另一种是在当前的进程中运行 Shell 脚本。

（1）在新进程中运行 Shell 脚本。

① 将 Shell 脚本作为程序运行。Shell 脚本也是一种解释执行的程序，可以在终端直接调用，如下所示：

```
cd demo                    #切换到 test.sh 所在的目录
chmod +x ./test.sh         #给脚本添加执行权限
./test.sh                  #执行脚本文件
Hello World !              #运行结果
```

在上述代码中，第 2 行中的"chmod+x"表示给 test.sh 增加执行权限；第 3 行用来执行当前目录下的 test.sh。

② 将 Shell 脚本作为参数传递给 Bash 解释器。将脚本文件的名字作为参数传递给 Bash，例如：

/bin/bash test.sh   #使用 Bash 的绝对路径
Hello World !   #运行结果

通过这种方式运行脚本，不需要在脚本文件的第一行指定解释器信息。

③ 更加简洁的方法是运行 bash 命令。bash 是一个外部命令，Shell 会在 "/bin" 目录中找到对应的应用程序，即 "/bin/bash"。修改如下：

bash test.sh
Hello World !

（2）在当前进程中运行 Shell 脚本。需要用到 source 命令，source 命令会读取脚本文件中的代码，并依次执行所有语句。source 命令的用法如下：

source filename

例如，使用 source 命令运行 test.sh，代码如下：

source ./test.sh   #使用 source 命令
Hello World !

2.1.6 开发实践：Linux 的安装与 vim 编辑器的使用

2.1.6.1 Linux 的安装

Linux 的安装步骤如下：
（1）安装 Oracle VM VirtualBox 管理器。
（2）通过 Oracle VM VirtualBox 软件导入虚拟机。
（3）进行虚拟电脑的配置。
配置完成后打开 Ubuntu，其登录界面如图 2.8 所示。

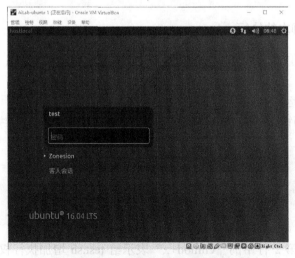

图 2.8 Ubuntu 的登录界面

2.1.6.2　vim 编辑器

在终端输入以下命令，进入"/home/"目录。

test@hostlocal:~$ cd /home/

输入"vi hello.c"命令，创建并进入 hello.c 文件中。

test@hostlocal:/home$ vi hello.c

按下键盘上的"I"键，显示为输入模式，就可以进行文本的编辑了。手动输入如下代码后，按"Esc"键可将输入转换为命令模式，并输入":wq"。这样就完成了一个简单的 vim 编辑器操作流程。

```
#include <stdio.h >
int main()
{
    printf("Hello world");
    return 0;
}
~
~
~
~
~
:wq
```

切换到 root 用户，输入如下命令，可删除该文件。

root@hostlocal:/home #rm hello
root@hostlocal:/home#rm hello.c

在终端输出"hello world"的过程如下：
输入如下命令，进入"/home/"目录。

test@hostlocal:~$ cd /home/

在"/home/"目录下，输入以下命令，创建一个脚本文件。

test@hostlocal:/home$ vi hello.sh

按下键盘上的"I"键，进入输入模式，输入如下内容。

```
#!/bin/bash
echo "Hello world"
chmod +x hello.sh
./hello.sh
```

按下"Esc"键，输入":wq"后按回车键退出。

```
#!/bin/bash
echo "Hello world"
```

```
chmod +x hello.sh
./hello.sh
~
~
~
:wq
```

在终端输入命令 "sh hello.sh"，运行这个脚本，会输出如下信息：

```
test@hostlocal:/home$ sh hello.sh
hello world
hello world
hello world
hello world
hello world
hello world
```

输入如下命令，可删除该文件。

```
root@hostlocal:/home#rm hello.sh
```

2.1.7 小结

通过本节的学习，读者可以掌握安装 Linux 的方法，以及 Linux 的服务配置，并在终端通过命令来操作 Linux，编写 Shell 脚本。

2.1.8 思考与拓展

（1）安装 Linux 时需要注意什么？
（2）软件包管理工具的常用命令有哪些？
（3）如何切换 vim 编辑器的三种模式？

2.2 常用的嵌入式开发工具

2.2.1 嵌入式 Linux 的开发模式

嵌入式系统开发主要包括宿主机的开发与目标机的开发。宿主机能够对嵌入式系统中的代码进行编译、定址、链接和执行。目标机则是嵌入式系统中的硬件平台。

嵌入式系统开发需要将应用程序转换成相应的二进制代码，目标机中只能运行这些二进制代码，转换主要分为三个过程，分别是编译过程、链接过程与定址过程。其中，嵌入式系统中的交叉编译器能够编译相关程序，常见的交叉编译器有 GNU C/C++（gcc）。

嵌入式系统的调试过程主要使用的工具就是交叉调试器，调试方式通常采用宿主机-目标机的形式，宿主机与目标机之间的连接是通过以太网或串行口线来实现的。交叉调试主要包括任务级调试、汇编级调试与源代码级调试。

交叉编译是指在一个平台上生成可以在另一个平台上执行的代码。交叉编译的主要特征是在某机器上执行的代码不是在本机器上编译的，而是在其他机器上编译的。一般把执行代码的机器称为目标机，把编译代码的机器称为宿主机。嵌入式系统的开发采用交叉编译的方式，这是因为目标机上通常不能运行开发所需的编译器。交叉编译如图 2.9 所示。

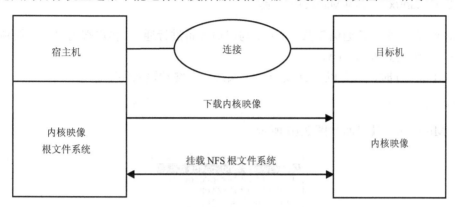

图 2.9　交叉编译

2.2.2　远程控制工具

2.2.2.1　SSH

SSH 为 Secure Shell 的缩写。SSH 是建立在应用层基础上的安全协议，是目前较可靠、专为远程登录会话和其他网络服务提供安全性的协议。利用 SSH 可以有效防止远程管理过程中的信息泄露。

SSH 程序由客户端和服务器端的软件组成。服务器端的软件是一个守护进程（daemon），在后台运行并响应来自客户端的连接请求。服务器端通过 sshd 进程来对远程连接进行处理，包括公共密钥认证、密钥交换、对称密钥加密和非安全连接。客户端包含 SSH 程序，以及 scp（远程复制）、slogin（远程登录）、sftp（安全文件传输）等其他的应用程序。

2.2.2.2　VNC

虚拟网络控制台（Virtual Network Console，VNC）基于 Linux 开发的免费开源软件，远程控制能力强大。VNC 包括以下 4 个命令：

（1）vncserver：该命令必须在主机上运行，用户只能以使用者的身份运行该命令。

（2）vncviewer：该命令用于远程接入运行 vncserver 的主机，并显示其环境，需要知道远程主机的 IP 地址和 vncserver 设定的密码。

（3）vncpasswd：该命令用于设置 vncserver 的密码。

（4）vncconnect：该命令用于通知 vncserver 连接到一个远程运行 vncviewer 主机的 IP 地址和端口号。

在大多数情况下，只需要使用 vncserver 和 vncviewer 两个命令。

2.2.3 串口通信工具

2.2.3.1 Linux 系统的 Minicom 工具

Minicom 是一个串口通信工具,可用来与串口设备进行通信,客户端的串口连接到 PC 后,就可以将信息输出到 Minicom。

使用 Minicom 时,需要以 root 权限登录系统,在终端输入如下命令:

```
minicom -s
```

即可启动 Minicom,其界面如图 2.10 所示。

图 2.10 Minicom 的界面

选择"Serial port setup"后,会出现各选项的具体配置,如图 2.11 所示。图中,选项 A 用于设置串口,选项 E 用于设置波特率,选项 F 用于设置硬件流控制,选项 G 用于设置软件流控制。

图 2.11 Minicom 各选项的具体配置

2.2.3.2 Windows 的常用串口通信工具

(1) PortHelper。PortHelper 包含网络调试、串口监控、数码校验、编码转换、USB 调试等多种功能,支持中文数据的收发。

(2) SSCOM。SSCOM 支持串口、TCP/IP 和 UDP 通信。

(3) SUDT AccessPort。SUDT AccessPort 是一款用于 PC 串口调试、监控的软件,具有端口监控功能,可以监控、拦截、保存所收发的数据;支持常用的串口操作功能,支持大数据量的收发、保存,支持自动发送。

2.2.4 文件传输工具

2.2.4.1 Linux 常用传输命令

Linux 服务器之间传输文件的方式有 4 种，具体内容如下：

（1）scp。scp 是 Secure Copy 的简写，用来进行远程文件复制，其优点是简单方便、安全可靠；其缺点是不支持排除特定的目录。在使用 scp 传输方式时，实际的数据传输采用 SSH 协议，并且和 SSH 协议使用相同的认证方式，提供了相同的安全保证。scp 的命令格式为：

scp [参数]<源地址（用户名@IP 地址或主机名）>:<文件路径><目标地址（用户名@IP 地址或主机名）>:<文件路径>

例如，把本地的 source.txt 文件复制到 192.168.0.10 机器上的"/home/work"目录下，命令如下：

scp /home/work/source.txt work@192.168.0.10:/home/work/

（2）rcp。rcp 是 Remote File Copy 的简写，用来进行远程文件复制。在使用 rcp 传输方式时，目标主机需要事先打开 rcp 功能，并设置好 rcp 的权限，把源主机加入可信任主机列表中，否则源主机无法使用 rcp 将文件远程复制到目标主机。rcp 命令格式为：

rcp[-px] [-k realm] file1 file2 rcp [-px] [-r] [-k realm] file

命令中的每个文件或目录既可以是远程文件名，也可以是本地文件名。远程文件名的形式是"rname@rhost:path"，其中 rname 是远程用户名，rhost 是远程主机名，path 是这个文件的路径。例如，把本地的 source.txt 文件复制到 serv001 机器上的"/home/work"目录下，命令如下：

rcp source.txt serv001:/home/work

（3）wget。wget 用于从远程主机将文件或文件夹下载到本地，要求远程主机需要支持 FTP 服务。wget 的参数较多，使用时比 scp 复杂。wget 是一个从网络上自动下载文件的传输方式，支持通过 HTTP、HTTPS、FTP 三种常见的 TCP/IP 协议，并可以使用 HTTP 代理。wget 命令格式为：

wget [参数] ftp://<目标机器 IP 或主机名>/<文件的绝对路径>

例如，将文件 source.txt 从 192.168.0.10 下载到本地，命令如下：

wget ftp://192.168.0.10//home/work/source.txt

（4）rsync。rsync 的操作类似于 scp，支持排除指定的目录、支持限速参数、支持本地复制。rsync 命令格式为：

rsync [参数]<源地址（用户名@IP 地址或主机名）>:<文件路径><目标地址（用户名 @IP 地址或主机名）>:<文件路径>

例如，把本地的 source.txt 文件复制到 192.168.0.10 上的"/home/work"目录下，命令如下：

```
rsync /home/work/source.txt work@192.168.0.10:/home/work/
```

2.2.4.2　FTP 工具

文件传输协议（File Transfer Protocol，FTP）是互联网用来传输文件的协议，是为了能够在互联网上传输文件而制定的文件传输标准，规定了互联网是如何传输文件的。通过 FTP 协议，可以向 FTP 服务器上传文件或从 FTP 服务器下载文件。FTP 工具有 FLASHFXP、LEAPFTP、CuteFTP。

FTP 工具具有下载和上传两个功能，要连上 FTP 服务器，就需要知道该 FTP 服务器的账号和密码，利用账号和密码可以连接到该 FTP 服务器。

2.2.4.3　Samba 工具

Samba 是在 Linux 和 UNIX 操作系统上实现服务器消息块（Server Messages Block，SMB）协议的一个软件。SMB 由服务器程序及客户端程序构成，SMB 是一种在局域网上共享文件和打印机的一种通信协议，为局域网内的不同主机之间提供文件及打印机等资源的共享服务。

Samba 既可以用于 Windows 与 Linux 之间的文件共享，也可以用于 Linux 与 Linux 之间的资源共享。由于 NFS（网络文件系统）可以很好地完成 Linux 与 Linux 之间的数据共享，因而 Samba 常用于在 Linux 与 Windows 之间的数据共享。

2.2.5　源代码管理工具

2.2.5.1　Git 管理工具简介

Git 是一个开源的分布式版本控制系统，可用于 Linux 内核开发的版本控制。Git 采用了分布式版本库的方式，无须服务器端软件的支持。

2.2.5.2　Git 的基本使用方法

（1）安装 Git 的命令。代码如下：

```
yum -y install git                                  #安装
git config --global user.name "test user"           #配置用户信息
git --help                                          #查看命令
```

（2）在本地仓库创建文件。代码如下：

```
git init                                            #初始化项目，多出一个.git 文件
ls -a                                               #创建新文件到工作区
echo "git test user" >> info.txt                    #将文件添加到暂存区
git add info.txt                                    #暂存区的文件不提交到本地仓库，恢复到工作区
git reset head info.txt                             #撤销修改的内容
git checkout -- info.txt                            #将暂存区的文件提交到本地仓库，并进行注释
git commit -m 'comment'
[master（根提交）d505357] info.text 1
1 file changed, 1 insertion(+)
create mode 100644 info.txt
```

(3) 创建 SSH Key。代码如下:

```
#1. 打开本地终端
ssh-keygen -t rsa -C "github@xxxx.com"
#Github 上用到的是公钥 id_rsa.pub
ls
id_rsa id_rsa.pub known_hosts
#查看 id_rsa.pub
cat id_rsa.pub
#复制内容如下
ssh-rsa AAAAB3NzaC*************************ERf github@xx.com

#2.登录官网,选择 settings - SSH and GPG keys
#到页面 https://github.com/settings/keys 单击 new SSH key
#填写之前本地 id_rsa.pub 里的内容
ssh-rsa AAAAB3NzaC*************************ERf github@xx.com

#3.测试
ssh -T git@github.com
Hi hualaoshuan! You've successfully authenticated, but GitHub does not provide shell access.
```

(4) 添加远程仓库。代码如下:

```
#1.访问 https://github.com/new,创建仓库 gitdemo,设为 public
#2.添加仓库(方法 1)
#创建本地仓库目录
cd /usr/local/src/
mkdir gitdemo
cd gitdemo
#创建 README 文件
echo "#gitdemo" >> README.md
#初始化版本库
git init
#将工作区的文件添加到暂存区,也就是索引
git add README.md
#将 master 分布式版本库添加到目录树中
git commit -m "first commit"
#关联本地仓库和远程仓库
git remote add origin https://github.com/testuser/gitdemo.git
#推送至远程主机
#-u 默认关联本地 master 和远程 master 关联,第二次可直接执行 git push
git push -u origin master
#Git 使用二次验证,每次执行 git push 时都需要输入用户名和密码
#使用 credential.helper 来记住用户名和密码
git config credential.helper store
#记住时间
git config --global credential.helper 'cache --timeout 7200'
git push https://github.com/ testuser /gitdemo.git
#输入账号和密码
Username for 'https://github.com': testuser
Password for 'https://USERNAME@github.com': ******
```

2.2.6 开发实践：嵌入式开发工具的使用

本节的开发实践主要包括以下工具的学习和使用：
- SSH 和 VNC 工具：主要用于远程登录嵌入式开发板。
- 串口通信工具：通过串口通信工具显示输出信息。
- FTP 文件传输工具：在 Windows 和 Linux 之间传输文件。
- Git 代码管理工具：提交和修改发布的代码。

（1）使用 MobaXterm 工具进行 SSH 远程登录，如图 2.12 所示。

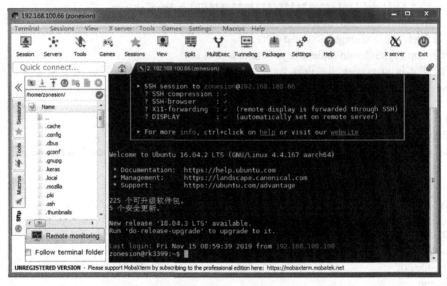

图 2.12　SSH 远程登录

（2）通过 SFTP 服务在 Windows 和 Ubuntu 之间传输文件，如图 2.13 所示。

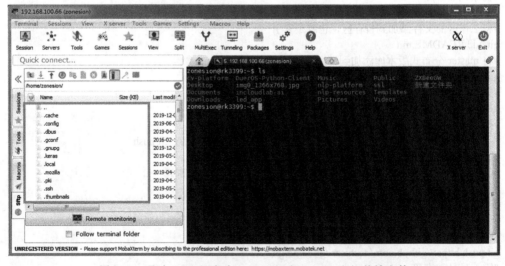

图 2.13　通过 SFTP 服务在 Windows 和 Ubuntu 之间传输文件

（3）使用 VNC 工具远程登录嵌入式开发板的 Ubuntu 系统，如图 2.14 所示。

第 2 章 嵌入式 Linux 开发环境

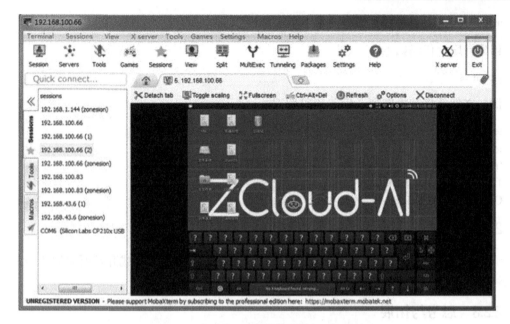

图 2.14　登录嵌入式开发板的 Ubuntu 系统

（4）使用 MobaXterm 工具自带的串口，通过串口输出信息，如图 2.15 所示。

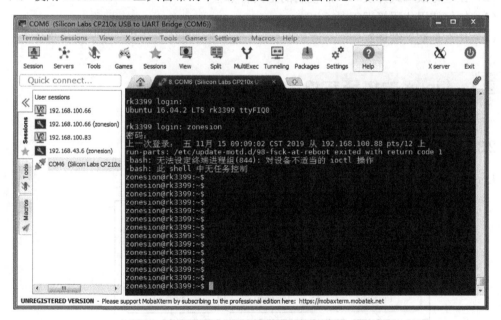

图 2.15　通过串口输出信息

（5）通过 TFTP 服务从服务器下载文件。代码如下：

tftp 192.168.100.100 -c get test.txt

（6）Git 工具使用。创建 git 目录，代码如下：

mkdir git

创建仓库，代码如下：

git init

添加文件并将其提交到仓库，代码如下：

test@rk3399:~/git$ git add test.c
test@rk3399:~/git$ git commit -m v1
[master （根提交） 6c232a9] v1
1 file changed, 10 insertions(+)
Create mode 100644 test.c

2.2.7 小结

通过本节的学习，读者可以了解嵌入式开发的流程，学习嵌入式开发所需的各种工具，为后续的嵌入式开发搭建相应的环境。

2.2.8 思考与拓展

（1）嵌入式开发的流程有哪些？
（2）在进行嵌入式开发时，所使用的工具有哪些？
（3）如何使用代码管理工具 Git？
（4）什么是交叉编译？

2.3 Linux 的编译环境

2.3.1 Linux 程序的开发环境

Linux 程序的开发环境如图 2.16 所示。

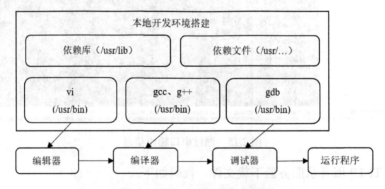

图 2.16 Linux 程序的开发环境

通过搭建本地开发环境，安装依赖库、依赖文件后，通过编辑器、编译器和调试器，即可运行 Linux 程序。

2.3.2 Linux 编译器的安装与使用

2.3.2.1 gcc 编译器

gcc 是以 GPL 许可证所发行的自由软件，已被大多数类 UNIX 操作系统作为标准的编译器。gcc 支持多种计算机体系结构，如 x86、ARM、MIPS 等，并已被移植到多种硬件平台。在使用 gcc 编译程序时，编译过程可以分为 4 个阶段：预处理、编译、汇编和链接。

2.3.2.2 gcc 的安装

（1）更新包列表。代码如下：

```
sudo apt update
```

安装 build-essential 软件包的代码如下：

```
sudo apt install build-essential
```

（2）交叉编译版本的安装。首先下载 arm-linux-gcc-4.4.3.tar.gz 安装包，下载地址为 https://developer.arm.com/tools-and-software/open-source-software/developer-tools/gnu-toolchain。其次解压缩下载的安装包，将其解压缩至"/usr/local/"目录下。然后配置环境变量，将交叉编译器的路径添加到环境变量 PATH 中，添加环境变量后，在 profile 中最后一行添加"export PATH=$PATH:/usr/local/arm-linux-gcc-4.4.3/bin"，该路径就是"bin"目录所在的路径。接着通过命令"source /etc/profile"使环境变量生效。最后使用命令"echo $PATH"检查是否将路径添加到了变量 PATH 中，如果显示的内容包括"/usr/local/arm-linux-gcc-4.4.3/bin"，则说明已经将交叉编译器的地址添加到了变量 PATH 中。

2.3.2.3 gcc 的工作流程

gcc 的工作流程如图 2.17 所示。

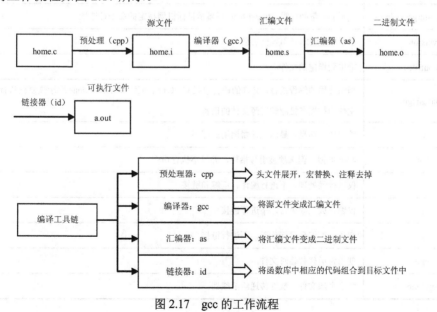

图 2.17 gcc 的工作流程

gcc 的常用参数如表 2.12 所示。

表 2.12 gcc 的常用参数

参数	说明
-v	查看版本
-o	产生目标文件
-I+目录	头文件目录
-D	编译时定义宏
-O0	不对生成的代码进行优化
-O1	优化生成的代码
-O2	进一步优化生成的代码
-O3	比-O2 更进一步地优化生成的代码，包括 inline 函数
-Wall	提示更多警告信息
-c	只编译子程序
-E	生成预处理文件
-g	包含调试信息

2.3.2.4 gcc 编译选项解析

gcc 的编译选项如表 2.13 所示。

表 2.13 gcc 的编译选项

选项	含义
--help --target-help	显示 gcc 帮助说明。target-help 是显示目标机器特定的命令行选项
--version	显示 gcc 版本号和版权信息
-o outfile	输出到指定的文件
-x language	指明使用的编程语言。允许的语言包括 C、C++、汇编和 none。none 表示恢复默认行为，即根据文件的扩展名推测编写源文件的语言
-v	输出较多信息，显示编译器调用的程序
-###	与-v 类似，但选项被引号括住，并且不执行命令
-E	仅进行预处理，不进行编译、汇编和链接
-S	仅编译成汇编语言，不进行链接
-c	编译、汇编到目标代码，不进行链接
-pipe	使用管道代替临时文件
-combine	将多个源文件一次性传递给汇编器

2.3.3 Linux 的动态库与静态库

2.3.3.1 静态库与动态库简介

库是一种可执行代码的二进制格式，能够加载到内存中执行，通常分为静态库（也称为静态函数库）和动态库（也称为动态函数库）。

静态库：一般命名为 libxxx.a，xxx 为库的名字。静态库产生的可执行文件通常比较大，整个静态库的所有数据都会被整合进目标代码中，编译后的执行程序不需要外部静态库的支持。如果静态库改变了，则必须重新编译程序。

动态库：一般命名为 libxxx.m.n.so，xxx 为库的名字，m 是主版本号，n 是副版本号。相对于静态库，动态库在编译的时候并没有被编译进目标代码中，程序执行到相关函数时才调用该动态库里的相应函数，因此动态库所产生的可执行文件通常比较小，程序的运行环境必须提供相应的动态库。动态库的改变并不影响程序，所以动态库的升级比较方便。

Linux 系统有几个重要的目录存放着相应的静态库和动态库，如 "/lib" 和 "/usr/lib"。动态库和静态库的生成过程如图 2.18 所示。

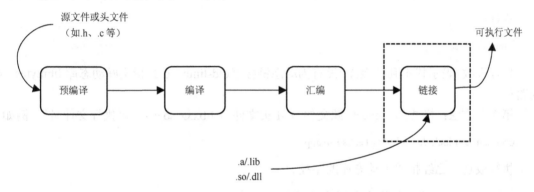

图 2.18 动态库和静态库的生成过程

2.3.3.2 静态库的制作与使用

（1）编译*.o 文件。代码如下：

```
gcc *.c -c -I../include
```

（2）创建静态库。代码如下：

```
ar rcs libMyTest.a *.o         #将所有.o 文件打包为静态库
mv libMyTest.a ../lib          #将静态库文件放置 lib 文件夹下
nm libMyTest.a                 #查看库中包含的函数信息
```

（3）静态库的使用方法。

第 1 种方法：格式为 "gcc + 源文件 + -L 静态库路径 + -l 静态库名 + -I 头文件目录 + -o 可执行文件名"。例如：

```
gcc main.c -L lib -l MyTest -I include -o app
```

第 2 种方法：格式为"gcc + 源文件 + -I 头文件 + libxxx.a + -o 可执行文件名"。例如：

gcc main.c -I include lib/libMyTest.a -o app

2.3.3.3 动态库的制作与使用

（1）编译与位置无关的.o 文件。代码如下：

gcc -fPIC *.c -I ../include -c   #参数-fPIC 表示生成与位置无关代码

（2）创建动态库。代码如下：

gcc -shared -o libMyTest.so *.o   #参数-shared 表示制作动态库；参数-o 表示重命名生成的新文件
mv libMyTest.so ../lib

（3）动态库的使用方法。

第 1 种方法：格式为"gcc + 源文件 + -L 动态库路径 + -l 动态库名 + -I 头文件目录 + -o 可执行文件名"。例如：

gcc main.c -L lib -l MyTest -I include -o app

执行：

./app

执行失败，表示找不到链接库，没有为动态链接器（ld-linux.so.2）指定好动态库 libmytest.so 的路径。

第 2 种方法：格式为"gcc + 源文件 + -I 头文件 + libxxx.so + -o 可执行文件名"。例如：

gcc main.c -I include lib/libMyTest.so -o app

执行成功，已经指明了动态库的路径。

2.3.4 Linux 调试器的安装与使用

2.3.4.1 gdb 调试器介绍

gdb 是类 UNIX 操作系统下的一款开源的 C、C++程序调试器，配合使用 gdb 与 gcc，可为 Linux 的软件开发提供一个完善的调试环境。

2.3.4.2 gdb 的调试命令

（1）gdb 的基本调试命令如表 2.14 所示。

表 2.14 gdb 的基本调试命令

命令格式	示例	作用
break + 设置断点的行号	break n	在第 n 行处设置断点
tbreak + 行号或函数名	tbreak n/func	设置临时断点，到达后该断点会被自动删除
break + filename + 行号	break main.c:10	用于在指定文件的对应行设置断点
break + <0x…>	break 0x3400a	用于在内存某一位置暂停

续表

命令格式	示例	作用
break + 行号 + if + 条件	break 10 if i==3	用于设置条件断点，在循环中使用非常方便
info breakpoints/watchpoints [n]	info break	n 表示断点编号，用于查看断点/观察断点的情况
clear + 要清除的断点行号	clear 10	用于清除对应行的断点，要给出断点所在的行号，清除断点时 gdb 会给出提示
delete + 要清除的断点编号	delete 3	用于清除对应编号的断点，要给出断点的编号，清除断点时 gdb 不会给出任何提示
disable/enable + 断点编号	disable 3	让所设断点暂时失效/使能，如果要让多个编号的断点失效/使能，可将编号之间用空格隔开
awatch/watch + 变量	awatch/watch i	设置一个观察点，当变量被读出或写入时，程序被暂停
rwatch + 变量	rwatch i	设置一个观察点，当变量被读出时，程序被暂停

（2）gdb 的安装。在终端输入下面的命令可以安装 gdb。

```
sudo apt-get install gdb
```

（3）实例分析。下面举例说明如何利用调试符号来分析错误。

```
#include
int main(void)
{
    int r_buf=0;
    printf("Input an integer:");
    scanf("%d", r_buf);
    printf("Input: %d\n", r_buf);
    return0;
}
```

编译并运行上述源代码，会产生一个严重的段错误：

```
$gcc -g test.c -o test
$./test
Input an integer:6
Segmentation fault
```

为了更快速地发现错误所在，可以使用 gdb 进行跟踪调试，方法如下：

```
$gdb
test GNUgdb
(gdb)
```

当 gdb 出现提示符时，表明 gdb 已经做好进行调试的准备了，可以通过 run 命令让程序在 gdb 的监控下开始运行：

```
(gdb)run
Starting program:/home/src/test
Input an integer:6
```

Program received signal SIGSEGV,Segmentation fault.0x4008576bin
_IO_vfscanf_internal()from/lib/libc.so.6

从 gdb 给出的输出结果可以看出，程序是由于段错误而导致异常中止的，说明内存操作出了问题，具体发生问题的地方是在调用_IO_vfscanf_internal()函数的地方。为了得到更有价值的信息，可以使用 gdb 提供的回溯跟踪命令 backtrace，执行结果如下：

(gdb)backtrace
#00x4008576bin_IO_vf scanf_internal() from/lib/libc.so.6
#10xbffff0c0in??()
#20x4008e0bainscanf()from/lib/libc.so.6
#30x08048393inmain()at crash.c:11
#40x40042917in__libc_start_main()from/lib/libc.so.6

跳过执行结果的前 3 行，从执行结果的第 4 行可以看出，gdb 已经将错误定位到 crash.c 中的第 11 行。使用 frame 命令可以定位到发生错误的代码段，该命令后面跟着的数值可以在 backtrace 命令输出结果中的行首找到，例如：

(gdb)frame3
#30x08048393 in main() atcrash.c:1111 scanf("%d",r_buf);

将"scanf("%d",r_buf);"改为"scanf("%d",&r_buf);"后就可以退出 gdb 了，命令如下：

(gdb)quit

gdb 还可以单步跟踪程序、检查内存变量和设置断点等。

2.3.5 Makefile 文件的编写

2.3.5.1 GNU Make

GNU Make 是一个控制计算机程序由代码源文件生成可执行文件或其他非源文件的工具，控制命令通过 Makefile 文件传递给 Make 工具。Makefile 关系到整个工程的编译规则，定义了一系列的规则来指定哪些文件先编译、哪些文件后编译、哪些文件重新编译。

Makefile 可实现自动化编译，只需要一个 make 命令即可自动编译整个工程，极大地提高了软件开发的效率。make 是一个解释 Makefile 中命令的工具。

2.3.5.2 Makefile 的规则语法

Makefile 主要由目标对象、依赖文件、变量和命令组成。

目标对象：最终需要生成的文件，通常为目标文件或可执行程序。

依赖文件：生成目标对象所依赖的文件，通常为目标文件或源代码文件。

变量：用于保存与引用一些常用值，可以增强 Makefile 文件的简洁性、灵活性和可读性，既可以实现一处定义多处使用，还可以对保存的内容进行赋值或追加。

命令：目标对象通常可根据对应的依赖文件而生成一条规则，如 "test.o: test.c test.h"，这条规则通常跟随着一些命令，这些命令的格式和 Shell 终端的格式是一致的，如 "rm -f *.o" 或 "$(CC) -c test.c -o test.o"。注意每条命令前面必须加上制表符 Tab 键，否则 make 命令将提示错误。不论规则还是命令,都可以引用变量,如"$(CC)",make 命令在执行前会先将变量替换为它对应的值。

Makefile 以相关行作为基本单位,相关行用来描述目标、模块及规则(命令行)三者之间的关系。一个相关行格式通常为:冒号左边是目标;冒号右边是目标所依赖的模块;紧跟着的规则是依赖模块产生目标所使用的命令。相关行的格式为:

```
目标:[依赖的模块]
命令
```

2.3.5.3 Makefile 中的变量

1)变量

变量是在 Makefile 中定义的名字,用来代替一个文本字符串,该文本字符串称为该变量的值。变量名可以是不以":""#""="结尾的字符串,变量名是大小写敏感的,如"good""GOOD""Good"代表不同的变量。建议在 Makefile 内部使用小写字母作为变量名,预留大写字母作为控制隐含规则参数或用户重载命令选项参数的变量名,这些值可以代替目标体、依赖文件、命令,以及 Makefile 文件中的其他部分。在 Makefile 文件中引用变量 VAR 的常用格式为"$(VAR)"。变量最简单的形式为:

```
$(variable_name)
```

一般情况下,变量名需要被$()包裹。当变量名只有一个字符时,括号可以省略。

2)自动变量

自动变量是 make 根据规则自动生成的,不需要用户显式地指出相应的文件或目标名称。Makefile 中 7 个最常用的自动变量如表 2.15 所示。

表 2.15 Makefile 中 7 个最常用的自动变量

变量	含义
$@	目标文件的文件名
$%	仅当目标文件为归档成员文件(.lib 或者.a)时,显示文件名;否则为空
$<	依赖列表中的第一个文件名
$?	所有在列表中比当前目标新的文件名,用空格隔开
$^	所有在列表中的文件名,用空格隔开;如果有重复的文件名(包含扩展名),则会自动去除重复的文件名
$+	与"$^"相似,也是列表中的文件名,用空格隔开,不同的是这里包含了所有重复的文件名
$*	显示目标文件的主文件名,不包含后缀部分

下面给出了一个完整的 Makefile 文件,命名为 MyMakefile1,由 4 条相关行组成。

```
main:main.o fun1.o fun2.o
    gcc -o main main.o fun1.o fun2.o
main.o:main.c mydef1.h
    gcc -c main.c
fun1.o:fun1.c mydef1.h mydef2.h
    gcc -c fun1.c
```

```
fun2.o:fun2.c mydef2.h mydef3.h
    gcc -c fun2.c
```

由于没有使用默认名 Makefile，所以一定要在 make 命令行中加上"-f"选项。make 命令将 Makefile 中的第一个目标，即 main 函数作为要构建的文件，所以它会寻找构建该文件所需的其他模块，并判断必须使用一个文件，将其称为 main.c 的文件。

将 main 函数放在 main.c 文件中，让它调用 function2 和 function3，但将这两个函数的定义放在另外两个源文件中。由于这些源文件包含"#include"命令，所以它们依赖于所包含的头文件。如下所示：

```
//main.c
#include "mydef1.h"
extern void function2();
extern void function3();
int main()
{
    function2();
    function3();
    exit(EXIT_SUCCESS);
}

//fun1.c
#include"mydef1.h"
#include"mydef2.h"
void function2()
{}

//fun2.c
#include"mydef2.h"
#include"mydef3.h"
void function3()
{}
```

建好源代码后，运行 Makefile 文件。代码如下：

```
$make -f MyMakefile1
gcc -c main.c
gcc -c fun1.c
gcc -c fun2.c
gcc -o main main.o fun1.o fun2.o
```

2.3.6 开发实践：Linux 的编译环境

2.3.6.1 Linux 程序的编译与调试

（1）打开 PC 上的虚拟机，进入工作目录"/home/"，通过"vi gcc_test.c"编辑测试文件。代码如下：

```c
#include <stdio.h>
#include <math.h>
int main(void)
{
    double number = 789.54;
    double down, up;
    down = floor(number);
    up = ceil(number);
    printf("original number      %5.2lf\n", number);
    printf("number rounded down %5.2lf\n", down);
    printf("number rounded up    %5.2lf\n", up);
    return 0;
}
```

（2）在输入编译命令对程序进行编译时，"-lm"选项表示使用数学库，"-o gcc_test"表示指定生成文件名。代码如下：

```
gcc gcc_test.c -lm -o gcc_test
```

（3）运行程序。代码如下：

```
root@hostlocal:/home#./gcc_test
original number 789.54
number rounded down 789.00
number rounded up 790.00
```

（4）使用 gdb 调试程序，在命令行使用"-g"选项编译，通过命令"gdb gcc_test"启动调试。代码如下：

```
root@hostlocal:/home#gcc -g gcc_test.c -lm -o gcc_test
root@hostlocal:/home#gdb gcc_test
```

（5）使用 gdb 查看程序代码。在 gdb 提示符后输入命令"list"可查看程序代码，每次显示 10 行，按回车键后继续显示。代码如下：

```
(gdb) list
1       #include <stdio.h>
2       #include <math.h>
3       int main(void)
4       {
5           double number = 789.54;
6           double down, up;
7           down = floor(number);
8           up = ceil(number);
9           printf("original number      %5.2lf\n", number);
10          printf("number rounded down %5.2lf\n", down);
(gdb)
11          printf("number rounded up    %5.2lf\n", up);
12          return 0;
```

```
13    }
14
```

（6）使用命令"break n"可设置断点、使用命令"display val"查看变量、使用命令"next"进行单步调试。代码如下：

```
(gdb) break 7                           //在第 7 行设置断点
Breakpoint 1 at 0x40068b: file gcc_test.c, line 7.
(gdb) run                               //启动程序
Starting program: /home/gcc_test
Breakpoint 1, main () at gcc_test.c:7
7           down = floor(number);
(gdb) display down                      //查看变量 down 的值
1: down = 6.9533558074112936e-310
(gdb) next                              //单步调试
11          up = ceil(number);
1: down = 789
(gdb) display down
2: down = 789
(gdb) display up
3: up = 0
(gdb) n
9           printf("original number      %5.2lf\n", number);
1: down = 789
2: down = 789
3: up = 790
(gdb) c //继续运行程序
Continuing.
original number        789.54
number rounded down 789.00
number rounded up      790.00
[Inferior 1 (process 28590) exited normally]
```

2.3.6.2 Makefile 的编译管理

（1）打开 PC 上的虚拟机，进入工作目录"/home/"。代码如下：

```
test@hostlocal:~$ cd /home/
```

（2）将 Makefile 文件夹复制到当前路径下。代码如下：

```
test@hostlocal:/home$ sudo cp -r /media/sf share/makefile ./
```

（3）进入工作目录。代码如下：

```
test@hostlocal:/home$ cd makefile/
test@hostlocal:/home/makefile$ ls
hello.c Makefile
```

(4)执行 make 命令。代码如下:

```
test@hostlocal:/home/makefile#make
gcc   -c   -o hello.o hello.c
gcc   -o hello hello.o
```

(5)输入如下命令运行 hello:

```
test@hostlocal:/home/makefile$ ./hello
Hello! This is our embedded world!
```

(6)执行命令"make clean"清除产生的编译文件,先执行 ls 命令,执行后再进行对比。代码如下:

```
test@hostlocal:/home/makefile$ ls
hello  hello.c  hello.o  Makefile
test@hostloca:/home/makefile$ make clean
rm -f hello hello.o
test@hostlocal:/home/makefile$ ls
hello.c  Makefile
```

2.3.7 小结

通过本节的学习,读者可以学习 gcc 的安装与使用、gdb 的安装与使用、Makefile 文件的编写,并通过开发实践来掌握编译程序的方法。

2.3.8 思考与拓展

(1)如何安装与使用 gcc?
(2)gdb 使用的命令有哪些?
(3)如何编写 Makefile 文件?

第3章 嵌入式 Linux 系统的移植

本章主要介绍嵌入式 Linux 系统的移植,主要内容包括 BootLoader 的移植与应用、Linux 的内核与配置、Linux 的文件系统与移植。

3.1 BootLoader 的移植与应用

3.1.1 BootLoader 简介

在嵌入式操作系统中,BootLoader 运行在操作系统内核之前,用于初始化硬件设备、建立内存空间映射图、将系统的软/硬件环境配置成一个合适的状态,以便为操作系统的内核准备好环境。在嵌入式系统中,整个系统的加载和启动是由 BootLoader 完成的。

3.1.1.1 BootLoader 的概念

BootLoader 是系统上电后运行的第一段代码,主要任务是先将内核映像从硬盘上读到 RAM 中,然后跳转到内核的入口点去运行,即启动操作系统。

以常见的嵌入式 Linux 系统为例,存储系统中数据分区如图 3.1 所示,BootLoader 存放在最开始处,系统在上电或复位时首先执行 BootLoader。

BootLoader	启动参数	内核	根文件系统

图 3.1 存储系统中数据分区

嵌入式 Linux 系统可以分为 4 个层次:

(1)引导加载程序:包括固化在固件中的 boot 代码和 BootLoader。
(2)Linux 内核:包括为特定的嵌入式开发板定制的内核,以及内核的启动参数。
(3)文件系统:包括根文件系统和建立在存储设备(如 Flash)上的文件系统。
(4)用户应用程序:主要指用户的应用程序,有时在用户应用程序和内核层之间可能还会包括一个嵌入式图形用户界面。

3.1.1.2 BootLoader 的启动方式

嵌入式系统一般都是采用统一编址的方式来管理数据或程序的。在系统上电或复位后,微处理器通常都从其制造商预先安排的地址上取命令,如基于 ARM 核的微处理器通常从 0x00000000 取其第一条命令。嵌入式系统通常都有某种类型的固态存储设备被映射到这个预先安排的地址上,BootLoader 被烧写到其中,所以在系统上电或复位后,微处理器将首先执行 BootLoader。

BootLoader 提供了多种启动方式:Flash 启动、SD 卡启动、网络启动、DRAM 启动等。Flash 是非易失存储器,任何 Flash 的写入操作只能在空的或已擦除的单元内进行,所以在进行写入操作之前必须先执行擦除。Flash 分为 NAND Flash 和 NOR Flash,两者比较如表 3.1 所示,其启动方式如表 3.2 所示。

表 3.1 NAND Flash 和 NOR Flash 的比较

存储媒介	优 点	缺 点
NAND Flash	读速度稍快,可用来存储执行程序	写速度稍慢,价格相对昂贵
NOR Flash	生产过程简单,价格低廉,写速度稍快	难以存储运行程序,更多用来存储数据

表 3.2 NAND Flash 和 NOR Flash 的启动方式

类 别	启 动 方 式
NOR Flash 启动	BootLoader 可在 NOR Flash 上运行,但对于复杂的系统,还是应当将 BootLoader 导入内存中运行
NAND Flash 启动	BootLoader 由 NAND Flash 复制到 SDRAM 运行
SD 卡启动	BootLoader 由 SD 卡复制到 SDRAM 运行

3.1.1.3 BootLoader 的启动过程

BootLoader 的启动过程可分为两个阶段。

第一阶段主要包含依赖于微处理器体系结构的硬件初始化代码,通常采用汇编语言实现。这个阶段的任务有:

- 硬件初始化(屏蔽所有的中断、关闭处理器内部命令/数据 Cache 等)。
- 为第二阶段准备 RAM 空间。
- 设置堆栈。
- 跳转到第二阶段的 C 程序入口点。

第二阶段的代码一般是采用 C 语言编写的,既可以实现更复杂的功能,也可以使程序有更好的可读性和可移植性。这个阶段的任务有:

- 初始化本阶段用到的硬件设备。
- 检测系统内存映射。
- 将内核映像和根文件系统映像从 Flash 读到 RAM。
- 为内核设置启动参数。
- 调用内核。

3.1.1.4 常见的 BootLoader

（1）Redboot。Redboot 是 RedHat 公司发布的一个 Boot 方案，Redboot 支持的处理器构架有 ARM、MIPS、MN10300、PowerPC、Renesas SHx、v850、x86 等。

（2）U-Boot。U-Boot 是在 GPL 下资源代码最完整的一个通用 BootLoader，支持的处理器构架包括 PowerPC、ARM、MIPS 和 x86 等。U-Boot 具有 BootLoader 的大部分功能，提供两种操作模式：启动加载模式和下载模式。

3.1.2 U-Boot 的移植

3.1.2.1 U-Boot 的简介

U-Boot 的主要功能包括：

（1）U-Boot 支持 NFS 挂载、RAMDISK 形式的根文件系统，以及从 Flash 中引导压缩或非压缩的系统内核。

（2）可灵活地设置多个关键参数，并将这些参数传递给操作系统，可满足不同开发阶段的调试要求，以多种方式存储目标机的环境参数。

（3）支持 CRC32 校验，可保证内核镜像文件完好无损。

（4）支持串口、SDRAM、Flash、以太网、LCD、NVRAM、EEPROM、键盘、USB、PCI、RTC 等驱动。

（5）上电自检功能，可自动检测 SDRAM、Flash 的大小，以及 SDRAM 的故障。

3.1.2.2 U-Boot 的源代码分析

U-Boot 源代码的相关目录如下：

（1）board：该目录用于保存目标机的相关文件，主要包含 SDRAM、Flash 驱动。

（2）common：该目录用于保存独立于处理器体系结构的通用代码，如内存大小检测与故障检测。

（3）cpu：该目录用于保存与处理器相关的文件，如 mpc8xx 子目录下含串口、网口、LCD 驱动及中断初始化等文件。

（4）driver：该目录用于保存通用设备的驱动程序。

（5）doc：该目录用于保存 U-Boot 的说明文档。

（6）examples：该目录用于保存可在 U-Boot 中运行的示例程序，如 hello_world.c、timer.c。

（7）include：该目录用于保存 U-Boot 的头文件，其中的子目录 configs 保存的是与目标机相关的配置头文件，这些文件是移植过程中需要经常修改的文件。

（8）lib_xxx：该目录用于保存与处理器体系相关的文件。

（9）net：该目录用于保存与网络功能相关的文件目录。

（10）post：该目录用于保存上电自检文件，尚有待于进一步完善。

（11）rtc：该目录用于保存 RTC 驱动程序。

（12）tools：该目录用于保存创建 U-Boot 的 S-RECORD 和 BIN 镜像文件的工具。

3.1.2.3　U-Boot 启动流程分析

U-Boot 分为 Stage1 和 Stage2 两个阶段，依赖于微处理器体系结构的代码通常都放在 Stage1，Stage1 通常是采用汇编语言来实现的，Stage2 通常是采用 C 语言来实现的，类似于 BootLoader 的第一阶段和第二阶段。

U-Boot 的启动流程如图 3.2 所示。

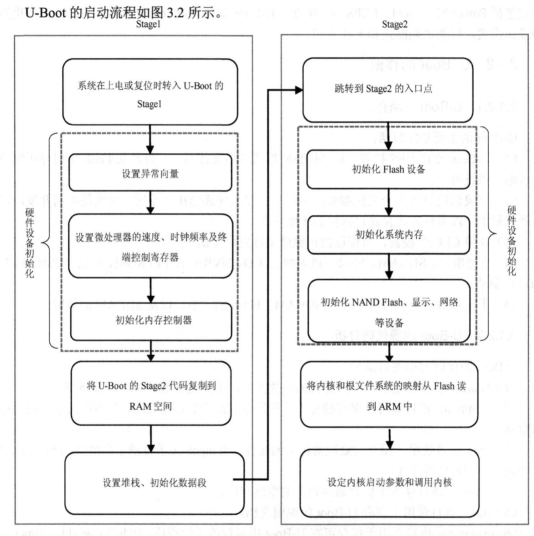

图 3.2　U-Boot 的启动流程

3.1.2.4　U-Boot 移植

移植是通过修改系统相应的源代码，使其能够运行在特定的嵌入式开发板上。U-Boot 可以支持多款嵌入式开发板的启动，移植到 RK3399 嵌入式开发板的过程就是修改 U-Boot 的相应代码，使其能够运行在 RK3399 嵌入式开发板上的过程。

U-Boot 的移植调试分为两种方法：一种是先用仿真器创建目标机的初始运行环境，将 U-Boot 镜像文件 u-boot.bin 下载到目标机 RAM 中的指定位置，用仿真器进行跟踪调试；另外一种方法是用仿真器先将 U-Boot 镜像文件烧写到 Flash 中去,利用 gdb 和仿真器进行调试。

3.1.3 U-Boot 的使用

3.1.3.1 U-Boot 的常用命令

(1) 获取帮助的命令。格式如下:

```
help 或 ?
```

(2) 输出环境变量的命令。在嵌入式开发板上电或复位时,U-Boot 一次性将所有的环境变量从 Flash 中复制到内存中,作为环境变量的初始化值,使用的是内存中的环境变量。通过下面的命令可以输出嵌入式开发板的环境变量。

```
printenv
```

(3) 启动内核的命令 bootm。命令如下:

```
bootm 0x43000000
```

上面的命令可以从内存地址 0x43000000 启动内核,在启动前需要把内核镜像 uImage 存放到指定的内存地址。

(4) 设置/修改/删除环境变量的命令 setenv。格式如下:

```
setenv 环境变量名
```

例如,将环境变量 myargs 的值改为 home,如果该环境变量不存在,则创建该环境变量,并将其值改为 home;如果该环境变量存在,则将其值改为 home。代码如下:

```
setenv myargs "home"
```

说明:setenv 与 saveenv 通常是成对出现的。saveenv 用于保存环境变量,修改环境变量后必须执行此命令才可以保存起来,否则重启后对环境变量的修改就会失效。

(5) 网络测试命令 ping。U-Boot 用 ping 命令来测试网络连接是否成功,如果出现"……is alive",则说明网络连接。格式如下:

```
ping IP 地址
```

(6) 命令 tftp。该命令用于从主机中下载内核镜像后,将其下载到本地 Flash 中。格式如下:

```
tftp address filename                    //把文件 filename 下载到地址 address
```

说明:在使用该命令之前需要先将下载的镜像文件放在服务器的下载目录中,然后在嵌入式开发板中执行该命令。例如:

```
//把虚拟机目录下名为 u-boot-hi3520d.bin 的文件复制到 SDRAM 的 82000000 地址
tftp 0x82000000 u-boot-hi3520d.bin
```

3.1.3.2 U-Boot 的应用

U-Boot 的应用流程如下:

（1）连接串口线，打开 MobaXterm 工具，将波特率设置成 115200 bps，在嵌入式开发板上电后快速按下 Ctrl+C 键，进入 U-Boot 启动界面。

（2）输入"help"命令，或者直接输入"?"，查看帮助信息。

（3）单独查看某个命令，可以输入"?"，然后空格加一个命令，如"? mmc"。

（4）输入"bdinfo"命令来输出嵌入式开发板的信息。

（5）输入"printenv"命令来查看环境变量。例如：

arch=arm   //输出结果为"baudrate=115200board=evb_rk3399"

（6）单独输出某个环境变量。例如，查看 devtype 的值，代码如下：

printenv devtype

（7）设置环境变量。例如，修改 bootdelay 的时间，使嵌入式开发板上电 6 s 后启动 U-Boot，代码如下：

setenv bootdelay 6

（8）查看 bootcmd 的值。代码如下：

=>printenv bootcmd
bootcmd=boot_android ${devtype} ${devnum};bootrkp;run distro_botcmd;

可以看到 bootcmd 的值，之前已经查看过 devtype 和 devnum 的值，分别是 mmc 和 1，也就是说，系统是从 SD 卡的 1 分区启动的。

（9）查看分区信息。代码如下：

mmc part

U-Boot 的启动信息如图 3.3 所示。图中，第 4 行"FDT load addr 0x10f00000 size 142 KiB"表示设备树的下载地址和大小，第 7 行"Kernel load addr 0x00280000 size 16005 KiB"表示内核的加载地址和大小。从图 3.3 中可以看出，1 分区是带 U-Boot 的，嵌入式开发板必须从 U-Boot 启动。输入命令"boot_android mmc 1"可重新启动嵌入式开发板。

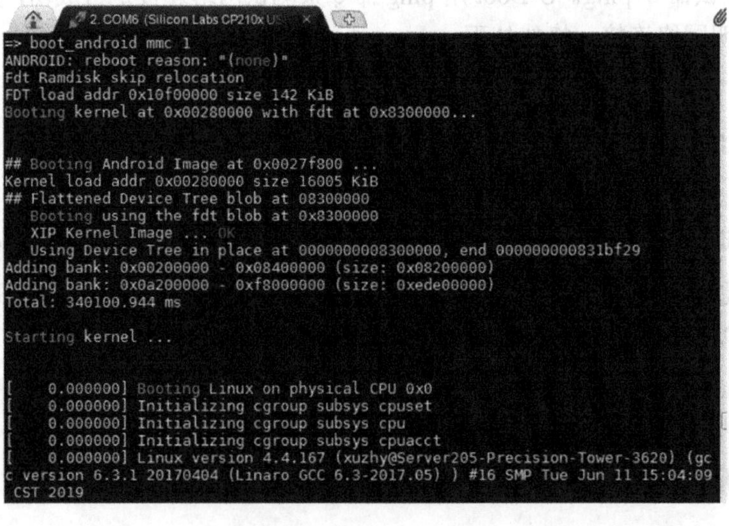

图 3.3 U-Boot 的启动信息

（10）把虚拟机（Ubuntu16）和嵌入式开发板的 IP 地址配置成同一个网段。例如，PC 的 IP 地址为"192.168.100.88"，虚拟机的 IP 地址为"192.168.100.100"，输入"ping 192.168.100.100"，网络连接测试结果如图 3.4 所示。这里出现错误信息"'ipaddr' not set"，可以通过"printenv ipaddr"检查变量 ipaddr。

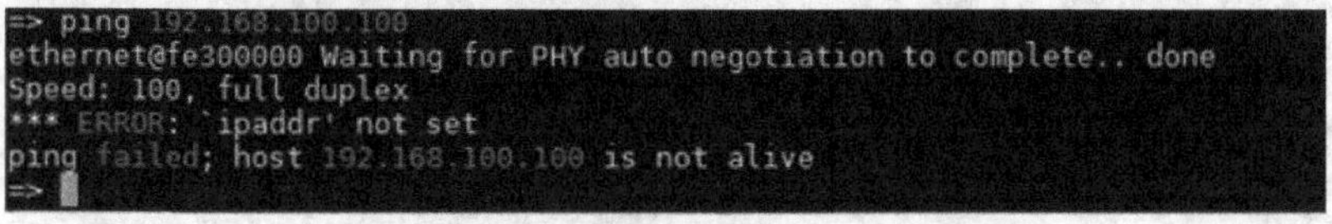

图 3.4　网络连接测试结果

（11）设置变量 ipaddr，输入"setenv ipaddr 192.168.100.84"，如图 3.5 所示。

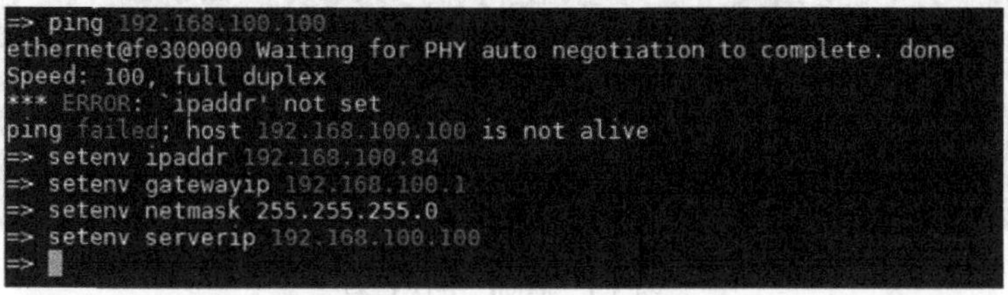

图 3.5　设置变量 ipaddr

setenv gateway 192.168.100.1	//设置网关信息
setenv netmask 255.255.255.0	//设置子网掩码信息
setenv serverip 192.168.100.100	//设置服务器地址

（12）使用命令 printenv 查看设置情况。例如：

printenv ipaddr	//查看 ipaddr
printenv gatewayip	//查看网关配置
printenv netmask	//查看子网掩码配置
printenv serverip	//查看服务器地址，要确保和虚拟机的 IP 地址一样

设置情况如图 3.6 所示。

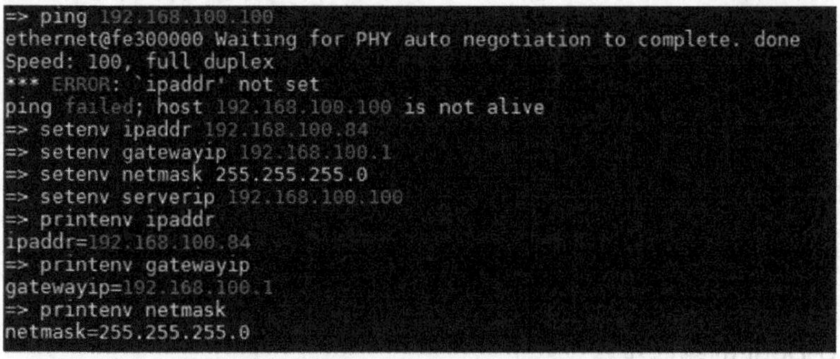

图 3.6　设置情况

（13）输入"ping 192.168.100.100"，如果出现"host 192.168.100.100 is alive"，则说明设置成功；输入"mmc part"命令查看 MMC 分区信息。MMC 分区信息如图 3.7 所示。

图 3.7 MMC 分区信息

从图 3.7 中可以看出，MMC 第 4 个分区的"boot"对应的地址是从 0x0000c000 开始的。boot 其实就是 boot.img 文件，它是由编译过的内核和设备树打包而成的。总体来说，如果 ping 命令执行成功，则说明嵌入式开发板能和虚拟机进行数据交互，知道 boot.img 的地址就可以将编译好的内核和设备树下载到对应的位置。

（14）通过 tftp 命令将 boot.img 下载到嵌入式开发板。打开 PC 虚拟机上，将 boot.img 文件（位于随书资源"U-Boot 目录"下）通过共享文件夹复制到嵌入式开发板的"/opt/tftp"目录下。

（15）开启 tftp 服务。代码如下：

root@hostlocal:/opt/tftp# sudo service tftpd-hpa restart

（16）在下载文件时需要授权，输入以下命令，可以改变文件夹和文件的权限。

root@hostlocal:/opt/tftp# chmod 777 /opt/tftp
root@hostlocal:/opt/tftp# chmod 777 boot.img

（17）在 MobaXterm 的串口输入命令"tftp 0x0000c000 boot.img"，即可开始下载文件。

（18）按下嵌入式开发板上的复位按键，可以重启嵌入式开发板。

3.1.4 开发实践：U-Boot 的编译

3.1.4.1 U-Boot 的编译步骤

U-Boot 移植就是修改相应的部分代码，使其能够运行在特定的嵌入式开发板上。U-Boot 可以初始化微处理器、内存、网卡，并启动内核和文件系统。在 RK3399 嵌入式开发板上移植 U-Boot 时需要修改底层的代码，本节主要介绍 U-Boot 的编译，具体的编译步骤如下：

（1）获取 U-Boot 源代码。
（2）设置交叉编译器环境变量。
（3）配置 U-Boot。
（4）编译生成 u-boot.img。
（5）打包生成兼容的 u-boot 文件。
（6）打包生成*_loader_*.bin 和 trust.img。
（7）烧写 RK3399 分区映像（如 u-boot.img、trust.img、MiniLoaderAll.bin）。

3.1.4.2　U-Boot 的编译与测试

（1）设置交叉编译器环境变量。代码如下：

```
test@hostlocal:/home/mysdk$ cd gw3399-linux/
test@hostlocal:/home/mysdk/gw3399-linux$ PATH=$PATH:/home/mysdk/gw3399-linux/prebuilts/gcc/
                    linux-x86/aarch64/gcc-linaro-6.3.1-2017.05-x86_64_aarch64-linux-gnu/bin
```

（2）配置 U-Boot。代码如下：

```
test@hostlocal:/home/mysdk/gw3399-linux$ cd u-boot/
test@hostlocal:/home/mysdk/gw3399-linux/u-boot$ make gw3399_defconfig
    HOSTCC script/basic/fixdep
    HOSTCC script/kconfig/conf.o
    HOSTCC script/kconfig/zconf.tab.o
    HOSTLD script/kconig/conf
Arch/../configs/gw3399_defconfig:10:warning: override: reassigning to symbol USING_KERNEL_DTB
# configuration written to .config
```

（3）输入以下命令开始编译。

```
test@hostlocal:/home/mysdk/gw3399-linux/u-boot$ make CROSS_COMPILE=aarch64-linux-gnu
```

（4）编译完成后，生成 u-boot.img，但这个 u-boot.img 并不能直接使用，还需要通过以下命令将其打包生成兼容的 u-boot 文件。

```
test@hostlocal:/home/mysdk/gw3399-linux/u-boot$  ../rkbin/tools/loaderimage --pack --uboot u-boot.bin uboot.img 0x00200000
```

（5）首先将生成的 uboot.img 下载到 RK3399 嵌入式开发板中，然后打包生成*_loader_*.bin 和 trust.img。代码如下：

```
test@hostlocal:/home/mysdk/gw3399-linux/u-boot$ cd ../rkbin/
test@hostlocal:/home/mysdk/gw3399-linux/rkbin$
                    ./tools/boot_merger -replace tools/rk_tools/ ./ ./RKBOOT/RK3399MINIALL.ini
out:rk3399_loader_v1.17.115.bin
fix opt:rk3399_loader_v1.17.115.bin
merge success(rk3399_loader_v1.17.115.bin)
test@hostlocal:/home/mysdk/gw3399-linux/u-boot/rkbin$ sudo mv *_loader_*.bin ../u_boot/
```

注意："./tools/boot_merger --replace tools/rk_tools/ ./ ./RKBOOT/RK3399MINIALL.ini"是

为了生成 bin 文件,"sudo mv *_loader_*.bin ../u-boot/" 是为了将生成的 bin 文件移动到 u-boot 目录。

(6) 输入以下命令生成 trust.img。

> test@hostlocal:/home/mysdk/gw3399-linux/u-boot/rkbin$tools/trust_merger   --replace   tools/rk_tools/   ./RKTRUST/RK3399TRUST.ini
> out:trust.img
> merge success(trust.img)

通过编译 U-Boot,可以将 u-boot.img、trust.img、MiniLoaderAll.bin 烧写到 RK3399 嵌入式开发板的分区映像。

(7) 编译完成后,将 "output" 目录下的 u-boot.img、trust.img、MiniLoaderAll.bin 文件复制到 "rockdev-sd-tools" 目录,运行 mksdbootimg.sh 脚本,编译打包镜像文件,可生成 sdboot.img。通过 Etcher 软件把 sdboot.img 文件烧写到智能网关的 TF 卡。

(8) 给网关上电,上电后快速按下 Ctrl+C 键,3 s 后进入 U-Boot。如果启动成功,可以看到用户配置的本地版本信息,如图 3.8 所示。

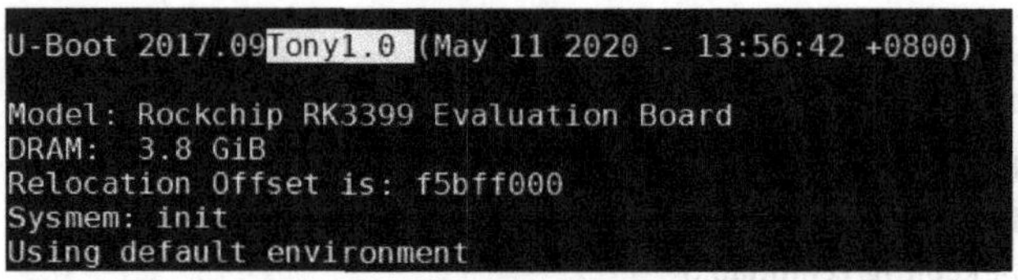

图 3.8 用户配置的本地版本信息

3.1.5 小结

本节的主要内容包括 BootLoader 简介、U-Boot 的移植、U-Boot 的使用,通过开发实践引导读者掌握 U-Boot 的编译方法。

3.1.6 思考与拓展

(1) 什么是 BootLoader?其功能是什么?
(2) 简述 BootLoader 的两种操作模式。
(3) 嵌入式 Linux 系统通常可以分为哪 4 个层次?
(4) 分别说明 BootLoader 启动两个阶段的各自任务。
(5) U-Boot 编译包含哪些步骤?

3.2 Linux 的内核与配置

3.2.1 Linux 的体系结构与内核

Linux 是一种利用 C 语言开发的开源的、符合 POSIX 标准的类 UNIX 操作系统。

3.2.1.1 Linux 的体系结构

Linux 的体系结构如图 3.9 所示。

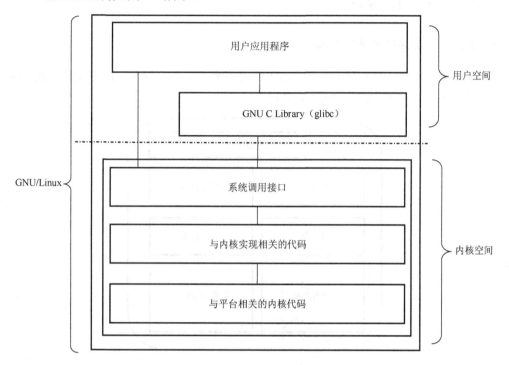

图 3.9 Linux 的体系结构

用户空间是用户应用程序执行的地方，用户空间之下是内核空间。

GNU C Library 不仅提供了连接内核的接口，还提供了在用户空间应用程序和内核之间进行转换的机制。内核和用户空间的用户应用程序使用的是不同的地址空间，用户空间的每个进程都使用自己的虚拟地址空间，而内核则使用独立的地址空间。

Linux 的内核空间可进一步划分成 3 层：最上面是系统调用接口，它实现了读、写等基本接口；系统调用接口之下是与内核实现相关的代码，这些代码是 Linux 支持的处理器体系结构；最下面是与平台相关的内核代码，这些代码构成了 BSP（Board Support Package），是用于特定平台的代码。

内核是 Linux 的核心，负责管理系统的进程、内存、设备驱动程序、文件系统和网络，决定着 Linux 的性能和稳定性。

3.2.1.2 Linux 内核

（1）Linux 内核的裁减和移植。Linux 内核可以简单地理解为多个模块代码的堆积，通过有机的联系构成了一个系统。通过删除 Linux 内核的模块，可以达到裁减的目的。用户可以对 Linux 内核进行裁减，减少系统对一些无用设备的支持，节省内存空间。

（2）Linux 驱动。Linux 驱动一般有两种形式：一种是直接编译进内核；另一种是编译成模块，按实际需求在 Linux 内核中加载或卸载。

（3）Linux 内核模块。如果 Linux 内核缺少相应的驱动程序，可以开发驱动程序并加载到 Linux 内核中进行编译，从而实现对硬件的支持。用户也可以根据需要裁减不需要的模块。

3.2.2 Linux 内核分析

3.2.2.1 Linux 内核的体系结构

Linux 内核的主要组件包括系统调用接口、进程管理、内存管理、虚拟文件系统、网络堆栈、设备驱动程序、硬件架构，如图 3.10 所示。

图 3.10　Linux 内核的主要组件

（1）系统调用接口。系统调用接口提供了从用户空间到内核的函数调用机制，在"/linux/kernel"目录中可以找到系统调用接口（SCI）的实现。

（2）进程管理。Linux 内核中进程是单独的程序，进程管理主要管理进程代码、数据、堆栈和微处理器寄存器。Linux 内核没有区分进程和线程。

（3）内存管理。内核管理的另外一个重要资源是内存，Linux 内核的内存管理包括内存的使用方式，以及物理内存和虚拟内存映射机制，提供了对 4 KB 缓存区的抽象，如 slab 分配器。

（4）虚拟文件系统。虚拟文件系统（VFS）为 Linux 的文件系统提供了一个通用的接口抽象，虚拟文件系统在系统调用接口和 Linux 内核所支持的文件系统之间提供了一个交换层。Linux 文件系统的结构如图 3.11 所示。

虚拟文件系统提供了 open()、close()、read()和 write()等通用 API，虚拟文件系统是文件系统（如 ext3 等）抽象，定义了上层函数的实现方式。虚拟文件系统之下是高速缓存区，可将数据保留一段时间，优化对物理设备的访问。高速缓存区之下是设备驱动，实现了特定物理设备的接口。

（5）网络堆栈。网络堆栈在设计上遵循了被模拟协议本身的分层体系结构。

（6）设备驱动程序。Linux 内核中有大量的设备驱动程序，能够驱动硬件设备。Linux 的源代码树提供了一个设备驱动程序子目录，这个子目录中的驱动程序按照可驱动的设备进行了划分，如 Bluetooth、I2C、串口等。设备驱动程序保存在"/linux/drivers"目录中。

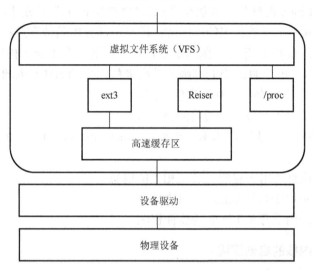

图 3.11　Linux 文件系统的结构

（7）硬件架构。尽管 Linux 在很大程度上是独立于硬件架构的，但必须考虑硬件架构才能正常运行并实现更高的效率。"linux/arch"目录中保存的是与硬件架构相关的代码。

3.2.2.2　Linux 内核的源代码结构

由于 Linux 内核代码过于庞大，要全面了解 Linux 内核需要大量的时间和精力。下面简要分析 Linux 内核的源代码结构。Linux 内核源代码的主要目录如下：

（1）arch。该目录用于存放与处理器相关的一些信息。例如，"arch/arm"目录下存放的是与 ARM 处理器相关的一些配置信息，"arch/x86"目录下存放的是与 x86 处理器相关的一些配置信息。

（2）block。该目录用于存放与块设备相关的信息。块设备和字符设备的区别是，字符设备能够以单字节或多个字节为一个数据库进行访问，块设备通常以 512 B 为一个数据块进行访问。

（3）drivers。该目录用于存放设备驱动，Linux 内核所支持的驱动程序均存放在这个目录下。

（4）firmware。该目录用于存放和固件相关的信息。固件的本质是软件，可以固化到 IC 里面运行，方便计算机读取和理解设备发送的信息。

（5）fs。该目录用于存放与文件系统有关的信息。

（6）include。该目录用于存放与微处理器相关的公共头文件。与微处理器有关的头文件存放在对应处理器的目录下，例如 ARM 微处理器相关的头文件存放在"arch/arm/include"目录中。

（7）init。该目录用于存放初始化代码，在启动 Linux 内核时，执行的就是该目录中的代码。

（8）ipc。该目录用于存放进程间通信的实现代码。

（9）kernel。该目录用于存放与内核相关的代码，Linux 内核的一部分代码存放在根目录下，与 CPU 有关的 Linux 内核代码存放在"arch/******/kernel"目录中。

（10）lib。该目录用于存放公用的库函数，还有一部分库函数存放在"/usr/lib"目录中。注意，Linux 中的库函数和 C 语言中的库函数是不一样的。在 Linux 内核编程中不能使用 C 语言中的标准库函数，"lib"目录中的库函数是用来替代 C 语言中的标准库函数的。

（11）mm。该目录用于存放内存管理的代码。

（12）net。该目录用于存放网络通信的协议栈。

（13）scripts。该目录用于存放脚本，当执行"make menuconfig"命令时，脚本就开始工作了。

（14）security。该目录用于存放与安全相关的信息。

（15）var。该目录用于存放 Linux 的日志信息。

（16）usr。该目录用于存放 Linux 的软件资源。

3.2.2.3　Linux 内核的启动流程

Linux 内核的启动流程如下：

（1）Linux 内核的自解压。在 U-Boot 完成系统引导以后，就开始启动 Linux 内核。Linux 内核一般是一个 uImage 文件，如果 Linux 内核没有被压缩，则可以直接启动；如果 Linux 内核被压缩过，则需要进行解压缩，被压缩过的 Linux 内核中有解压缩程序，解压缩完成后，调用 gunzip()函数即可启动 Linux 内核。

（2）Linux 内核启动准备阶段。在该阶段，由内核链接脚本"/kernel/arch/arm/kernel/vmlinux.lds"可知，Linux 内核的入口函数为 stext(/kernel/arch/arm/kernel/head.S)。

（3）Linux 内核引导阶段。该阶段的主要工作包括：

- 校验处理器 ID 和机器码，检测内核是否支持该处理器。
- 建立虚拟地址映射页表，此处建立的页表为粗页表，在内核启动前期使用，调用 __create_page_tables()函数实现。
- 跳转执行__switch_data()函数，并调用__mmap_switched()函数完成最后的准备工作。

（4）Linux 内核初始化阶段。此阶段从 start_kernel()函数开始，start_kernel()函数是所有 Linux 内核初始化的入口函数。start_kernel()函数位于"kernel/init/main.c"中，在完成一系列与 Linux 内核相关的初始化后，调用第一个用户进程 init 并等待其执行。

start_kernel()函数主要完成与内核相关的初始化工作，主要包括：与内核架构和通用配置相关的初始化、与内存管理相关的初始化、与进程管理相关的初始化、与进程调度相关的初始化、网络系统管理、虚拟文件系统、文件系统。start_kernel()函数的代码如下：

```
asmlinkage __visible void __init start_kernel(void)
{
    char *command_line;
    char *after_dashes;

    lockdep_init();
    set_task_stack_end_magic(&init_task);
    smp_setup_processor_id();
```

```c
debug_objects_early_init();
boot_init_stack_canary();
cgroup_init_early();
local_irq_disable();
early_boot_irqs_disabled = true;
boot_cpu_init();
page_address_init();
pr_notice("%s", linux_banner);
setup_arch(&command_line);
mm_init_cpumask(&init_mm);
setup_command_line(command_line);
setup_nr_cpu_ids();
setup_per_cpu_areas();
smp_prepare_boot_cpu();

build_all_zonelists(NULL, NULL);
page_alloc_init();
……
parse_early_param();
after_dashes = parse_args("Booting kernel", static_command_line, __start___param,
                __stop___param - __start___param, -1, -1, NULL, &unknown_bootoption);
if (!IS_ERR_OR_NULL(after_dashes))
    parse_args("Setting init args", after_dashes, NULL, 0, -1, -1, NULL, set_init_arg);

jump_label_init();
setup_log_buf(0);
pidhash_init();
vfs_caches_init_early();
sort_main_extable();
trap_init();
mm_init();
sched_init();
preempt_disable();
if (WARN(!irqs_disabled(), "Interrupts were enabled *very* early, fixing it\n"))
    local_irq_disable();
idr_init_cache();
rcu_init();
trace_init();
context_tracking_init();
radix_tree_init();
early_irq_init();
init_IRQ();
tick_init();
rcu_init_nohz();
init_timers();
hrtimers_init();
softirq_init();
```

```c
        timekeeping_init();
        time_init();
        sched_clock_postinit();
        perf_event_init();
        profile_init();
        call_function_init();
        WARN(!irqs_disabled(), "Interrupts were enabled early\n");
        early_boot_irqs_disabled = false;
        local_irq_enable();

        kmem_cache_init_late();
        console_init();
        if (panic_later)
            panic("Too many boot %s vars at `%s'", panic_later, panic_param);
        lockdep_info();
        locking_selftest();
        ……
        page_ext_init();
        debug_objects_mem_init();
        kmemleak_init();
        setup_per_cpu_pageset();
        numa_policy_init();
        if (late_time_init)
            late_time_init();
        sched_clock_init();
        calibrate_delay();
        pidmap_init();
        anon_vma_init();
        acpi_early_init();
        ……
        thread_stack_cache_init();
        cred_init();
        fork_init();
        proc_caches_init();
        buffer_init();
        key_init();
        security_init();
        dbg_late_init();
        vfs_caches_init();
        signals_init();
        page_writeback_init();
        proc_root_init();
        nsfs_init();
        cpuset_init();
        cgroup_init();
        taskstats_init_early();
        delayacct_init();
```

```
        check_bugs();
        acpi_subsystem_init();
        sfi_init_late();
        if (efi_enabled(EFI_RUNTIME_SERVICES)) {
            efi_late_init();
            efi_free_boot_services();
        }
        ftrace_init();
        rest_init();
}
```

与 Linux 内核架构相关的初始化函数是 setup_arch(&command_line), 该函数包含与处理器相关参数的初始化、内核启动参数的获取和前期处理、内存子系统的初始化。command_line 是 U-Boot 向 Linux 内核传递的命令行启动参数, 即 U-Boot 中环境变量 bootargs。若 U-Boot 中 bootargs 为空, 则 command_line = default_command_line。command_line 在.config 文件中配置, 对应的是 CONFIG_CMDLINE 配置项。

setup_arch()函数是 Linux 内核启动中最重要的一个函数, 每种体系结构都有自己的 setup_arch()函数。具体编译哪个体系结构的 setup_arch()函数, 由顶层 Makefile 中的 ARCH 变量决定。ARCH 变量首先通过检测到的处理器类型来进行处理器的初始化; 然后根据系统定义的 meminfo 结构来调用 bootmem_init()函数进行内存的初始化; 最后调用 paging_init()函数开启 MMU, 创建内核页表, 映射所有的物理内存和 I/O 空间。

ARM 处理器的 setup_arch(&command_line)在 "arch/arm/kernel/setup.c" 中, 代码如下:

```
void __init setup_arch(char **cmdline_p)
{
    const struct machine_desc *mdesc;
    setup_processor();
    mdesc = setup_machine_fdt(__atags_pointer);
    if (!mdesc)
        mdesc = setup_machine_tags(__atags_pointer, __machine_arch_type);
    machine_desc = mdesc;
    machine_name = mdesc->name;
    dump_stack_set_arch_desc("%s", mdesc->name);
    if (mdesc->reboot_mode != REBOOT_HARD)
        reboot_mode = mdesc->reboot_mode;
    init_mm.start_code = (unsigned long) _text;
    init_mm.end_code   = (unsigned long) _etext;
    init_mm.end_data   = (unsigned long) _edata;
    init_mm.brk        = (unsigned long) _end;
    strlcpy(cmd_line, boot_command_line, COMMAND_LINE_SIZE);
    *cmdline_p = cmd_line;
    if (IS_ENABLED(CONFIG_FIX_EARLYCON_MEM))
        early_fixmap_init();
    parse_early_param();
    ……
```

```
        setup_dma_zone(mdesc);
        sanity_check_meminfo();
        arm_memblock_init(mdesc);
        paging_init(mdesc);
        request_standard_resources(mdesc);
        if (mdesc->restart)
            arm_pm_restart = mdesc->restart;
        unflatten_device_tree();
        arm_dt_init_cpu_maps();
        psci_dt_init();
        xen_early_init();
        ……
        if (!is_smp())
            hyp_mode_check();
        reserve_crashkernel();
        ……
        if (mdesc->init_early)
            mdesc->init_early();
    }
```

setup_command_line()函数、parse_early_param()函数和parse_args()函数用于进行命令行参数的解析和保存,例如:

```
cmdline = console=ttySAC2,9600 root=/dev/mmcblk0p2 rw init=/linuxrc rootfstype=ext3;
```

其中,"console=ttySAC2,9600"用于指定控制台的串口设备号及波特率;"root=/dev/mmcblk0p2 rw"用于指定根文件系统 rootfs 的路径;"init=/linuxrc"用于指定第一个用户进程 init 的路径;"rootfstype=ext3"用于指定根文件系统 rootfs 的类型。

sched_init()函数用于初始化进程调度器、创建运行队列、设置当前任务的空进程。该函数在"kernel/sched/core.c"中,代码如下:

```
void __init sched_init(void)
{
    int i, j;
    unsigned long alloc_size = 0, ptr;
#ifdef CONFIG_FAIR_GROUP_SCHED
    alloc_size += 2 * nr_cpu_ids * sizeof(void **);
#endif
#ifdef CONFIG_RT_GROUP_SCHED
    alloc_size += 2 * nr_cpu_ids * sizeof(void **);
#endif
    if (alloc_size) {
        ptr = (unsigned long)kzalloc(alloc_size, GFP_NOWAIT);
#ifdef CONFIG_FAIR_GROUP_SCHED
        root_task_group.se = (struct sched_entity **)ptr;
        ptr += nr_cpu_ids * sizeof(void **);
        root_task_group.cfs_rq = (struct cfs_rq **)ptr;
```

```c
            ptr += nr_cpu_ids * sizeof(void **);
#endif //CONFIG_FAIR_GROUP_SCHED
#ifdef CONFIG_RT_GROUP_SCHED
            root_task_group.rt_se = (struct sched_rt_entity **)ptr;
            ptr += nr_cpu_ids * sizeof(void **);
            root_task_group.rt_rq = (struct rt_rq **)ptr;
            ptr += nr_cpu_ids * sizeof(void **);
#endif //CONFIG_RT_GROUP_SCHED
    }
#ifdef CONFIG_CPUMASK_OFFSTACK
        for_each_possible_cpu(i) {
            per_cpu(load_balance_mask, i) = (cpumask_var_t)kzalloc_node(
                cpumask_size(), GFP_KERNEL, cpu_to_node(i));
        }
#endif //CONFIG_CPUMASK_OFFSTACK
        init_rt_bandwidth(&def_rt_bandwidth,
                global_rt_period(), global_rt_runtime());
        init_dl_bandwidth(&def_dl_bandwidth,
                global_rt_period(), global_rt_runtime());
#ifdef CONFIG_SMP
        init_defrootdomain();
#endif
#ifdef CONFIG_RT_GROUP_SCHED
        init_rt_bandwidth(&root_task_group.rt_bandwidth,global_rt_period(), global_rt_runtime());
#endif //CONFIG_RT_GROUP_SCHED
#ifdef CONFIG_CGROUP_SCHED
        list_add(&root_task_group.list, &task_groups);
        INIT_LIST_HEAD(&root_task_group.children);
        INIT_LIST_HEAD(&root_task_group.siblings);
        autogroup_init(&init_task);
#endif //CONFIG_CGROUP_SCHED
        for_each_possible_cpu(i) {
            struct rq *rq;
            rq = cpu_rq(i);
            raw_spin_lock_init(&rq->lock);
            rq->nr_running = 0;
            rq->calc_load_active = 0;
            rq->calc_load_update = jiffies + LOAD_FREQ;
            init_cfs_rq(&rq->cfs);
            init_rt_rq(&rq->rt);
            init_dl_rq(&rq->dl);
#ifdef CONFIG_FAIR_GROUP_SCHED
            root_task_group.shares = ROOT_TASK_GROUP_LOAD;
            INIT_LIST_HEAD(&rq->leaf_cfs_rq_list);
            rq->tmp_alone_branch = &rq->leaf_cfs_rq_list;
            init_cfs_bandwidth(&root_task_group.cfs_bandwidth);
            init_tg_cfs_entry(&root_task_group, &rq->cfs, NULL, i, NULL);
```

```c
#endif //CONFIG_FAIR_GROUP_SCHED
        rq->rt.rt_runtime = def_rt_bandwidth.rt_runtime;
#ifdef CONFIG_RT_GROUP_SCHED
        init_tg_rt_entry(&root_task_group, &rq->rt, NULL, i, NULL);
#endif
        for (j = 0; j < CPU_LOAD_IDX_MAX; j++)
            rq->cpu_load[j] = 0;
        rq->last_load_update_tick = jiffies;
#ifdef CONFIG_SMP
        rq->sd = NULL;
        rq->rd = NULL;
        rq->cpu_capacity = rq->cpu_capacity_orig = SCHED_CAPACITY_SCALE;
        rq->balance_callback = NULL;
        rq->active_balance = 0;
        rq->next_balance = jiffies;
        rq->push_cpu = 0;
        rq->push_task = NULL;
        rq->cpu = i;
        rq->online = 0;
        rq->idle_stamp = 0;
        rq->avg_idle = 2*sysctl_sched_migration_cost;
        rq->max_idle_balance_cost = sysctl_sched_migration_cost;
#ifdef CONFIG_SCHED_WALT
        rq->cur_irqload = 0;
        rq->avg_irqload = 0;
        rq->irqload_ts = 0;
#endif
        INIT_LIST_HEAD(&rq->cfs_tasks);
        rq_attach_root(rq, &def_root_domain);
#ifdef CONFIG_NO_HZ_COMMON
        rq->nohz_flags = 0;
#endif
#ifdef CONFIG_NO_HZ_FULL
        rq->last_sched_tick = 0;
#endif
#endif
        init_rq_hrtick(rq);
        atomic_set(&rq->nr_iowait, 0);
    }
    set_load_weight(&init_task);
    atomic_inc(&init_mm.mm_count);
    enter_lazy_tlb(&init_mm, current);
    current->sched_class = &fair_sched_class;
    init_idle(current, smp_processor_id());
    calc_load_update = jiffies + LOAD_FREQ;
#ifdef CONFIG_SMP
    zalloc_cpumask_var(&sched_domains_tmpmask, GFP_NOWAIT);
```

```
        if (cpu_isolated_map == NULL)
            zalloc_cpumask_var(&cpu_isolated_map, GFP_NOWAIT);
        idle_thread_set_boot_cpu();
        set_cpu_rq_start_time();
#endif
        init_sched_fair_class();
        scheduler_running = 1;
}
```

start_kernel()函数在最后调用的是 rest_init()函数。执行完 rest_init()函数后，Linux 内核就启动了。rest_init()函数在"init/main.c"中，代码如下：

```
static noinline void __init_refok rest_init(void)
{
    int pid;
    rcu_scheduler_starting();
    smpboot_thread_init();
    kernel_thread(kernel_init, NULL, CLONE_FS);
    numa_default_policy();
    pid = kernel_thread(kthreadd, NULL, CLONE_FS | CLONE_FILES);
    rcu_read_lock();
    kthreadd_task = find_task_by_pid_ns(pid, &init_pid_ns);
    rcu_read_unlock();
    complete(&kthreadd_done);
    init_idle_bootup_task(current);
    schedule_preempt_disabled();
    cpu_startup_entry(CPUHP_ONLINE);
}
```

rest_init()函数的主要工作如下：

① 调用 kernel_thread()函数启动了两个内核进程，分别是 kernel_init 和 kthreadd。kernel_init 进程首先调用 prepare_namespace()函数挂载根文件系统 rootfs；然后调用 init_post()函数执行根文件系统 rootfs 下的第一个用户进程 init。用户进程有 4 个备选方案，若 command_line 中 init 的路径错误，则会执行备用方案。第一备用方案为"/sbin/init"，第二备用方案为"/etc/init"，第三备用方案为"/bin/init"，第四备用方案为"/bin/sh"。

② 调用 schedule()函数开启内核调度系统。

③ 调用 cpu_idle()函数，启动空闲进程 idle，完成 Linux 内核的启动。

3.2.3 Linux 内核的配置

3.2.3.1 Linux 内核配置系统

（1）Linux 内核配置系统的基本结构。Linux 内核配置系统由三个部分组成，分别是：

① Makefile：Makefile 定义了 Linux 内核的编译规则。

② 配置文件（config.in）：在 Linux 内核的根目录中，有一个.config 文件，该文件记录了 Linux 内核的配置选项。用户可以直接修改并运行.config。在.config 文件中，每个配置选项的

值只能是"Y"或"N",可以将对应的配置选项用"#"注释掉,从而不再支持该配置选项。Linux 内核的配置是围绕.config 来展开的,即使.config 文件不存在,在进行配置时也会建立该文件。Linux 内核的配置选项保存在内核的根目录下面。

③ 配置工具:包括配置命令解释器和配置用户界面(基于字符界面、基于 Ncurses 图形界面及基于 XWindows 的图形界面,分别对应 make config、make menuconfig 和 make xconfig 命令)。

(2)常见的 Linux 内核配置方式。为了完成 Linux 内核的配置,必须先切换到 root 权限,再进入 Linux 内核的目录,最后执行下面的命令之一:

make config
mak eoldconfig
make menuconfig
make gconfig
make defconfig
make allyesconfig
make allnoconfig
make allmodconfig

3.2.3.2 Linux 内核配置选项

下面基于 make menuconfig 图形化配置工具,对 Linux 内核的基本配置选项进行说明。在 Linux 内核的"kernel"目录下执行"make menuconfig",会弹出如图 3.12 所示配置界面。

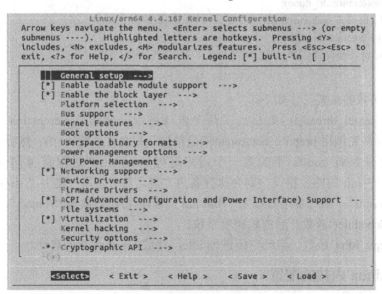

图 3.12 配置界面(1)

图 3.12 最上面的"Linux/arm64"表示处理器的类型是 64 位的 ARM,通常是指 Cortex-A53、Cortex-A72 或者更高级的处理器;"4.4.167"表示 Linux 内核的版本。

执行"make menuconfig",将光标停留在"General setup"上,按下回车键后,可弹出如图 3.13 所示的配置界面。

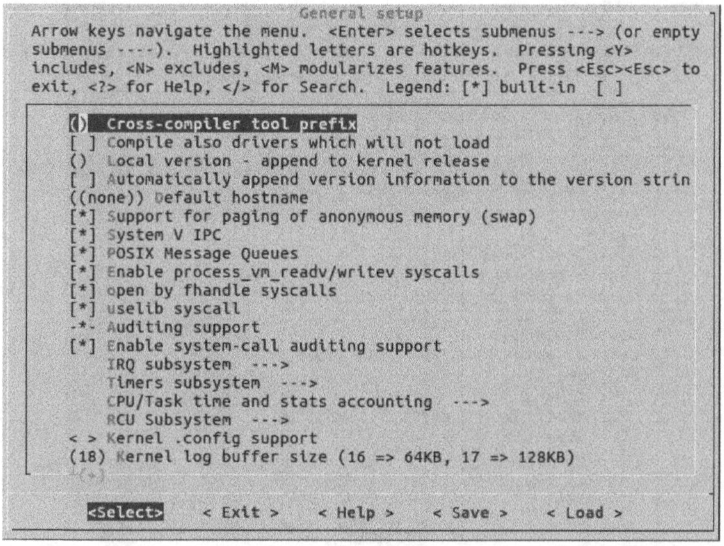

图 3.13 配置界面（2）

图 3.13 中的第一项是"Cross-compiler tool prefix"，在其前面的括号中输入"？"，可弹出如图 3.14 所示的配置界面。

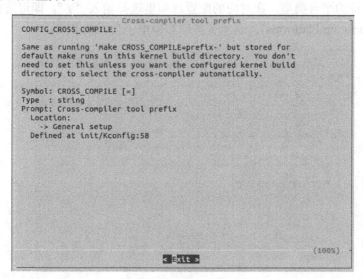

图 3.14 配置界面（3）

图 3.14 中的提示信息说明"Cross-compiler tool prefix"是交叉编译选项的前缀，配置完成后可以通过 make 命令直接调用这个选项。

接下来设置其他选项，也可以输入"？"来查看说明信息，其中，带小括号的选项不可以输入"Y"或"N"来确定或放弃，但可以在按回车键后输入指定信息；带中括号的选项可以输入"Y"或"N"来确定选中或放弃，如图 3.15 所示。

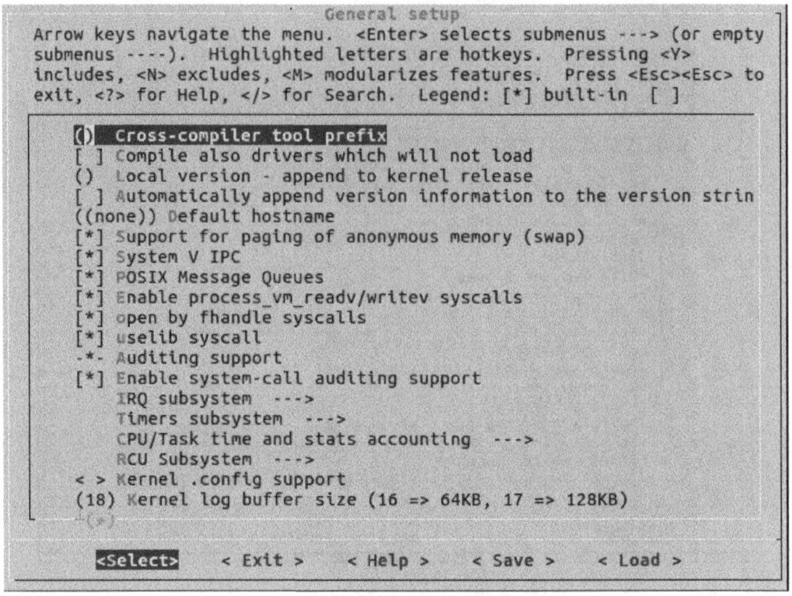

```
                        General setup
Arrow keys navigate the menu.  <Enter> selects submenus --->  (or empty
submenus ----).  Highlighted letters are hotkeys.  Pressing <Y>
includes, <N> excludes, <M> modularizes features.  Press <Esc><Esc> to
exit, <?> for Help, </> for Search. Legend: [*] built-in  [ ]

    () Cross-compiler tool prefix
    [ ] Compile also drivers which will not load
    () Local version - append to kernel release
    [ ] Automatically append version information to the version strin
    ((none)) Default hostname
    [*] Support for paging of anonymous memory (swap)
    [*] System V IPC
    [*] POSIX Message Queues
    [*] Enable process_vm_readv/writev syscalls
    [*] open by fhandle syscalls
    [*] uselib syscall
    -*- Auditing support
    [*] Enable system-call auditing support
        IRQ subsystem  --->
        Timers subsystem  --->
        CPU/Task time and stats accounting  --->
        RCU Subsystem  --->
    < > Kernel .config support
    (18) Kernel log buffer size (16 => 64KB, 17 => 128KB)

        <Select>    < Exit >    < Help >    < Save >    < Load >
```

图 3.15 配置界面（4）

选择图 3.12 中的"Platform selection"选项，可进入如图 3.16 所示的配置界面，在该界面中可以看到支持的平台类型，在对应的配置选项里选择输入"Y"，即可选择对应的 SoC。这里选中的"Rockchip Platforms"，表示支持瑞芯微电子公司的 SoC。

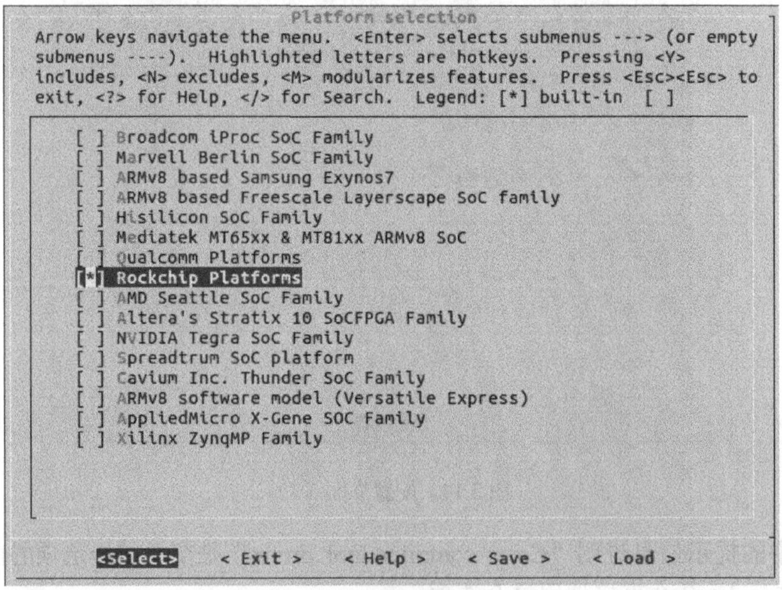

```
                      Platform selection
Arrow keys navigate the menu.  <Enter> selects submenus --->  (or empty
submenus ----).  Highlighted letters are hotkeys.  Pressing <Y>
includes, <N> excludes, <M> modularizes features.  Press <Esc><Esc> to
exit, <?> for Help, </> for Search. Legend: [*] built-in  [ ]

    [ ] Broadcom iProc SoC Family
    [ ] Marvell Berlin SoC Family
    [ ] ARMv8 based Samsung Exynos7
    [ ] ARMv8 based Freescale Layerscape SoC family
    [ ] Hisilicon SoC Family
    [ ] Mediatek MT65xx & MT81xx ARMv8 SoC
    [ ] Qualcomm Platforms
    [*] Rockchip Platforms
    [ ] AMD Seattle SoC Family
    [ ] Altera's Stratix 10 SoCFPGA Family
    [ ] NVIDIA Tegra SoC Family
    [ ] Spreadtrum SoC platform
    [ ] Cavium Inc. Thunder SoC Family
    [ ] ARMv8 software model (Versatile Express)
    [ ] AppliedMicro X-Gene SOC Family
    [ ] Xilinx ZynqMP Family

        <Select>    < Exit >    < Help >    < Save >    < Load >
```

图 3.16 配置界面（5）

配置选项中还有一些其他很重要的选项，如"Device Drivers"，该选项内容是一些对驱动的支持，选中对应的选项，编译好的内核里就会增加驱动代码，无须再人为编写驱动程序。例如，增加 Linux 内核对 USB 摄像头的支持，可以进行如下配置，选择"Multimedia support"，可进入如图 3.17 所示的配置界面。

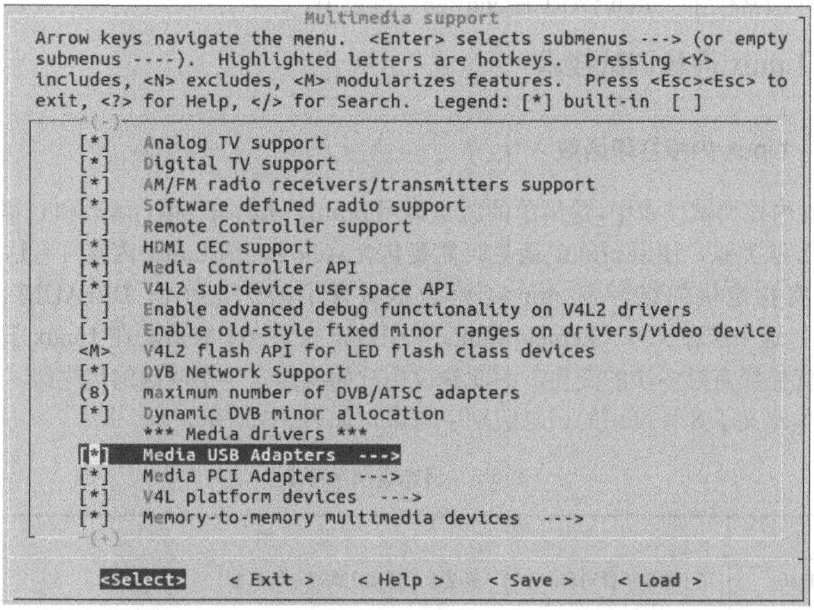

图 3.17　配置界面（6）

选择"Media USB Adapters"，可进入如图 3.18 所示的配置界面。

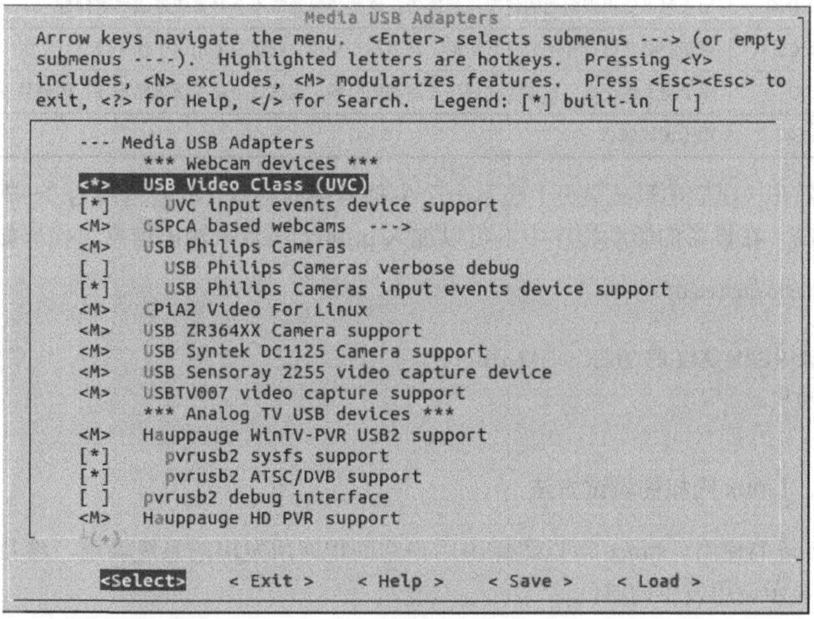

图 3.18　配置界面（7）

如果摄像头的类型属于 UVC，则选中"USB Video Class (UVC)"和"UVC input events device support"，保存后退出即可。

Linux 内核中的配置选项比较多，使用"make menuconfig"命令进行配置的效率太低，一般都先使用 Linux 内核提供的默认配置文件，然后根据产品需求人为增加少数配置选项。默认配置文件通常位于"arch/$ARCH/configs"目录中。

3.2.4 Linux 内核调试技术

3.2.4.1 Linux 内核打印函数

在 Linux 内核调试技术中，最简单的就是调用 printk()函数。printk()函数和 C 语言中 printf()函数的使用方法类似，使用 printf()函数时需要包含 stdio.h，但 Linux 内核没有这个头文件。

如果没有指定优先级，则 printk()函数默认采用的优先级是 DEFAULT_MESSAGE_LOGLEVEL，这个宏在文件"kernel/printk.c"中被定义为一个整数。在 Linux 开发过程中，默认采用的优先级有过多次的变化，因此建议用户始终指定一个明确的优先级。在 Linux 内核的头文件中定义了 8 种可用的日志级别字符串，如表 3.3 所示。

表 3.3　日志级别字符串

字 符 串	说 明
KERN_EMERG	用于紧急事件消息，它们一般是系统崩溃之前提示的消息
KERN_ALERT	用于需要立即采取动作的情况
KERN_CRIT	用于临界状态，通常涉及严重的硬件或软件操作失败
KERN_ERR	用于报告错误状态，设备驱动程序通常使用 KERN_ERR 报告来自硬件的问题
KERN_WARNING	用于对可能出现问题的情况进行警告，这类情况通常不会对系统造成严重问题
KERN_NOTICE	用于有必要进行提示的正常情形，许多与安全相关的状况采用这个优先级进行汇报
KERN_INFO	用于提示性信息，很多驱动程序在启动的时候，通过这个优先级来输出各自的硬件信息
KERN_DEBUG	用于调试信息

每个字符串（以宏的形式展开）表示一个尖括号中的整数，取值范围为 0～7，数值越小，优先级就越高。在设备的驱动程序中，可以加入 printk()函数来输出信息。代码如下：

```
static int hello_init(void)
{
    printk(KERN_ALERT"Hello world\n");
    return 0;
}
```

3.2.4.2 Linux 内核的调试方法

（1）strace 的使用。strace 可以跟踪由用户空间程序所发出的系统调用，参数有：
- -t：显示调用发生的时间。
- -T：显示调用所花费的时间。
- -e：限定被跟踪的系统调用类型，如"-e execve"。
- -f：跟踪所有的进程。
- -p：跟踪特定的进程，如"-p 8856"。
- -o：将输出的信息导入特定的文件。

针对多进程程序，可以通过 strace 输出的返回值和进程 PID 获得大量有用信息，例如：

```
$>strace -o zht.txt -f ./process_create
```

（2）ltrace 的使用。ltrace 可以跟踪由用户空间程序所发出的动态库函数调用，参数有：
- -t：显示调用发生的时间。
- -T：显示调用所花费的时间。
- -f：跟踪所有的进程。
- -p：跟踪特定的进程。
- -o：将输出的信息导入特定的文件。

（3）查看 oops 消息。oops 是 Linux 内核告知用户有故障发生的最常用方式。发送完 oops 后，Linux 内核会处于一种不稳定状态。在某些情况下，oops 会导致内核混乱，这些情况可能包括：
- oops 发生在持有锁的代码中。
- oops 发生在和硬件设备通信的过程中。
- oops 发生在中断上下文中。
- oops 发生在 idle 进程(0)或 init 进程(1)，因为没有这两个进程，Linux 内核就无法工作。

如果 oops 在其他进程运行时发生，Linux 内核会杀死该进程并尝试继续运行，oops 产生的原因有很多，如内存访问越界或非法命令等。oops 包含的最重要信息是寄存器上下文和回溯线索（Call Trace）。也可以人为引起 oops，如：

```
if(bad_thing)
    BUG();
```

或

```
BUG_ON(bad_thing);
```

（4）panic()函数的用法。调用 panic()函数不但会输出错误信息，还会挂起整个系统。只有在极端恶劣的情况下才使用该函数，例如：

```
if(terrible_thing)
    panic("foo is %ld!\n", foo);
```

（5）dump_stack()函数的用法。有时只要输出栈信息就可以帮助调试，如调用 dump_stack() 函数输出栈信息，代码如下：

```
if(!debug_check){
    printk(KERNEL_DEBUG "provide some info\n");
    dump_stack();
}
```

3.2.4.3 Linux 系统日志分析

在默认情况下，与系统相关的日志都存放在"/var/log"目录中，Linux 系统日志通常可以分为以下几类：

（1）boot.log：系统启动时的日志，包括自启动的服务。

（2）btmp：记录所有失败的登录信息，可以使用"last -f /var/log/btmp"查看非文本文件的信息。

（3）dmesg：内核缓存信息。在启动 Linux 时，会在屏幕上显示许多与硬件相关的信息，用户可以直接查看这个文件或者使用 dmesg 命令来查看内核缓存信息。

（4）lastlog：记录所有用户的最近信息，用户可以使用 lastlog 查看非文本文件的信息。

（5）message：整体系统信息，其中也包含系统启动时的日志。此外，mail、cron、daemon、kern 和 auth 等内容也会记录在 messages 中。

3.2.5 开发实践：编译与测试

3.2.5.1 Linux 系统启动源代码分析

本节的开发实践在"/home/mysdk/gw3399-linux/kernel"目录中进行。

（1）U-Boot 启动完成后，就开始启动 Linux 内核了。Linux 内核入口的第一个文件代码放置在"/arch/arm/boot/compressed/"目录中，输入以下命令可以看到该文件的代码：

```
test@hostlocal:/home/mysdk/gw3399-linux/kernel$ vi arch/arm/boot/compressed/head.S
```

（2）输入"cd arch/arm/boot/compressed"查看该目录中的 Makefile。

（3）输入"vi Makefile"打开 Makefile 文件，可以看到以下代码：

```
targets := vmlinux vmlinux.lds \
        piggy.$(suffix_y) piggy.$(suffix_y).o \
        lib1funcs.o lib1funcs.S ashldi3.o ashldi3.S bswapsdi2.o \
        bswapsdi2.S font.o font.c head.o misc.o $(OBJS)
# Make sure files are removed during clean
extra-y += piggy.gzip piggy.lzo piggy.lzma piggy.xzkern piggy.lz4 \
        lib1funcs.S ashldi3.S bswapsdi2.S $(libfdt) $(libfdt_hdrs) \
        hyp-stub.S
KBUILD_CFLAGS += -DDISABLE_BRANCH_PROFILING
```

上述代码通过"kernel/arch/arm/boot/compressed"目录中的 Makefile 文件找到 vmlinux 文件的链接脚本（vmlinux.lds），从中查找启动 Linux 内核的入口函数。

（4）输入如下命令，回到"…/kernel"目录。

```
test@hostlocal: /home/mysdk/gw3399-linux/kernel/arch/arm/boot/compressed$cd ../../../../
```

（5）输入命令"vi arch/arm/kernel/vmlinux.lds.S"，可以看到如下代码：

```
OUTPUT_ARCH(arm)
ENTRY(stext)
#ifndef __ARMEB__
jiffies = jiffies_64;
#else
jiffies = jiffies_64 + 4;
#endif
```

上面的代码通过 vmlinux.lds.S(kernel/arch/arm/kernel/vmlinux.lds.S)链接脚本开头内容，可

得到 Linux 内核的入口函数 stext(linux/arch/arm/kernel/head.S)。

（6）通过"arch/arm/kernel/head.S"引导 Linux 内核的启动。代码如下：

```
mrc p15, 0, r9, c0, c0              @ get processor id
    bl __lookup_processor_type      @ r5=procinfo r9=cpuid
    movs r10, r5                    @ invalid processor (r5=0)?
THUMB( it eq )                      @ force fixup-able long branch encoding
    beq __error_p                   @ yes, error 'p'
```

上述代码主要用于检测是否支持处理器，若不支持，则输出错误信息。

（7）创建页表。代码如下：

```
    bl  __vet_atags
#ifdef CONFIG_SMP_ON_UP
    bl  __fixup_smp
#endif
#ifdef CONFIG_ARM_PATCH_PHYS_VIRT
    bl  __fixup_pv_table
#endif
    bl  __create_page_tables
```

（8）使能 MMU 后跳转到__mmap_switched。代码如下：

```
ldr r13, =__mmap_switched           @ address to jump to after mmu has been enabled
    badr lr, 1f                     @ return (PIC) address
#ifdef CONFIG_ARM_LPAE
    mov r5, #0                      @ high TTBR0
    mov r8, r4, lsr #12             @ TTBR1 is swapper_pg_dir pfn
#else
    mov r8, r4                      @ set TTBR1 to swapper_pg_dir
#endif
    ldr r12, [r10, #PROCINFO_INITFUNC]
    add r12, r12, r10
    ret r12
1: b __enable_mmu
ENDPROC(stext)
    .ltorg
#ifndef CONFIG_XIP_KERNEL
2:  .long .
    .long PAGE_OFFSET
#endif
```

（9）查找__mmap_switched 所在的位置，保存设备信息、设备树及启动参数存储地址。代码如下：

```
__mmap_switched:
    adr r3, __mmap_switched_data

    ldmia r3!, {r4, r5, r6, r7}
```

```
        cmp r4, r5                              @ Copy data segment if needed
1:      cmpne    r5, r6
        ldrne fp, [r4], #4
        strne fp, [r5], #4
        bne 1b

        mov fp, #0                              @ Clear BSS (and zero fp)
2:      cmp r6, r7
        strcc fp, [r6],#4
        bcc 1b

        ARM(ldmia r3, {r4, r5, r6, r7, sp})
        THUMB( ldmia r3, {r4, r5, r6, r7}    )
        THUMB( ldr sp, [r3, #16]             )
        str r9, [r4]                            @ Save processor ID
        str r1, [r5]                            @ Save machine type
        str r2, [r6]                            @ Save atags pointer
        cmp r7, #0
        strne r0, [r7]                          @ Save control register values
        b start_kernel
ENDPROC(__mmap_switched)
```

（10）初始化 Linux 内核，从 start_kernel()函数开始，Linux 内核进入 C 语言程序部分，完成大部分初始化工作。start_kernel()函数在"kernel/init/main.c"中，该函数涉及大量的初始化工作，这里只列举部分重要的初始化工作，如微处理器的初始化和页管理。代码如下：

```
//中断被禁用，进行必要的设置后再打开中断
boot_cpu_init();
page_address_init();
pr_notice("%s", linux_banner);
setup_arch(&command_line);
mm_init_cpumask(&init_mm);
setup_command_line(command_line);
setup_nr_cpu_ids();
setup_per_cpu_areas();
smp_prepare_boot_cpu(); //arch-specific boot-cpu hooks
build_all_zonelists(NULL, NULL);
page_alloc_init();
```

（11）通过 sched_init()函数初始化系统调度进程，主要对定时器机制和时钟中断的 Bottom Half 初始化函数进行设置。代码如下：

```
sched_init();
//禁用抢占-提前启动调度非常困难，直到第一次调用 cpu_idle()函数为止
preempt_disable();
if (WARN(!irqs_disabled(),
"Interrupts were enabled *very* early, fixing it\n"))
local_irq_disable();
```

```
idr_init_cache();
rcu_init();
```

（12）继续执行以下初始化代码。

```
//rootfs 填充需要页面写回
page_writeback_init();
proc_root_init();
nsfs_init();
cpuset_init();
cgroup_init();
taskstats_init_early();
delayacct_init();
check_bugs();
acpi_subsystem_init();
sfi_init_late();
if (efi_enabled(EFI_RUNTIME_SERVICES)) {
    efi_late_init();
    efi_free_boot_services();
}
ftrace_init();
```

（13）调用 rest_init()函数创建 kernel_init 进程，并进行后续的初始化。代码如下：

```
static noinline void __init_refok rest_init(void)
{
    int pid;
    rcu_scheduler_starting();
    smpboot_thread_init();
    kernel_thread(kernel_init, NULL, CLONE_FS);
    numa_default_policy();
    pid = kernel_thread(kthreadd, NULL, CLONE_FS | CLONE_FILES);
    rcu_read_lock();
    kthreadd_task = find_task_by_pid_ns(pid, &init_pid_ns);
    rcu_read_unlock();
    complete(&kthreadd_done);
    //引导空闲进程必须调用 schedule()函数
    init_idle_bootup_task(current);
    schedule_preempt_disabled();
    //在禁用抢占的情况下调用 cpu_idle()函数
    cpu_startup_entry(CPUHP_ONLINE);
}
```

说明：kernel_thread(kernel_init, NULL, CLONE_FS | CLONE_SIGHAND)函数用于创建 kernel_init 进程，init_idle_bootup_task(current)函数用于在 Linux 闲置时降低功耗和减少热量的产生，其余工作由 kernel_init 进程发起，kernel_init()函数在完成设备驱动程序的初始化后，调用 init_post()函数启动用户进程。

（14）kernel_init()函数的代码如下：

```
static int __ref kernel_init(void *unused)
{
    int ret;
    kernel_init_freeable();
    //需要在释放内存之前完成所有的异步初始化
    async_synchronize_full();
    free_initmem();
    mark_readonly();
    system_state = SYSTEM_RUNNING;
    numa_default_policy();
    flush_delayed_fput();
    if (ramdisk_execute_command) {
        ret = run_init_process(ramdisk_execute_command);
        if (!ret)
            return 0;
        pr_err("Failed to execute %s (error %d)\n",
            ramdisk_execute_command, ret);
    }
    //如果使用 Bourne shell,则可以代替 init
    if (execute_command) {
        ret = run_init_process(execute_command);
        if (!ret)
            return 0;
        panic("Requested init %s failed (error %d).",
            execute_command, ret);
    }
    if (!try_to_run_init_process("/sbin/init") ||
        !try_to_run_init_process("/etc/init") ||
        !try_to_run_init_process("/bin/init") ||
        !try_to_run_init_process("/bin/sh"))
        return 0;
    panic("No working init found.  Try passing init= option to kernel. "
        "See Linux Documentation/init.txt for guidance.");
}
```

到此,Linux 内核的初始化就基本完成了,在执行完初始化函数后,Linux 内核启动了第一个用户应用程序 init。这是调用的第一个、使用标准 C 库编译的程序,进程编号为 1。init 负责 fork 其他进程,以便使 Linux 进入整体可用的状态。创建 1 号进程的方式如下:

```
kernel_thread(kernel_init, NULL, CLONE_FS);
```

启动说明:

(1)一旦成功挂载 rootfs,就进入 rootfs 中寻找用户应用程序的 init 程序。这个程序就是 1 号进程,执行 run_init_process()函数。

(2)确定 init 程序方法:先从 U-Boot 的传参 cmdline 中看有没有指定的程序,如果有则执行指定的程序。cmdline 中的"init=/linuxrc"就是指定 rootfs 中的哪个程序是 init 程序。如果 U-Boot 的传参 cmdline 中没有"init=xx"或者 cmdline 中指定的程序执行失败，则采用备用方案。第一备用方案为"/sbin/init"，第二备用方案为"/etc/init"，第三备用方案为"/bin/init"，第四备用方案为"/bin/sh"。如备用方案执行成功，则说明 Linux 内核启动成功，否则说明 Linux 内核启动失败。

3.2.5.2 Linux 内核的编译与测试

（1）Linux 内核的编译方法和 U-Boot 的编译类似，但是过程更为简捷。设置交叉编译器环境变量：

test@hostlocal:/home/mysdk/gw3399-linux$export　PATH=$PATH:/home/mysdk/gw3399-linux/prebuilts/gcc/linux-x86/aarch64/gcc-linaro-6.3.1-2017.05-x86_64_aarch64-linux-gnu/bin

（2）输入命令"make ARCH=arm64 CROSS_COMPILE=aarch64-linux-gnu-"。

test@hostlocal:/home/mysdk/gw3399-linux/kernel$ make ARCH=arm64 CROSS_COMPILE=aarch64-linux-gnu-

（3）输入命令"make ARCH=arm64 gw3399-linux.img CROSS_COMPILE=aarch64-linux-gnu-"，编译 Linux 内核设备树，以生成 boot.img。

test@hostlocal:/home/mysdk/gw3399-linux/kernel$ make ARCH=arm64 gw3399-linux.img CROSS_COMPILE=aarch64-linux-gnu-

（4）生成的 boot.img 文件如下所示。

make[1]:'arch/arm64/boot/dts/rockchip/gw3399-linux.dtb' is up to date.
Pack to resource.img successed!
　Image:resource.img(with gw3399-linux.dtb loge.bmp logo_kelnel.bmp) is ready
Image:boot.img(with Image resource.img) is ready
Image:zboot.img(with Image.lz4 resource.img) is ready

（5）把编译好的映像（boot.img）文件复制到"rockdev-sd-tools"目录，运行 mksdbootimg.sh 脚本，编译打包成 GPT 镜像，生成 sdboot.img。

（6）把生成的 sdboot.img 文件下载到 TF 卡，连接好 USB 串口线，重新上电。如果 Linux 内核编译成功，则可以看到 Linux 内核的启动信息和编译时间。Linux 内核编译成功的信息如图 3.19 所示。

图 3.19　Linux 内核编译成功的信息

3.2.6　小结

本节的主要内容包括 Linux 内核的体系结构与内核、Linux 内核分析、Linux 内核的配置、Linux 内核调制技术。通过具体的开发实践，读者可以编译 Linux 内核并进行测试。

3.2.7 思考与拓展

（1）什么是 Linux 内核？Linux 内核的任务有哪些？
（2）Linux 内核主要由哪几部分组成？
（3）什么是 Linux 内核的移植？
（4）Linux 内核配置系统由哪 3 个部分组成？
（5）Linux 内核的调试方法主要有哪些？

3.3 Linux 的文件系统与移植

3.3.1 Linux 文件系统

3.3.1.1 Linux 文件系统简介

Linux 主要由两大部分组成：一部分是 Linux 内核；另一部分是 Linux 文件系统。Linux 文件系统是用户与操作系统进行交互的主要工具。

Linux 文件系统中的文件不仅是数据的集合，还包含了文件系统的结构，所有的 Linux 用户和程序看到的文件、目录、软连接及文件保护信息等都存储在 Linux 的文件系统中。这种机制有利于用户和操作系统进行交互。Linux 文件系统实现了存储媒介和其他资源的交互。

Linux 文件系统的结构如图 3.20 所示。

Linux 支持多种文件系统，主要通过虚拟文件系统（VFS）对这些文件系统提供了完美的支持。对于用户来说，这些文件系统几乎是透明的。在大部分情况下，用户通过 libc 和 kernel 与虚拟文件系统进行交互，无须关心底层文件系统的具体实现。

在 Linux 内核中，VFS 屏蔽了各种文件系统，提供了统一的接口。例如，打开一个文件时统一使用 open()函数，写文件时统一采用 write()函数，无须考虑具体的文件系统类型。

VFS 主要有以下特性：

（1）向上提供统一的接口，如 open()、read()、write()、ioct()、close()等函数。
（2）向下对所有的文件系统提供统一的标准接口，使其他操作系统的文件系统可以方便地移植到 Linux 上。
（3）把一些复杂的操作尽量抽象到 VFS 内部，使得底层文件系统的实现更简单。

Linux 支持很多文件系统，但不同的文件系统有各自的 API，增大了应用开发的难度。VFS 对不同的文件系统进行了抽象，提供了统一的访问接口。

3.3.1.2 Linux 的目录树结构

Linux 的目录树结构如图 3.21 所示。

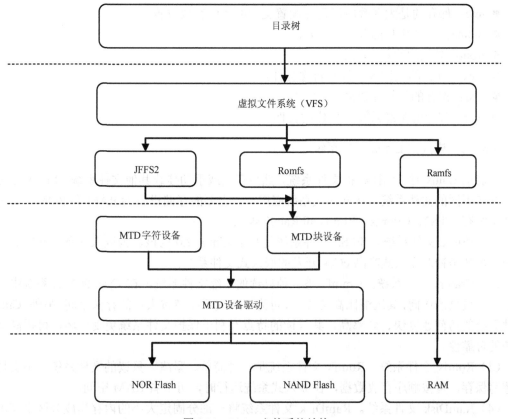

图 3.20 Linux 文件系统结构

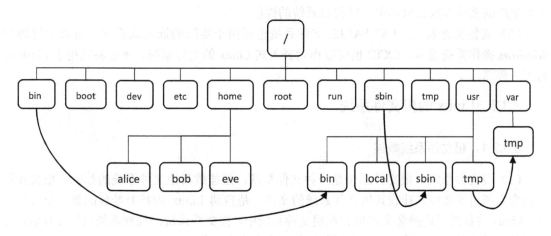

图 3.21 Linux 的目录树结构

其中,
- /：根目录。
- /boot：保存的是系统引导启动时要挂载的静态文件、内核等。
- /bin：保存的是系统自身启动和运行时可能会用到的核心二进制程序。
- /sbin：保存的是管理类基本命令，系统启动时需要。

- /etc：保存的是大多数应用程序配置文件的集中存放位置。
- /home：普通用户的 home 目录。
- /root：超级用户的 root 目录。
- /dev：保存的是设备文件及特殊文件。
- /usr：保存的是软件资源。
- /var：保存的是经常发生变化的文件。

3.3.1.3 嵌入式 Linux 文件系统

在启动 Linux 时，先挂载根文件系统，然后自动或手动挂载其他文件系统。Linux 中可以同时存在不同的文件系统。在嵌入式系统应用中，主要的存储设备为 RAM 和 ROM，常用的文件系统有 JFFS2、Cramfs、Romfs 和 RamDisk 等。

（1）JFFS2 文件系统。JFFS2 文件系统是基于 Linux 2.0 内核、为嵌入式系统开发的文件系统，最初是针对嵌入式产品 eCos 开发的嵌入式文件系统。

（2）Cramfs 文件系统。Cramfs 是一种只读的压缩文件系统，在 Cramfs 文件系统中，可以进行随机页的访问，其压缩比高达 2∶1，可为嵌入式系统节省大量的存储空间。另外，Cramfs 文件系统的访问速度快、效率高，其只读的特点有利于保护文件系统免受破坏，可提高文件系统的可靠性。

（3）Romfs 文件系统。Romfs 文件系统是一种简单、紧凑、只读的文件系统，不支持动态擦写保存，可按顺序存放数据，在嵌入式系统运行时，可节省 RAM 空间。

（4）RamDisk 文件系统。RamDisk 文件系统将一部分固定大小的内存当成分区来使用，RamDisk 文件系统可以作为根文件系统。通过 RamDisk 文件系统，可将一些经常被访问而又不会更改的文件存放在内存中，以提高系统的性能。

（5）其他文件系统。FAT/FAT32 文件系统也可用于实际的嵌入式系统，可以更好地与 Windows 操作系统兼容。EXT2 也可以作为嵌入式 Linux 的文件系统，不过将它用于 Flash 时有很多弊端。

3.3.2 Linux 的根文件系统

3.3.2.1 根文件系统概述

（1）根文件系统。根文件系统是一种文件系统，是挂载其他文件系统的基础。根文件系统包含系统引导文件和挂载其他文件系统的文件，是启动 Linux 内核时挂载的第一个文件系统。Linux 内核的代码映像文件保存在根文件系统中，根文件系统在挂载系统引导文件后，会从系统引导文件中把初始化脚本和服务加载到内存中去运行。

（2）根文件系统的挂载。根文件系统包括启动 Linux 内核时所必需的目录和关键性的文件，例如在启动 Linux 内核时需要 init 目录下的相关文件，Linux 中可以同时存在不同的文件系统，将一个文件系统与一个存储设备关联起来的过程称为挂载。使用 mount 命令可以将一个文件系统挂载到当前文件系统中。在挂载文件系统时，要提供文件系统的类型、文件系统和一个挂装点。根文件系统被挂载到根目录"/"下，在根目录下就有根文件系统的各个目录和文件，再将其他分区挂载到"/mnt"目录，"/mnt"目录中有这个分区的各种目录文件。

3.3.2.2 根文件系统的制作方法

制作根文件系统就是创建各种目录,并且在目录里创建相应的文件。例如,在"/bin"目录中放置可执行程序,在"/lib"目录中放置各种库等。

1)创建根文件系统与目录

(1)创建目录。创建根目录下的各种目录,以及在用户目录下创建命令、库、模块等的目录。代码如下:

```
mkdir /home/rootfs-test
cd /home/rootfs-test
mkdir bin dev sbin proc sys usr var tmp mnt etc test
mkdir usr/bin usr/sbin usr/lib lib/modules
```

(2)创建设备文件。在 devices 目录下创建两个必需的设备文件。代码如下:

```
cd /home/rootfs-test/dev
mknod -m 666 console c 5 1
mknod -m 666 null c 1 3
```

(3)添加配置文件。解压缩 Linux 的配置文件安装包,并将解压缩后 etc 目录中的文件复制到根文件系统的 etc 目录中。代码如下:

```
tar -xvzf etc.tar.gz
cp ./etc/* /home/ rootfs-test /etc -rf
```

(4)添加内核模块。进入解压缩后的 Linux 代码目录,执行第一条命令,指定架构和交叉编译器,编译生成的.ko 文件就是所需的内核模块。内核模块保存在 Linux 代码的各个目录中,需要执行第一条命令,将所有的内核模块都保存在指定的安装目录中,该安装目录在根文件系统下。代码如下:

```
cd /home/linux
make modules ARCH=arm CROSS_COMPILE=arm-linux-
make modules_install ARCH=arm INSTALL_MOD_PATH=/home/ rootfs-test
```

(5)配置并编译 BusyBox。BusyBox 用来创建相关目录下的可执行文件,不包括配置文件和库文件。BusyBox 为各种小型的或者嵌入式系统提供了一个比较完整的工具集。

2)将根文件系统挂载到内核

根文件系统至少包含以下资料:

- /etc/:存储重要的配置文件。
- /bin/:存储经常使用且系统启动时用到的运行文件。
- /sbin/:存储系统启动过程中所需的系统运行文件。
- /lib/:存储"/bin/"及"/sbin/"的运行文件所需的链接库,以及 Linux 的内核模块。
- /dev/:存储设备文件。

Linux 内核启动后的最后一步就是从根文件系统寻找并运行 init 服务,Linux 内核会按照以下顺序寻找 init 服务:

（1）/sbin/目录中是否有 init 服务。
（2）/etc/目录中是否有 init 服务。
（3）/bin/目录中是否有 init 服务。
（4）如果都找不到，则运行"/bin/sh"。

找到 init 服务后，Linux 会让 init 服务负责初始化系统使用环境的工作，init 启动后，就代表系统已经顺利地启动了 Linux 内核。启动 init 服务时，init 服务会读取"/etc/inittab"文件，依据"/etc/inittab"中的设置数据进行初始化系统环境的工作。

"/etc/inittab"定义的 init 服务在 Linux 启动过程中必须依序运行下面几个脚本：

/etc/rc.d/rc.sysinit
/etc/rc.d/rc
/etc/rc.d/rc.local

"/etc/rc.d/rc.sysinit"的基本功能是设置系统的基本环境，当 init 服务运行 rc.sysinit 时要依次完成以下一系列工作：

（1）启动 udev。
（2）设置内核参数，运行 sysctl -p,以便从"/etc/sysctl.conf"设置内核参数。
（3）设置系统时间。
（4）启用交换内存空间。
（5）检查并挂载全部文件系统。
（6）初始化硬件设备。
（7）初始化串口设备。
（8）清除过期的锁定文件与 IPC 文件。
（9）建立用户接口。
（10）建立虚拟控制台。

当全部的初始化工作都结束后，系统会调用 cpu_idle()函数来使其处于空闲（idle）状态并等待用户程序的运行。至此，整个 Linux 内核启动完成。

3.3.3 使用 BusyBox 制作根文件系统

3.3.3.1 BusyBox 简介

BusyBox 是一个开源项目，遵循 GPL v2 协议，可将 UNIX 命令集合到一个很小的可执行程序中。BusyBox 主要用于嵌入式系统，用来替代 GNU fileutils、shellutils 等工具。

3.3.3.2 创建根文件系统

本书使用 BusyBox 来制作根文件系统，制作步骤如下：
（1）建立交叉编译开发环境。
（2）解压缩 BusyBox。
（3）对 BusyBox 进行配置，可使用 make menuconfig、make defconfig 等命令。
（4）编译并安装 BusyBox。
（5）创建基本的目录（如 etc、lib 等）。

（6）向"usr/lib"目录中添加库文件。

（7）向"/etc"目录中添加 fatab、rcS 等文件。

在通过以上步骤生成基本目录和配置文件后，就可以创建作为文件系统固件容器的 img 文件了。代码如下：

```
sudo dd if=/dev/zero of=rootfs.img bs=1M count=1024   #制作空的固件容器（这里以 1024 MB 为例）
sudo mkfs.ext4 rootfs.img                              #将 img 文件格式化为 EXT4 格式
sudo mkdir ubuntu-mount                                #新建挂载目录（ubuntu-mount）
sudo mount rootfs.img ubuntu-mount/                    #将 img 文件挂载到挂载目录
sudo cp -rfp rootfs/* ubuntu-mount/                    #将设置好的文件系统复制到挂载目录
sudo umount ubuntu-mount/                              #将 img 文件从挂载目录卸除
sudo e2fsck -p -f rootfs.img                           #检查文件系统是否正常
sudo resize2fs -M rootfs.img                           #将 rootfs 压缩到符合其占用空间的大小
```

3.3.4 Ubuntu 嵌入式系统移植

3.3.4.1 创建 Ubuntu 的根文件系统

Ubuntu 是一个以桌面应用为主的 Linux 操作系统，拥有庞大的社区力量，在桌面办公、服务器方面具有良好的性能。

创建 Ubuntu 根文件系统的步骤如下：

（1）下载并解压缩 ubuntu-core。本书的 Ubuntu 根文件系统是基于 Ubuntubase16.04 来创建的，首先要下载 ubuntu-base-16.04.1-base-arm64.tar.gz，获得 ubuntu-core；然后创建临时文件夹并解压缩 ubuntu-core。

（2）安装 qemu。在主机上安装 qemu，代码如下：

```
sudo apt-get install qemu-user-static
```

如果"/usr/lib"目录中有 qemu-user-static，就不需要安装 qemu 了。

（3）将 qemu 复制到根文件系统，分为 32 位和 64 位文件系统。32 位文件系统（arm32）的复制命令为：

```
$sudo cp /usr/bin/qemu-arm-static ubuntu-rootfs/usr/bin/
```

64 位文件系统（arm64）的复制命令为：

```
$sudo cp /usr/bin/qemu-aarch64-static ubuntu-rootfs /usr/bin/
```

（4）将本地 DNS 配置复制到根文件系统，代码如下：

```
$sudo cp /etc/resolv.conf ubuntu-rootfs/etc/resolv.conf
```

（5）运行 ch-mount.sh 脚本，切换到 64 位文件系统的 root 用户。

（6）安装基础软件包。需要安装的基础软件包有基础语言包、sudo 命令包、网络工具包、Tab 键命令补全工具等。在制作带桌面的根文件系统时，需要安装桌面和大量的附加软件包。

（7）设置用户名与密码、root 密码和主机名，设置完成后，退出 64 位文件系统。

（8）创建作为 rootfs 固件容器的 img 文件。

3.3.4.2 编译与定制 Ubuntu

（1）定制 Ubuntu。将普通用户切换到 root 用户就可以定制 Ubuntu，并安装和配置需要的功能，这里选择性地安装一些软件包。

（2）安装软件包。首先更新资源列表，代码如下：

```
apt-get update
```

然后安装必需的软件包，根据需求安装以下软件包：
- language-pack-en-base：用于翻译英文的 Mo 文件。
- sudo 命令包：用于切换 root 用户。
- ssh：用于远程登录。
- net-tools、ifconfig、netstat、route、arp 等。
- ethtool ethtool 命令：用于显示、修改网络的设置。
- wireless-tools iwconfiig：用于显示、修改无线网络的设置。
- network-manager：NetworkManager 服务和框架、高级网络管理。
- iputils-ping ping 和 ping6。
- rsyslog：系统日志服务。
- bash-completion：用于 bash 命令行补全。
- htop：交互式进程查看器。

上面只是列举了一些常用的配置项目，读者可以选择性地安装。例如，通过下面的命令：

```
apt-get install language-pack-en-base sudo net-tools ethtool wireless-tools networkmanager iputils-ping syslog bash-completion
```

可安装基础语言包、sudo 命令包、网络工具包、Tab 键命令补全工具等常用的基础软件包。

3.3.4.3 制作 Ubuntu 的系统固件

前面已经生成了 3 个与 U-Boot 相关的文件、boot 镜像和文件系统镜像，只需要将它们打包后，使用 RKImageMaker.exe 制作成可用于 RK3399 的固件即可。下面介绍在 Windows 中制作 Ubuntu 系统固件的步骤。

（1）将生成的 3 个与 U-Boot 相关的文件、boot 镜像和文件系统镜像，从 Linux 虚拟机的 output 目录中复制到共享文件夹。代码如下：

```
sudo cp -r /home/mysdk/gw3399-linux/output/ /home/share/
```

（2）在主机 E 盘（或其他有足够空间的硬盘）的根目录下新建 FirmWare 目录，将 output 目录重命名为 Image 后剪切到 FirmWare 目录中（不建议在共享文件夹中操作）。打开 Image 目录，新建 parameter.txt 文件，将以下内容复制到 parameter.txt 中。

```
FIRMWARE_VER: 8.1
MACHINE_MODEL: RK3399
MACHINE_ID: 007
MANUFACTURER: RK3399
```

```
MAGIC: 0x5041524B
ATAG: 0x00200800
MACHINE: 3399
CHECK_MASK: 0x80
PWR_HLD: 0,0,A,0,1
TYPE: GPT
CMDLINE:
mtdparts=rk29xxnand:0x00002000@0x00004000(U-Boot),0x00002000@0x00006000(trust),0x00002000@0
x00008000(misc),0x00010000@0x0000a000(boot),0x00010000@0x0001a000(recovery),0x00010000@0x0
002a000(backup),0x00020000@0x0003a000(oem),0x00700000@0x0005a000(rootfs),-
@0x0075a000(userdata:grow)
uuid:rootfs=614e0000-0000-4b53-8000-1d28000054a9
```

CMDLINE 属性：以 U-Boot 为例，在 0x00002000@0x00004000(U-Boot)中，0x00004000 为 U-Boot 的分区起始位置，0x00002000 为分区的大小，即分区大小@分区起始位置，后面的分区规则相同。用户可以根据需要增减或者修改分区信息，但最少要保留 U-Boot、trust、boot、rootfs 分区，这几个分区是 Ubuntu 能正常启动的前提条件。

常见的分区如下：

- U-Boot 分区：用于烧写 U-Boot 编译出来的 u-boot.img。
- trust 分区：用于烧写 U-Boot 编译出来的 trust.img。
- boot 分区：用于烧写 Linux 内核编译出来的 boot.img，包含 Linux 内核和设备树信息。
- backup 分区：预留，暂时没有用，后续可作为 recovery 的 backup 使用。
- rootfs 分区：用于存放 buildroot 或者 debian 编译出来的 rootfs.img。

package-file 文件应当与 parameter 保持一致，用于固件打包。以 rk3399-ubuntu-package-file 为例：

```
# NAME Relative path
#HWDEF HWDEF
package-file package-file
bootloader Image/MiniLoaderAll.bin
parameter Image/parameter.txt
trust Image/trust.img
U-Boot Image/U-Boot.img
boot Image/boot.img
rootfs Image/rootfs.img
backup RESERVED
```

（3）利用固件打包工具将 RKImageMaker.exe、AFPTool.exe 和 package-file 复制到 FirmWare 目录后，输入 cmd 命令，打开命令行窗口。

（4）在命令行窗口中切换到 FirmWare 目录。

（5）先通过 AFPTools 将几个固件打包成一个单独的 update.img，然后通过 RKImageMaker.exe 将 update.img 制作成可用于 RK3399 嵌入式开发板的固件。代码如下：

```
Afptool -pack ./ Image\update.img
RKImageMaker.exe -RK330C Image\MiniLoaderAll.bin Image\update.img update.img -
os_type:androidos
```

FirmWare 目录中的 update.img 就是打包后的系统固件。

（6）将 update.img 烧写到 RK3399 嵌入式开发板。

以上是在 Windows 下制作 Ubuntu 系统固件的步骤，在 Linux 中可将上述步骤写到一个脚本中，直接运行这个脚本即可生成 Ubuntu 的系统固件。

3.3.5 开发实践：Ubuntu 根文件系统的制作

3.3.5.1 Ubuntu 根文件系统的制作步骤

（1）打开 Linux 虚拟机的命令行窗口，通过 mkdir 命令创建新目录 rootfs，先将 ch-mount.sh 和 ubuntu-base-16.04.2-base-arm64.tar 复制到共享文件夹，再通过 cp 命令复制到 rootfs 目录中。代码如下：

```
test@hostlocal:/$ cd /home/mysdk
test@hostlocal:/home/mysdk$sudo mkdir rootfs
test@hostlocal:/home/mysdk$sudo cp /media/sf_share/ch-mount.sh ./rootfs/
test@hostlocal:/home/mysdk$sudo cp /media/sf_share/ubuntu-base-16.04.2-base-arm64.tar.gz ./rootfs/
```

（2）在 rootfs 目录中创建新目录 ubuntu-rootfs，将压缩包通过 tar 命令解压缩到这个目录下。代码如下：

```
test@hostlocal:/home/mysdk$cd ./rootfs/
test@hostlocal:/home/mysdk$sudo mkdir ubuntu-rootfs
test@hostlocal:/home/mysdk/rootfs$sudo tar -xvf ubuntu-base-16.04.2-base-arm64.tar.gz -C ubuntu-rootfs
```

（3）安装 qemu-user-static，搭建 64 位文件系统。代码如下：

```
test@hostlocal:/home/mysdk/rootfs/ubuntu-rootfs$sudo cp /usr/bin/qemu-aarch64-static ./usr/bin
test@hostlocal:/home/mysdk/rootfs/ubuntu-rootfs$sudo cp -b /etc/resolv.conf etc/
```

（4）通过运行 ch-mount.sh 脚本"sudo ./ch-mount.sh -m ubuntu-rootfs/"（如果脚本不能执行，则设置权限 chmod +x ch-mount.sh），切换到 64 位文件系统的 root 用户。代码如下：

```
test@hostlocal:/home/mysdk/rootfs/ubuntu-rootfs$ cd ../
test@hostlocal:/home/mysdk/rootfs/$sudo ./ch-mount.sh -m ubuntu-rootfs/
MOUNTING
```

如果命令行提示符前缀变成了 root@ubuntu，则说明切换用户成功。

（5）安装基础软件包，否则生成的根文件系统是不带桌面的。代码如下：

```
root@hostlocal:/#apt-get update
root@hostlocal:/#apt-get install language-pack-en-base sudo net-tools ethtool wireless-tools network-manager iputils-ping rsyslog bask-completion
```

（6）设置用户名与密码、root 密码和主机名。代码如下：

```
root@hostlocal:/# useradd -s '/binbash' -m -G adm,sudo test
root@hostlocal:/# passwd 123456
Enter new UNIX password:
Retype new UNIX password:
passwd:password updated successfully
root@hostlocal:/# password root
Enter new UNIX password:
Retype new UNIX password:
passwd:password updated successfully
root@hostlocal:/# echo 'RK3399' > /etc/hostname
```

（7）执行命令"sudo ./ch-mount.sh -u ubuntu-rootfs/"，退出 64 位文件系统。

（8）创建作为 rootfs 固件容器的 img 文件 ubuntu-rootfs.img。代码如下：

```
root@hostlocal:/home/mysdk/rootfs$sudo dd if=/dev/zero of=Ubuntu-rootfs.img bs=1M count=1024
```

（9）执行命令"sudo mkfs.ext4 ubuntu-rootfs.img"，将 64 位文件系统复制到 ubuntu-rootfs.img 挂载目录中。

（10）解除挂载并压缩镜像文件大小。代码如下：

```
$sudo umount ubuntu-mount/
$sudo e2fsck -p -f ubuntu-rootfs.img
$sudo resize2fs -M ubuntu-rootfs.img
```

运行效果如下：

```
test@hostlocal:/home/mysdk/rootfs$ sudo umount ubuntu-mount/
test@hostlocal:/home/mysdk/rootfs$ sudo e2fsck -p -f ubuntu-rootfs.img
ubuntu-rootfs.img: 8041/65536 files ( 0.1% non-contiguous)，52815/262144 blocks
test@hostlocal:/home/mysdk/rootfs$ sudo resize2fs -M ubuntu-rootfs.img
resize2fs 1.42.13 (17-May-2015)
Resizing the filesystem on ubuntu-rootfs.img to 53811 (4k) blocks.
The filesystem on ubuntu-rootfs.img is now 53811 (4k) blocks long.
```

（11）将制作完成的 ubuntu-rootfs.img 复制到 output 目录，清理过程文件。

3.3.5.2 Ubuntu 系统固件的编译与测试

把编译通过的根文件映像（rootfs.img）复制到 rockdev-sd-tools 目录中，运行 mksdbootimg.sh 脚本，编译打包成 GPT 镜像，生成 sdboot.img。

把生成的 sdboot.img 文件下载到 TF 卡，连接好 USB 串口线，重新上电。如果内核编译成功，则可以看到内核启动信息，启动信息停止后，在 RK3399 嵌入式开发板的提示下输入用户名、密码，即可进入命令终端（用户名和密码是在制作根文件系统时自行设置的）。

3.3.6 小结

本节的主要内容包括 Linux 文件系统、Linux 的根文件系统、使用 BusyBox 制作根文件系统、Ubuntu 嵌入式系统移植。通过开发实践，读者可制作 Ubuntu 的根文件系统，并编译 Ubuntu 的系统固件。

3.3.7 思考与拓展

（1）Linux 文件系统中的 VFS 主要有哪些特性？
（2）什么是 Linux 的根文件系统？根文件系统有什么作用？
（3）RamDisk 文件系统的特点是什么？
（4）简述 Ubuntu 根文件系统的制作步骤。

第 4 章 Linux 应用开发技术

本章主要介绍 Linux 应用开发技术，主要内容包括 Linux 文件与多任务编程、Linux 网络编程、Linux 数据库开发、嵌入式 Web 服务器应用。

4.1 Linux 文件与多任务编程

4.1.1 Linux 文件编程

4.1.1.1 Linux 文件编程基础

（1）系统调用。系统调用指操作系统提供给用户程序的调用接口，用户程序可以通过这组接口来获得操作系统内核提供的服务。例如，可以通过进程控制相关的系统调用来创建进程、实现进程调度、进程管理等。

按照功能逻辑来划分，Linux 的系统调用可分为进程控制、进程间通信、文件系统控制、系统控制、存储管理、网络管理和用户管理等几类。

（2）编程接口。系统调用是通过软件中断机制向 Linux 内核提交请求，获取 Linux 内核服务接口的。在实际开发中，调用的通常是应用程序接口（API）函数，一个 API 函数通常需要多个系统调用来共同完成其功能，但也有些 API 函数不需要系统调用。

（3）文件描述符。Linux 下一切皆文件，文件描述符（File Descriptors，FD）是 Linux 内核为已打开的文件所创建的索引，是一个非负整数，用于代表被打开的文件，所有执行 I/O 操作的系统调用都是通过文件描述符完成的。

在 Linux 中，进程通过文件描述符来访问文件。在启动程序时，默认有三个文件描述符，分别是 0（代表标准输入）、1（代表标准输出）、2（代表标准错误），如表 4.1 所示。

表 4.1 在启动程序时默认的三个文件描述符

文件描述符	用　　途	POSIX 名称
0	标准输入	STDIN_FILENO

续表

文件描述符	用 途	POSIX 名称
1	标准输出	STDOUT_FILENO
2	标准错误	STDERR_FILENO

（4）文件类型。文件类型是指为了存储数据而使用的特殊编码方式，用于识别存储的数据。例如，有些存储的是图片，有些存储的是程序，有些存储的是文字信息。可以使用以下命令查看文件类型：

ls -l path

显示文件属性的形式为"drwxr-xr-x"。其中，第 1 个字符代表文件类型；第 2～4 个字符代表用户的权限；第 5～7 个字符代表用户组的权限；第 8～10 个字符代表其他用户的权限。

常见的 Linux 文件类型有 7 种，如表 4.2 所示。

表 4.2 常见的 Linux 文件类型

文 件 属 性	文 件 类 型
-	常规文件，即 file
d	目录文件
b	表示 Block Device 文件，即块设备（如硬盘）文件，支持以块为单位进行随机访问
c	表示 Character Device 文件，即字符设备（如键盘）文件，支持以字符为单位进行线性访问
I	表示 Symbolic Link 文件，即符号链接文件，又称为软链接文件
p	表示 Pipe 文件，即有名管道文件
s	表示 Socket 文件，即套接字文件，用于实现两个进程间的通信

4.1.1.2 Linux 文件编程

在 Linux 文件编程中，常用的编程函数如下：
（1）fread()函数。函数原型为：

size_t fread(void*ptr,size_t size,size_t nitems,FILE*stream);

fread()函数用来从一个文件流中读取数据，由 stream 流中读取的数据将存放在 ptr 指定的数据缓存区中。参数 size 表示块的大小；nitems 表示读取的次数；stream 表示要传输的记录块。如果 fread()函数执行成功，则返回值为实际读入数据缓存区中的块数。

（2）fwrite()函数。函数原型为：

size_t fwrite(constvoid*ptr,size_t size,size_t nitems,FILE*stream);

fwrite()函数用来从 ptr 指定的数据缓存区中读取一定的数据块（大小为 size），并写入输出流（stream）中，其返回值为成功写入的数据块数。

（3）fclose()函数。函数原型为：

int fclose(FILE*stream);

fclose()函数用于关闭指定的文件流，并将所有未写入的数据写入文件中。使用 fclose()函数是相当重要的,因为 stdio 库会缓存数据,如果程序需要确定已经完整地写入了所有的数据,这时就应调用 fclose()函数。

(4) mkdir()函数。函数原型为:

```
int mkdir(const char*path,mode_t mode);
```

mkdir()函数用来创建目录。

在调用上面几个函数时,实际上都是在调用 open()、close()、read()、write()和 lseek()等函数。下面介绍 open()、close()、read()、write()和 lseek()等函数的用法。

(5) open()函数。函数原型为:

```
int open(const char*pathname,int flags,int perms)
```

open()函数的相关说明如表 4.3 所示。

表 4.3 open()函数的相关说明

所需头文件	参 数 说 明	功 能 描 述
#include<sys/types.h> #include<sys/stat.h> #include<fcntl.h>	pathname:被打开的文件名。flags:文件打开方式。perms:被打开文件的存取权限	用于打开或创建文件,在打开或创建文件时可以指定文件的属性,以及用户的权限

文件打开方式包括以下几种:

- O_RDONLY:以只读方式打开文件。
- O_WRONLY:以只写方式打开文件。
- O_RDWR:以读写方式打开文件。
- O_CREAT:如果该文件不存在,就创建一个新的文件,并用第三个参数为其设置权限。
- O_APPEND:以添加方式打开文件,在打开文件的同时,文件指针指向文件的末尾,即将写入的数据添加到文件的末尾。
- O_NONBLOCK:如果 pathname 是一个 FIFO、块文件或字符文件,则此选项将文件打开的操作,以及后续 I/O 操作设置为非阻塞方式。
- O_SYNC:使每次写操作都等到物理 I/O 操作完成。

说明:参数 falgs 可以通过"|"进行组合,但 O_RDONLY、O_WRONLY 和 O_RDWR 不能互相组合;参数 perms 可以用一组宏定义"S_I(R/W/X)(USR/GRP/OTH)",其中 R/W/X 表示读写执行权限,USR/GRP/OTH 分别表示文件的所有者/文件所属组/其他用户,如 S_IRUUR | S_IWUUR | S_IXUUR。

(6) close()函数。函数原型为:

```
int close(int fd)
```

close()函数的相关说明如表 4.4 所示。

表 4.4 close()函数的相关说明

所需头文件	参 数 说 明	返 回 值	功 能 描 述
#include<unistd.h>	fd:文件描述符	0 表示成功;-1 表示出错	用于关闭一个已打开的文件

(7) read()函数。函数原型为：

ssize_t read(int fd,void*buf,size_tcount)

read()函数的相关说明如表 4.5 所示。

表 4.5 read()函数的相关说明

所需头文件	参 数 说 明	返 回 值	功 能 描 述
#include<unistd.h>	fd：将要读取数据的文件描述符。buf：读取的数据会被存放到 buf 中。count：读取的字节数	返回所读取的字节数，0 表示读到文件末尾（EOF），-1 表示出错	从文件读取数据

以下几种情况会导致读取到的字节数小于 count：
- 在读取普通文件时，读到文件末尾还不够 count。例如，文件只有 60 B，而想读取 100 B 的数据，实际读到的只有 60 B，read()函数的返回值为 60。此时再调用 read()函数，则会返回 0。
- 从终端设备读取文件时，一般情况下每次只能读取一行，读取到的字节数可能小于 count。
- 从网络读取文件时，网络缓存可能导致读取的字节数小于 count。
- 读取 Pipe 文件（有名管道文件）或者 FIFO 时，Pipe 文件或 FIFO 中的字节数可能小于 count。

(8) write()函数。函数原型为：

ssize_t write(int fd,void*buf,size_t count)

write()函数的相关说明如表 4.6 所示。

表 4.6 write()函数的相关说明

所需头文件	参 数 说 明	返 回 值	功 能 描 述
#include<unistd.h>	fd：文件描述符。buf：通常是一个字符串，表示需要写入的字符串。count：每次写入的字节数	成功：返回写入的字节数。失败：返回-1 并设置 errno	向文件写入数据

write()函数向文件描述符为 fd 的文件写入 count 字节的数据，数据来源为 buf。返回值一般等于 count，否则就表示出错了。常见的出错原因是硬盘空间满了或者超过了文件大小的限制。对于普通文件，如果打开文件时使用了 O_APPEND，则每次写操作都会将数据写入文件末尾。

(9) lseek()函数。函数原型为：

off_t seek(int fd,off_t offset,int whence);

lseek()函数的相关说明如表 4.7 所示。

表 4.7 lseek()函数的相关说明

所需头文件	参数说明	返 回 值	功 能 描 述
#include<unistd.h> #include<sys/types.h>	fd：文件描述符。offset：偏移量，每一个读写操作所需要移动的距离，单位是字节，可正可负（向前移，向后移）。whence：代表指针的位置	成功：返回当前位移。失败：返回-1	用于将文件指针定位到指定的位置

whence 具体有以下几种方式：
- SEEK_SET：当前位置为文件的开头，新位置为偏移量的大小。
- SEEK_CUR：当前位置为指针的位置，新位置为当前位置加上偏移量。
- SEEK_END：当前位置为文件的结尾，新位置为文件大小加上偏移量的大小。

下面的程序首先通过 open()函数创建一个新文件，成功后的返回值是文件描述符 fd；然后通过 write()函数向文件中写入一个字符；接着通过 lseek()函数将文件指针移到最开始处；最后通过 read()函数读取在文件中写入的字符。

```
#define PATH "./file_test.txt"
int main(int argc,char **argv)
{
    int fd = -1;
    int ret = 1;
    char buffer = 'x';
    char ch ;
    //打开或创建文件
    if((fd=open(PATH, O_RDWR|O_CREAT|O_TRUNC))==-1)
    {
        printf("Open %s Error\n",FILE_PATH);
        exit(1);
    }
    //写入一个字符
    ret = write(test_fd, &buffer, sizeof(char));
    if( ret < 0 )
    {
        printf("Write Error\n");
        exit(1);
    }
    printf("Write %d byte(s) data\n",ret);

    //将文件指针移到最开始处
    lseek(fd, 0L, SEEK_SET);
    ret= read(fd, &ch, sizeof(char));
    if(ret==-1)
    {
        printf("Read Error\n");
        exit(1);
    }
```

```
        printf("Read %d byte(s) data, the number is %c\n", ret, ch);
        close(fd);
        exit(0);
}
```

4.1.1.3　Linux 串口编程

1）串口基本概念

串口是计算机上的一种通用通信设备，大多数计算机都包含两个 RS-232 串口。串口通信协议同时也是仪器仪表设备通用的通信协议，可用于获取远程采集设备的数据。IEEE 488 规定并行通信的传输线长度不得超过 20 m，串口通信的传输线的长度可达 1200 m。

通用异步收发器（Universal Asynchronous Receiver Transmitter，UART）是广泛使用的串口通信协议，允许在串行链路上进行全双工通信。基本的 UART 通信只需要发送和接收两条信号线就可以完成数据的相互通信，TXD 是 UART 的发送端，RXD 是 UART 的接收端。

2）串口通信协议

串口通信也称为串行通信，其特点是数据按位的顺序一位一位地传输，最少只需要一条传输线即可完成，成本低但传输速率慢。串行通信的距离可以从几米到几千米。根据数据的传输方向，串行通信可以进一步分为单工、半双工和全双工三种工作方式。串行通信的分类及工作方式如图 4.1 所示。

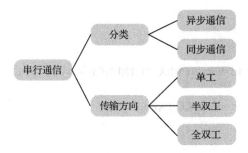

图 4.1　串行通信的分类及工作方式

按通信方式的不同，串行通信可分为同步通信和异步通信。异步通信通常以字符（或字节）组成的数据帧为传输单位。数据帧由发送方一帧一帧地发送，通过传输线被接收方一帧一帧地接收。发送方和接收方可以由各自的时钟来控制数据的发送和接收，这两个时钟源彼此独立，互不同步。在异步通信中，数据帧内每位之间的时间间隔是固定的，而相邻数据帧之间的时间间隔是不固定的。

串行通信的常用参数有波特率、数据位、停止位和奇偶校验。起始位、数据位、校验位、停止位组成了异步串行通信的一个数据帧，异步通信的数据帧格式如图 4.2 所示

起始位：位于数据帧的开头，只占 1 位，始终为逻辑 0，即低电平。

数据位：根据情况可取 5 位、6 位、7 位或 8 位，低位在前高位在后。若所传输数据为 ASCII 字符，则取 7 位。

校验位：仅占 1 位，用于表示串行通信中采用的是奇校验还是偶校验。

停止位：位于数据帧末尾，为逻辑 1，即高电平，通常可取 1 位、1.5 位或 2 位。

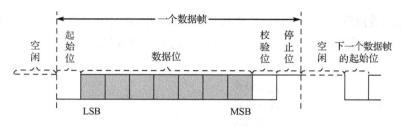

图 4.2 异步通信的数据帧格式

（1）比特率与波特率。在数字信道中，比特率是指数字信号的传输速率，用单位时间内传输的二进制代码的有效位数来表示，单位为每秒比特（bps）、每秒千比特（kbps）或每秒兆比特（Mbps）。

波特率指每秒传输信号的数量，单位为波特（Baud）。在异步通信中，波特率是最重要的指标，用于表征数据的传输速率。

波特率与比特率的关系为：比特率=波特率×单个调制状态对应的二进制位数。

$$I=S\log_2 N$$

式中，I 为传信率（比特率）；S 为波特率；N 为每个符号负载的信息量，以比特为单位。波特率与比特率区别如下：

① 波特率与比特率是有区别的。每秒传输二进制数的位数定义为比特率，单位是 bps。由于在计算机中，串行通信传输的信号是二进制信号，因此波特率与比特率在数值上相等，单位也采用 bps。

② 波特率与字符的实际传输速率不同。字符的实际传输速率指每秒所传输字符的帧数。例如，假如字符的传输速率是 120 字符/秒，每个字符包含 10 位（1 个起始位、8 个数据位和 1 个停止位），则波特率为 10 bit×120 字符/s=1200 bps。

（2）数据位。数据位是衡量通信中实际数据的参数，当计算机发送一个数据帧时，实际的数据往往不是 8 位的，例如，如果数据使用标准 ASCII 码，则每个数据帧使用 7 位数据。

（3）停止位。停止位用于表示单个数据帧的最后一位，由于通信中的设备间往往不同步，因此停止位不仅表示传输的结束，也为计算机校正时钟同步提供了机会。

（4）校验位。奇/偶校验是串行通信中一种简单的检错方式，当然没有奇/偶校验也是可以的。对于奇/偶校验，串口会设置校验位（数据位后面的一位），用一个值确保传输的数据有偶数个或者奇数个逻辑高位。例如数据 01111，如果是偶校验，则校验位为 0，保证逻辑高的位数是偶数个；如果是奇校验，则校验位为 1，这样就有奇数个逻辑高位（逻辑 1）。

4.1.1.4 串口操作接口函数

串口操作接口函数包括读取当前参数函数、获取当前波特率函数、波特率设置函数、清空 Buffer 数据函数、设置串口参数函数等，分别如表 4.8 至表 4.12 所示。

表 4.8 读取当前参数函数

函数原型	int tcgetattr(int fd,struct termios *termios_p)
参数值	fd：open 操作后返回的文件句柄。*termios_p：指向 termios 体结构的指针

tcgetattr()函数提供了一个常规的终端接口，用于控制非同步通信端口。termios_p 参数是指向一个 termios 结构体的指针，这个结构体至少包含下列成员：

```
tcflag_t c_iflag;           //输入模式
tcflag_t c_oflag;           //输出模式
tcflag_t c_cflag;           //控制模式
tcflag_t c_lflag;           //本地模式
cc_t c_cc[NCCS];            //控制字符
```

表 4.9 获取当前波特率函数

函数原型	int speed_t cfgetispeed(const struct termios *termios_p)
	int speed_t cfgetospeed(const struct termios *termios_p)
参数值	*termios_p：指向 termios 结构体的指针
返回值	成功返回 0，失败返回-1

表 4.10 波特率设置函数

函数原型	int cfsetispeed(struct termios *termios_p,speed_t speed)
	int cfsetospeed(struct termios *termios_p,speed_t speed)
参数值	*termios_p：指向 termios 结构体的指针。speed：波特率，常用 2400、4800、9600、115200 等
返回值	成功返回 0，失败返回-1

表 4.11 清空 Buffer 数据函数

函数原型	int tcflush(int fd,int queue_selector)
参数值	queue_selector 有三个常用宏定义：TCIFLUSH 表示清空正读的数据，且不会读出；TCOFLUSH 表示清空正写入的数据，且不会发送到终端；TCIOFLUSH 表示清空所有正在发生的 I/O 数据
返回值	成功返回 0，失败返回-1

表 4.12 设置串口参数函数

函数原型	int tcsetattr(int fd,int optional_actions,cons struct termios *termios_p)
参数值	optional_actions 有三个常用宏定义：TCSANOW 表示不等数据传输完毕，立即改变属性；TCSADRAIN 表示等所有数据传输完毕后，再改变属性；TCSAFLUSH 表示清空输入、输出缓存区后再改变属性
返回值	成功返回 0，失败返回-1

4.1.1.5 Linux 文件编程实例

下面的程序通过 open()函数打开"/dev/ttySAC1"设备文件。首先通过 SetOpt(fd, 115200, 8, 'N', 1)设置串口设备的波特率为 115200、数据位为 8 位、无停止位、校验位为 1 位；然后调用 write()函数将字符串数据"Linux uart test…Please input,waiting....\"通过串口发送出去；接着通过 read()函数接收数据；最后通过 write()函数将读到的数据写入文件。

```c
int SetOpt(int,int,int,char,int);
void main()
{
    int fd,nByte,flag=1;
    char *com1 = "/dev/ttySAC1";
    char buffer[1024];
    char *uart_info = "Linux uart test…Please input,waiting....\r\n";
    memset(buffer, 0, sizeof(buffer));
    //if((fd = open(com1, O_RDWR|O_NOCTTY))<0)              //默认为阻塞读方式
     if((fd = open(com1, O_RDWR|O_NONBLOCK))<0)             //非阻塞读方式
        printf("open %s is failed",com1);
    else{
        SetOpt(fd, 115200, 8, 'N', 1);
        write(fd,uart_info, strlen(uart_info));
        while(1){
            while((nByte = read(fd, buffer, 512))>0){
                buffer[nByte+1] = '\0';
                write(fd,buffer,strlen(buffer));
                memset(buffer, 0, strlen(buffer));
                nByte = 0;
            }
        }
    }
}
//串口设置函数
int SetOpt(int fd,int nSpeed, int nBits, char nEvent, int nStop)
{
    struct termios NewTermio,OldTermio;
    if(tcgetattr( fd,&OldTermio)   !=   0) {
        perror("SetupSerial 1");
        return -1;
    }
    bzero( &NewTermio, sizeof( NewTermio ) );
    NewTermio.c_cflag   |=   CLOCAL | CREAD;
    NewTermio.c_cflag &= ~CSIZE;
    switch( nBits ){
        case 7:
            NewTermio.c_cflag |= CS7;
        break;
        case 8:
            NewTermio.c_cflag |= CS8;
        break;
    }
    switch( nEvent ){
        case 'O':
```

```c
            NewTermio.c_cflag |= PARENB;
            NewTermio.c_cflag |= PARODD;
            NewTermio.c_iflag |= (INPCK | ISTRIP);
        break;
        case 'E':
            NewTermio.c_iflag |= (INPCK | ISTRIP);
            NewTermio.c_cflag |= PARENB;
            NewTermio.c_cflag &= ~PARODD;
        break;
        case 'N':
            NewTermio.c_cflag &= ~PARENB;
        break;
    }
    switch( nSpeed ){
        case 2400:
            cfsetispeed(&NewTermio, B2400);
            cfsetospeed(&NewTermio, B2400);
        break;
        case 4800:
            cfsetispeed(&NewTermio, B4800);
            cfsetospeed(&NewTermio, B4800);
        break;
        case 9600:
            cfsetispeed(&NewTermio, B9600);
            cfsetospeed(&NewTermio, B9600);
        break;
        case 115200:
            cfsetispeed(&NewTermio, B115200);
            cfsetospeed(&NewTermio, B115200);
        break;
        default:
            cfsetispeed(&NewTermio, B9600);
            cfsetospeed(&NewTermio, B9600);
        break;
    }
    if( nStop == 1 )
        NewTermio.c_cflag &=   ~CSTOPB;
    else if ( nStop == 2 )
        NewTermio.c_cflag |=   CSTOPB;
        NewTermio.c_cc[VTIME]   = 100;      //设置超时 10 s
        NewTermio.c_cc[VMIN] = 0;
        tcflush(fd,TCIFLUSH);
    if((tcsetattr(fd,TCSANOW,&NewTermio))!=0)
    {
        perror("Com set error");
```

```
        return -1;
    }
    return 0;
}
```

4.1.2 Linux 进程编程

4.1.2.1 Linux 进程概述

（1）进程。进程是指一个具有独立功能的程序关于某个数据集合的一次可以并发执行的运行活动，是处于活动状态的计算机程序，是系统进行资源分配和调度的基本单位。进程是一个程序的一次执行的过程，同时也是资源分配的最小单元。程序是静态的，是一些保存在硬盘上的命令的有序集合。进程是动态的，是程序执行的过程，包括创建、调度和消亡的整个过程。

（2）进程上下文。进程上下文是由用户级上下文、寄存器级上下文和系统级上下文组成的，主要包括该进程用户空间内容、寄存器内容，以及与该进程有关的内核数据结构。若要调度进程，就要进行上下文切换。

（3）进程管理。在 Linux 中，除了系统启动后的第一个进程是由系统创建的，其他的进程都必须由已存在的进程来创建，新创建的进程称为子进程，而创建子进程的进程称为父进程，具有同一个父进程的进程称为兄弟进程。

父进程通过调用 fork()函数来创建子进程，在调用 fork()函数时，子进程首先处于创建状态，fork()函数为子进程配置好内核数据结构和子进程私有数据结构后，子进程在内存中处于就绪状态。

（4）进程控制。进程控制主要是 Linux 对 fork()、exec()、wait()、exit()等函数的处理过程。在 Linux 中，应用程序通过调用 fork()函数来创建一个子进程，通过调用 exit()函数来终止子进程执行，此时 Linux 会释放该进程所占的资源，释放进程上下文所占的内存空间，保留进程表项。父进程通过调用 wait()函数可得到其子进程的进程表项中记录的计时数据，并释放进程表项。Linux 最后使用 1 号进程（init 进程）接收终止执行进程的所有子进程。如果所有的子进程都终止了，则会向 init 进程发出一个 SIGCHLD 的软件中断信号。

4.1.2.2 Linux 进程相关函数

（1）fork()函数。fork()函数用于从已存在的进程中创建一个新进程，新进程称为子进程，原进程称为父进程。使用 fork()函数得到的子进程是父进程的一个复制品，它从父进程继承整个进程的地址空间，包括进程上下文、代码段、进程堆栈、内存信息、打开的文件描述符、信号控制设定、进程优先级、进程组号、当前工作目录、根目录、资源限制和控制终端等，子进程所独有的只有其进程号、资源使用和计时器等。

fork()函数如表 4.13 所示。

表 4.13 fork()函数

所需头文件	#include <sys/types.h> #include <unistd.h>
函数原型	pid_t fork(void)
返回值	在子进程中返回 0。在父进程中返回子进程 PID。失败则返回一个负值

（2）exec 函数族。exec 函数族用于在进程中启动另一个程序，可以根据指定的文件名或目录名找到可执行文件，并用它来替代原调用进程的数据段、代码段和堆栈段，在执行完之后，原调用进程的内容除了进程号，其他内容均被新进程替换。

在 Linux 中调用 exec 函数族的情况有以下两种：
- 进程可以调用 exec 函数族中的任意一个函数让自己重生。
- 如果一个进程想执行另一个程序，则可以先调用 fork()函数新建一个进程，然后调用 exec 函数族中的任意一个函数，通过执行应用程序来产生一个新进程。

exec 函数族如表 4.14 所示。

表 4.14 exec 函数族

所需头文件	#include <unistd.h>
函数原型	int execl(const char *path, const char *arg, ...) int execv(const char *path, char *const argv[]) int execle(const char *path, const char *arg, ..., char *const envp[]) int execve(const char *path, char *const argv[], char *const envp[]) int execlp(const char *file, const char *arg, ...) int execvp(const char *file, char *const argv[])

（3）exit()。exit()函数用来终止进程，当调用 exit()函数时，进程会无条件地停止剩下的操作，终止本进程的运行。exit()函数如表 4.15 所示。

表 4.15 exit()函数

所需头文件	#include <stdlib.h>
函数原型	void exit(int status)
参数说明	status 是一个整型参数，利用这个参数可以传递进程结束时的状态。一般来说，0 表示正常结束，其他数值表示出现了错误，进程非正常结束。在实际编程中，可以用 wait()函数接收子进程的返回值，从而针对不同的情况进行不同的处理

（4）wait()函数。wait()函数用于阻塞父进程（也就是调用 wait()函数的进程），直到一个子进程结束或者该进程接到了一个指定的信号为止。如果父进程没有子进程或者其子进程已经结束，则 wait()函数会立即返回。wait()函数如表 4.16 所示。

表 4.16 wait()函数

所需头文件	#include <sys/types.h> #include <sys/wait.h>
函数原型	pid_t wait(int *status)
参数说明	这里的 status 是一个整型指针，是该子进程退出时的状态。若 status 不为空，则通过它可以获得子进程的结束状态，另外，子进程的结束状态可由 Linux 中一些特定的宏来检测
返回值	成功返回已结束子进程的进程号。失败返回-1

（5）sleep()函数。在 Linux 编程中，有时会用到定时功能，这时可调用 sleep()函数。但 sleep()函数是可以被中断的，也就是说当进程在睡眠过程中，如果被中断，则当中断结束回来再执行该进程时，该进程会从 sleep()函数的下一条语句执行。sleep()函数如表 4.17 所示。

表 4.17 sleep()函数

所需头文件	#include <unistd.h>
函数原型	unsigned int sleep (unsigned int seconds)
参数说明	seconds 是定时的时间

（6）进程创建实例。下面的程序通过 fork()函数创建子进程，在子进程中，通过 getpid() 函数输出自己的进程号，通过 sleep()函数睡眠 5 s，父进程通过 wait()函数返回子进程的 PID。

```
int main()
{
    pid_t p1,p2;
    p1=fork();
    if(p1<0)
        printf("error…/n");
    else if(p1==0){                              //子进程
        printf("My pid(getpid) :%d/n",getpid());
        sleep(20);                               //睡眠 20 s
    } else{                                      //父进程
        p2=wait(NULL);                           //等待子进程结束
        printf("Child pid(wait) :%d/n"),p2);
    }
    exit(0);
}
```

4.1.3 进程间通信技术

4.1.3.1 进程间通信方式

Linux 进程间通信方式主要有以下几种：

（1）管道及有名管道：管道可用于具有亲缘关系进程间的通信，有名管道除了具有管道的功能，还允许无亲缘关系进程间的通信。

（2）信号：信号是在软件层次上对中断机制的一种模拟，用于通知进程有事件发生，一个进程接收到一个信号与处理器收到一个中断请求，从效果上来说是一样的。

（3）消息队列：消息队列是消息的链接表，包括 POSIX 消息队列和 System V 消息队列。消息队列克服了管道和信号这两种通信方式信息量有限的缺点，具有写权限的进程可以按照一定的规则向消息队列添加新消息；对消息队列有读权限的进程可以从消息队列中读取消息。

（4）共享内存：共享内存可以使多个进程访问同一块内存空间，不同进程可以及时看到对方进程中对共享内存中数据的更新，这种通信方式需要依靠某种同步机制，如互斥锁和信号量等。

（5）信号量：进程之间以及同一进程的不同线程之间的同步和互斥的手段。

（6）Socket：一种可用于网络中不同机器之间的进程间通信方式。

4.1.3.2 管道

1）管道的概念

管道是进程间的通信方式，包括无名管道和有名管道两种。前者用于父进程和子进程间的通信；后者用于运行在同一台机器上的任意两个进程间的通信。

管道是由内核管理的一个缓存区，相当于放入内存中的一个"纸条"。管道的一端连接一个进程的输出，这个进程会向管道放入信息；管道的另一端连接一个进程的输入，这个进程会读取管道中的信息。当管道中没有信息时，从管道中读取信息的进程会等待，直到有进程向管道放入信息为止。当管道被放满信息时，再尝试放入信息的进程会等待，直到另一端的进程取出信息为止。当两个进程都中止时，管道将自动消失。管道通信如图 4.3 所示。

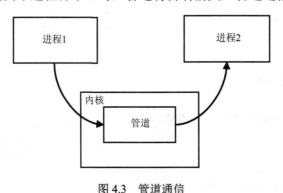

图 4.3 管道通信

2）pipe()函数原型

pipe()函数如表 4.18 所示。

表 4.18 pipe()函数

所需头文件	#include <unistd.h>
函数原型	int pipe(int filedes[2])
参数说明	filedes 包括两个文件描述符，filedes[0]为读打开的文件描述符，filedes[1]为写打开的文件描述符，filedes[1]是 filedes[0]的输入

无名管道由 pipe()函数创建，下面的程序实现了父进程和子进程间的通信，子进程通过

fd[1]向父进程写数据，关闭管道的读端 fd[0]；父进程从管道 fd[0]读取子进程写的数据，关闭管道的写端 fd[1]。

```c
#include<unistd.h>
#define INPUT   0
#define OUTPUT  1
void main()
{
    int fd[2];
    pid_t   pid;                                    //定义子进程号
    char    buf[512];
    int ret_count;
    char *info="Test pipe string…";
    pipe(fd);                                       //创建无名管道

    //创建子进程
    if((pid=fork())==-1){
        printf("Error in fork\n");
    exit(1);
    }
    //执行子进程
    if(pid==0){
        printf(" (child)process...\n");
        //子进程向父进程写数据，关闭读
        close(fd[0]);
        write(fd[1],info,strlen(info));
        exit(0);
    }else{
        //执行父进程
        printf(" (parent)process...\n");
        //父进程从管道读取子进程写的数据，关闭写
        close(fd [OUTPUT]);
        ret_count =read(fd [INPUT],buf,sizeof(buf));
        printf("接收:%d bytes ,%s\n",ret_count,buf);
    }
}
```

3）有名管道

（1）有名管道概念。由于 fork()函数创建的管道只能用于父进程和子进程之间的通信，或者拥有相同祖先的两个子进程之间的通信。为了解决这一限制，Linux 提供了 FIFO 方式连接进程。FIFO 也称为有名管道。

FIFO 为一种特殊的文件类型，在文件系统中有对应的路径。当一个进程以读的方式打开一个文件，而另一个进程以写的方式打开该文件时，Linux 内核就会在这两个进程之间建立管道。FIFO 是一个先进先出的队列数据结构，可以保证信息的顺序。以写方式打开文件的进程向 FIFO 中写信息，以读方式打开文件的进程从 FIFO 中读信息。

（2）函数原型。有名管道的函数原型如表 4.19 所示。

表 4.19 有名管道的函数原型

所需头文件	#include <sys/types.h> #include <sys/stat.h>
函数原型	int mkfifo(const char *filename, mode_t mode); int mknode(const char *filename, mode_t mode | S_IFIFO, (dev_t) 0);
参数说明	filename 是被创建的文件名称；mode 表示将在该文件上设置的权限和将被创建的文件类型（在此情况下为 S_IFIFO）；dev_t 是当创建设备特殊文件时使用的值，因此对于 FIFO 来说，其值为 0

创建有名管道的代码如下：

```
int main(void)
{
    umask(0);
    if (mkfifo("/home/test_fifo",S_IFIFO|0666) == -1)
    {
        perror("mkfifo error!");
        exit(1);
    }
}
```

4.1.3.3 共享内存

进程的共享内存是指同一块物理内存被映射到进程各自的进程地址空间，进程可直接读写内存，不需要数据的复制。当多个进程共享一段内存时，就需要某种同步机制了，如互斥锁。共享内存和进程间的关系如图 4.4 所示。

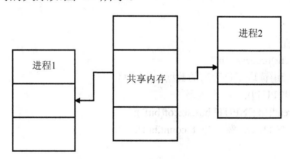

图 4.4 共享内存和进程间的关系

1）共享内存相关函数

在进程间使用共享内存进行通信时，首先调用 shmget()函数创建共享内存，然后调用 shmat()函数完成共享内存区域到进程地址空间的映射，这时进程就可以对共享内存进行操作了，操作完成后可以通过 shmdt()函数撤销映射。调用上述函数时需要包含以下 3 个头文件：

```
#include <sys/types.h>
#include <sys/ipc.h>
#include <sys/shm.h>
```

共享内存涉及的 shmget()、shmat()和 shmdt()函数分别如表 4.20 到表 4.22 所示。

表 4.20 shmget()函数

函数原型	int shmget(key_t key,int size,int shmflg)
参数说明	key：IPC_PRIVATE。size：共享内存的大小。shmflg：同 open()函数的权限，也可以用八进制表示
返回值	成功：返回共享内存段标识符。出错：返回-1

表 4.21 shmat()函数

函数原型	char *shmat(int shmid,const void *shmaddr,int shmflg)
参数说明	shmid：要映射的共享内存的标识符。shmaddr：将共享内存映射到指定位置（若为 0，则表示把该段共享内存映射到调用进程的地址空间）。shmflg：SHM_RDONLY 表示共享内存为只读，默认为 0，表示共享内存可读写
返回值	成功：返回被映射的段地址。出错：返回-1

表 4.22 shmdt()函数

函数原型	int shmdt(const void *shmaddr)
参数说明	shmaddr：被映射的共享内存段地址
返回值	成功：返回 0。出错：返回-1

2）共享内存实例

下面通过两段程序来实现共享内容。程序 1 通过 shmat()函数将共享内存映射到指定位置，把 3 个学生的姓名与年龄数据写入共享内存，程序 2 从共享内存读取数据。

程序 1：

```
typedef struct{
    char name[10];
    int age;
}student;
main(int argc,char **argv)
{
    int id,i;
    char temp;
    student *p_m;
    char* shmname="/dev/shm/shmTest";
    key_t key=ftok(shmname,0);
    id=shmget(key,4096,IPC_CREAT);
    if(id==-1)
    perror("error shmget");
    return;
}
p_m = ( student *)shmat(id,NULL,0);
temp='x';
for(j=0;j<3;j++){
    memcpy((*(p_m+j)).name,&temp,1);
    (*(p_m+j)).age=20+j;
```

```
        temp+=1;
}
if(shmdt(p_m)==-1)
        perror("error shmdt");
}
```

程序 2：

```
typedef struct{
        char name[10];
        int age;
} student;
main(int argc,char **argv)
{
        int id,i;
        student *p_m;
        char* shmname="/dev/shm/shmTest ";
        key_t key=ftok(shmname,0);
        id =shmget(key,4096,IPC_CREAT);
        if(id==-1)
        perror("error shmget");
        return;
}
p_m=( student *)shmat(id,NULL,0);
for(j=0;j<3;j++){
        printf("Name:%s Age:%d \n",(*(p_m+j)).name,(*(p_m+j)).age);
}
if(shmdt(p_m)==-1)
        perror("error shmdt");
}
```

编译后，先运行程序 1，再运行程序 2。结果如下：

```
[root@hostlocal shm]# ./shm_write
[root@hostlocal shm]# ./shm_rread
Name:x   Age:20
Name:y   Age:21
Name:z   Age:22
```

4.1.3.4 消息队列

消息队列标识符是队列 ID，通过命令"ipcs –q"可以查看当前系统的消息队列。消息队列为一个消息的链表，可以向消息队列中添加消息、从消息队列中读取消息等。消息队列具有一定的 FIFO 特性，可以实现消息的随机查询。

（1）消息队列的相关函数。消息队列的操作包括创建或打开消息队列、添加消息、读取消息和控制 4 种操作。其中，创建或打开消息队列调用的函数是 msgget()，该函数创建的消息队列数量会受到系统消息队列数量的限制；添加消息调用的函数是 msgsnd()，该函数把消息添加到已打开的消息队列末尾；读取消息调用的函数是 msgrcv()，该函数可以从消息队列中读取消息,与 FIFO 不同的是,这里可以取走某一条指定的消息;控制消息队列调用的函数是 msgctl(),该函数可以完成多项功能。调用上述 4 个函数时需要包含以下 3 个头文件:

#include <sys/types.h>
#include <sys/ipc.h>
#include <sys/shm.h>

msgget()、msgsnd()、msgrcv()和 msgctl()函数分别如表 4.23 到表 4.26 所示。

表 4.23 msgget()函数

函数原型	int msgget(key_t key,int flag)
参数说明	key:返回新的或已有队列的队列 ID。flag:一个权限标志,表示消息队列的访问权限,与文件的访问权限一样
返回值	成功:返回消息队列 ID。出错:返回-1

表 4.24 msgsnd()函数

函数原型	int msgsnd(int msqid,const void *prt,size_t size,int flag)

参数说明	msqid:消息队列的队列 ID。prt:指向消息结构体的指针。该消息结构体 msgbuf 为:
	struct msgbuf{
	    long mtype;//消息类型
	    char mtext[1];//消息正文
	}
	size:消息的字节数。flag:当 flag 为 IPC_NOWAIT 时,若消息并没有立即发送,则调用进程会立即返回,当 flag 为 0 时,调用阻塞直到条件满足为止

返回值	成功:返回 0。出错:返回-1

表 4.25 msgrcv()函数

函数原型	iint msgrcv(int id,struct msgbuf *msgp,int size,long msgtype,int flag)
参数说明	id:消息队列的队列 ID。msgp:消息缓存区。size:消息的字节数。msgtype:等于 0 时接收消息队列中第一个消息;大于 0 时接收消息队列中第一个类型为 msgtype 的消息;小于 0 时接收消息队列中第一个类型值不小于 msgtype 绝对值且类型值又最小的消息。flag:等于 MSG_NOERROR 时,若返回的消息大于 size,则消息就会截短为 size,且不通知消息发送进程;等于 IPC_NOWAIT 时,若消息并没有立即发送,则调用进程会立即返回;等于 0 时,调用阻塞直到条件满足为止
返回值	成功:返回 0。出错:返回-1

表 4.26 msgctl()函数

函数原型	int msgctl (int msgqid, int cmd, struct msqid_ds *buf)
参数说明	msgqid:消息队列的队列 ID。cmd:等于 IPC_STAT 时,读取消息队列的数据结构体 msqid_ds,并将其存储在 buf 指定的地址中;等于 IPC_SET 时,设置消息队列的数据结构体 msqid_ds 中的 ipc_perm 值,该值取自 buf 参数;等于 IPC_RMID 时,从内核中移走消息队列。buf:消息队列缓存区
返回值	成功:返回 0。出错:返回-1

（2）消息队列实例。下面的程序首先创建消息队列，然后从标准输入设备读取数据到消息队列缓存区，接着把数据发送到消息队列中，并读取队列的消息，最后从内核中移走消息队列。

```c
struct st_msg
{
    long msgType;                                    //类型
    char msgText[512];                               //缓存区
};
int main()
{
    int id;
    key_t msg_key;
    int len;
    struct st_msg SM;
    //产生键值
    if((msg_key=ftok(".",'a'))==-1)
    {
        printf("error ftok\n");
        return 1;
    }
    //创建消息队列
    if((id=msgget(msg_key,IPC_CREAT|0666))==-1)
    {
        printf("error msgget\n");
        return 1;
    }
    puts("Please enter the message to queue:");
    //从标准输入设备读取数据到消息队列缓存区
    if((fgets((&SM)->msgText,512,stdin))==NULL)
    {
        puts("no message");
        return 1;
    }
    SM.msgType=getpid();
    len=strlen(msg.msgText);
    //发送消息队列
    if(msgsnd(id,&SM,len,0)<0)
    {
        printf("error msgsnd\n");
        return 1;
    }
    //接收消息队列
    if(msgrcv(id,&SM,512,0,0)<0)
    {
        printf("error msgrcv\n");
        return 1;
    }
```

```
        printf("Rev message is :%s",(&SM)->msgText);
    //移除消息队列
    if(msgctl(id,IPC_RMID,NULL)<0)
    {
        printf("error msgct\n");
        return 1;
    }
    return 0;
}
```

编译运行结果如下：

[root@hostlocal msg]# ./msgTest
Please enter the message to queue:
SensorA ZigBee
Rev message is : SensorA ZigBee

4.1.3.5 信号量

信号量与其他进程间的通信方式不大相同，主要提供对进程共享资源访问的控制机制。信号量相当于内存中的标志，进程可以根据它判定是否能够访问某些共享资源，进程也可以修改该标志。信号量除了可以用于访问控制，还可用于进程同步。信号量本质上是一个非负的整数计数器。

信号量同步的原理借鉴了操作系统中所用到的 PV 原语：一次 P 操作使信号量 sem 减 1，一次 V 操作使 sem 加 1。进程或线程根据信号量的值来判断是否对公共资源具有访问权限。当 sem 的值大于或等于 0 时，该进程或线程具有公共资源的访问权限；当 sem 的值小于 0 时，该进程或线程将阻塞直到 sem 的值大于或等于 0 时为止。

信号量有两种：一种称为 System V 信号量，用于进程的同步；另一种来源于 POSIX，用于线程同步。System V 信号量如图 4.5 所示。

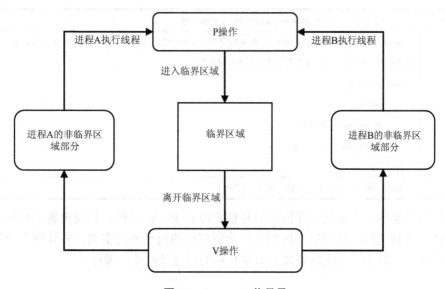

图 4.5 System V 信号量

（1）信号量相关函数。System V 信号量用到的函数有三个：semget()函数用于创建一个新信号量或取得一个已有信号量的键；semop()函数用于改变信号量的值；semctl()函数允许直接控制信号量信息。调用这三个函数时需要包含以下 3 个头文件：

#include<sys/types.h>
#include<sys/ipc.h>
#include<sys/sem.h>

semget()、semop()和 semctl()函数分别如表 4.27 到表 4.29 所示。

表 4.27 semget()函数

函数原型	int semget(key_t key,int nsems,int semflg)
参数说明	key：标识一个信号量集。nsems：指定打开或者新创建的信号量集中包含的信号量数目。semflg：标志位
返回值	成功：返回非零值。失败：返回-1

表 4.28 semopt()函数

函数原型	int semop(int semid,struct sembuf *sops,unsigned nsops)

参数说明	semid：信号量集的 ID。sops：指向数组的每一个 sembuf 结构体，对应在特定信号量上的操作。
	struct sembuf{
	　　unsigned short sem_num;
	　　short sem_op;
	　　short sem_flg;
	}
	nsops：sops 指向数组的大小

返回值	成功：返回 0。失败：返回-1

表 4.29 semctl()函数

函数原型	int semctl(int semid,int semnum,int cmd,union semun arg)

参数说明	semid：信号量集的 ID。semnum：指定对哪个信号量操作，只对几个特殊的 cmd 操作有意义。cmd：指定具体的操作类型。arg：用于设置或返回信号量信息。
	union semun{
	　　int val;
	　　struct semid_ds *buf;
	　　unsignaed short *array;
	}

返回值	成功：返回与 cmd 有关的值。失败：返回-1

（2）信号量实例。下面的程序使用信号量实现了 P、V 操作，以及设置信号量、删除信号量的操作。在这里同时访问临界区的是一个程序中的两个不同实例，并且使用参数个数的不同来进行区别，其中一个实例需要完成信号量的创建及删除的操作。

```c
#include <stdio.h>
#include <unistd.h>
#include <stdlib.h>
#include <sys/sem.h>                              //包含信号量定义的头文件

//联合类型 semun 定义
union semun{
    int val;                                      //SETVAL 值
    struct semid_ds *buf;
    unsigned short *array;
};

//函数声明
//设置信号量的值
static int Set_Value(void);
//删除信号量
static void Del_Value(void);
//P 操作
static int Sem_P(void);
//V 操作
static int Sem_V(void);
static int id;                                    //信号量 ID
int main(int argc,char *argv[])
{
    int j;
    int PauseTime;
    char Op_Ch = 'O';

    srand( (unsigned int)getpid() );

    //创建一个新的信号量或者取得一个已有信号量的键
    id = semget( (key_t)5678, 1, 0666 | IPC_CREAT );

    //如果参数数量大于 1，则这个实例负责创建和删除信号量
    if( argc > 1 )
    {
        if( !Set_Value() )
        {
            fprintf( stderr, "failed to initialize semaphore\n" );
            exit( EXIT_FAILURE );
        }
        Op_Ch = 'B';                              //对进程进行标记
        sleep(5);
    }

    //循环，访问临界区
    for(j = 0; j < 10; ++j)
```

```c
    {
        //P 操作，尝试进入临界区
        if( !Sem_P() )
            exit( EXIT_FAILURE );
        printf( "%c", Op_Ch );
        //刷新标准输出缓存区，把输出缓存区里的信息输出到标准输出设备上
        fflush( stdout );

        PauseTime = rand() % 3;
        sleep( PauseTime );

        printf( "%c", Op_Ch );
        fflush( stdout );

        //V 操作，尝试离开临界区
        if( !Sem_V() )
            exit( EXIT_FAILURE );
        PauseTime = rand() % 2;
        sleep( PauseTime );
    }

    printf( "\n %d - finished \n", getpid() );

    if ( argc > 1 )
    {
        sleep( 5 );
        Del_Value();                            //删除信号量
    }
    return 0;
}
//设置信号量的值
static int Set_Value(void)
{
    union semun SemUnion;
    SemUnion.val = 1;

    if ( semctl( id, 0, SETVAL, SemUnion ) )
        return 0;
    return 1;
}

//删除信号量
static void Del_Value(void)
{
    union semun SemUnion;

    if( semctl( id, 0, IPC_RMID, SemUnion ) )
```

```c
        fprintf( stderr, "Failed to delete semaphore\n" );
}

//P 操作：对信号量进行减 1 操作
static int Sem_P(void)
{
    struct sembuf Buf;

    Buf.sem_num = 0;                        //信号量编号
    Buf.sem_op = -1;                        //P 操作
    Buf.sem_flg = SEM_UNDO;

    if( semop( id, &Buf, 1 ) == -1 )
    {
        fprintf( stderr, "Sem_P failed\n" );
        return 0;
    }

    return 1;
}

//V 操作：对信号量进行加 1 操作
static int Sem_V(void)
{
    struct sembuf Buf;

    Buf.sem_num = 0;                        //信号量编号
    Buf.sem_op = 1;                         //V 操作
    Buf.sem_flg = SEM_UNDO;

    if( semop( id, &Buf, 1 ) == -1 )
    {
        fprintf( stderr, "Sem_V failed\n" );
        return 0;
    }

    return 1;
}
```

调试运行程序，在进入临界区和离开临界区时会分别输出两个不同的字符，以此来区分两个实例。可以发现，两个不同的字符是成对出现的，因为同一时刻只有一个进程可以进入临界区。运行结果如下：

```
[root@hostlocal sem]# ./semTest   1   &
[1] 3768
[root@hostlocal sem]# ./semTest
OOBBOOBBOOBBOOBBBBOOBBOOBBOOBBOOBBOOBBOO
```

```
3768    -   finished
3769    -   finished
```

4.1.4 Linux 线程编程

4.1.4.1 Linux 线程概述

1）线程

进程是系统中程序执行和资源分配的基本单位。每个进程都拥有自己的数据段、代码段和堆栈段，进程在进行切换等操作时需要进行复杂的上下文切换动作。为了进一步提高处理器效率，支持多处理器，以及减少上下文切换开销，Linux 设计了一种线程机制，线程是进程内独立的一条运行路线，是处理器调度的最小单元，也可以称为轻量级进程。线程可以对进程的内存空间和资源进行访问，并与同一进程中的其他线程共享。因此，线程的开销比进程小很多。

一个进程可以有多个线程，有多个线程控制表及堆栈寄存器，但共享一个用户地址空间。由于线程共享了进程的资源和地址空间，因此，任何线程对系统资源的操作都会给其他线程带来影响，因此多线程中的同步是非常重要的问题。在多线程系统中，进程与线程的关系如图 4.6 所示。

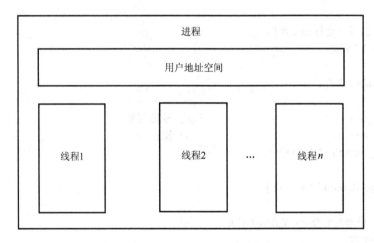

图 4.6 多线程系统中进程和线程的关系

2）线程的特性

线程是进程的一个实体，是处理器调度的最小单位，和同属于一个进程的其他的线程共享该进程所拥有的全部资源。多线程是一种多任务操作方式，运行于一个进程中的多个线程，彼此之间使用相同的地址空间，共享大部分数据，启动一个线程所需的空间远远小于启动一个进程所需的空间，而且线程间的切换时间也远远小于进程间的切换时间。

Linux 的线程有如下特点：

（1）线程运行在进程中，使用进程的资源。

（2）线程仅仅复制使它自己调度必需的资源。

（3）线程和同属于一个进程的其他线程共享进程的资源。

(4) 线程是轻量级的，线程的大部分开销在创建进程时已经完成了。

4.1.4.2 线程操作

1) 线程的创建和退出

创建线程的函数是 pthread_create()。在线程创建以后，就开始运行相关的线程函数，在线程函数运行完之后，该线程也就退出了。用户也可以使用 pthread_exit()函数来退出线程。

由于一个进程中的多个线程共享数据段，在某个线程退出后，该线程所占用的资源并不会随着其退出而释放。pthread_join()函数用于将当前线程挂起来，等待线程的退出，该函数是一个线程阻塞函数，该函数一直运行，直到被等待的线程退出为止，当该函数返回时，被等待线程的资源就被释放。

2) 线程函数

调用 pthread_create()、pthread_exit()和 pthread_join()函数时需要保护以下头文件：

#include <pthread.h>

pthread_create()和 pthread_exit()函数如表 4.30 和表 4.31 所示。

表 4.30 pthread_create()函数

函数原型	int pthread_create ((pthread_t *thread, pthread_attr_t *attr, void *(*start_routine)(void *), void *arg))
参数说明	thread：线程标识符。attr：线程属性设置，通常设置为 NULL。start_routine：线程函数的起始地址。arg：传递给 start_routine 的参数
返回值	成功：返回 0。出错：返回错误码

表 4.31 pthread_exit ()函数

函数原型	void pthread_exit(void *retval)
参数说明	retval：线程结束时的返回值，可由其他函数，如 pthread_join()来获取

3) 函数实例

（1）pthread_create()函数。该函数用于创建线程，其函数原型为：

pthread_create(&thread1,NULL,function1,(void*)arg);

说明：第一个参数 thread1 为指向线程标识符的指针；第二个参数用来设置线程属性，通常设置为 NULL；第三个参数是线程运行函数的地址；最后一个参数是传递给线程的参数，arg 可以是一个整数或者字符串。

注意：在编译时注意加上"-lpthread"选项，以调用静态链接库，因为 pthread 并非 Linux 的默认库。

下面的程序为线程函数 my_thread()，该函数的功能是循环 5 次，参数 count 的值会每隔 1 s 加 1，并输出当前数值。主进程中会调用 pthread_create()函数创建线程，执行 my_thread()函数，10 s 后退出线程。代码如下：

```
int my_thread(int*count)
{
    while(*count <8)
    {
        ep(1);
         (*count)++;
        printf("count =%d.\n",* count);
    }
    return(*count);
}
int main(intargc,char**argv)
{
    int result;
    int t1=0;
    pthread_t   thread1;
    result=pthread_create(&thread1,NULL,(void*) my_thread,(void*)&t1);
    if(result)
    {
        perror("pthread_create\n");
        exit(EXIT_FAILURE);
    }
    sleep(10);
    exit(EXIT_SUCCESS);
}
```

（2）pthread_exit()函数。该函数用于退出线程。当在线程函数运行完成时，该线程也就退出了，或也可以调用 pthread_exit()函数来退出线程，这是退出线程的主动行为。下面的程序调用 pthread_exit()函数改进了 my_thread()函数，代码如下：

```
int my_thread (int* ount)
{
    while(*count<10)
    {
        sleep(1);
         (*count)++;
        printf("count=%d.\n",*count);
        pthread_exit(NULL);
    }
}
```

在改进后的 my_thread()函数中，当线程执行时，count 的值只加一次就会退出。

4.1.4.3 多线程机制

一个进程可以有多个线程，由于线程共享了进程的资源和地址空间，某个线程对系统资源的操作都会给其他线程带来影响，因此多线程同步是一个非常重要的问题。

1）互斥锁

互斥锁是用一种简单的加锁方法来控制对共享资源的原子操作。互斥锁只有两种状态，即上锁和解锁。可以把互斥锁看成某种意义上的全局变量，在同一时刻只能由一个线程掌握互斥锁，拥有上锁状态的线程能够对共享资源进行操作。若其他线程希望上锁一个已经被上锁的互斥锁，则该线程就会挂起，直到已经上锁的线程释放掉该互斥锁为止。互斥锁保证了每个线程对共享资源按顺序进行原子操作。互斥锁函数如表 4.32 所示，调用这些函数时需要包括以下头文件：

#include <pthread.h>

表 4.32　互斥锁函数

互斥锁的操作	对应的函数
互斥锁上锁	int pthread_mutex_lock(pthread_mutex_t *mutex,)
判断互斥锁是否上锁	int pthread_mutex_trylock(pthread_mutex_t *mutex,)
互斥锁解锁	int pthread_mutex_unlock(pthread_mutex_t *mutex,)
取消互斥锁	int pthread_mutex_destroy(pthread_mutex_t *mutex,)

互斥锁可以分为快速互斥锁、递归互斥锁和检错互斥锁。这 3 种互斥锁的区别主要在于其他未上锁互斥锁的线程在希望得到互斥锁时是否需要阻塞等待，3 种互斥锁的说明如下：

（1）快速互斥锁是指调用线程会阻塞，直到上锁互斥锁的线程解锁为止。

（2）递归互斥锁能够成功地返回，并且增加调用线程在互斥锁的上锁次数。

（3）检错互斥锁为快速互斥锁的非阻塞版本，它会立即返回一个错误信息。

在 Linux 中，默认的互斥锁是快速互斥锁。使用互斥锁前需要进行初始化，如表 4.33 所示。

表 4.33　互斥锁的初始化函数

函数原型	int pthread_mutex_init(pthread_mutex_t *mutex, const pthread_mutexattr_t *mutexattr)
参数说明	mutex：互斥锁。mutexattr：当 mutexattr 为 PTHREAD_MUTEX_INITIALIZER 时表示创建快速互斥锁；当 mutexattr 为 PTHREAD_RECURSIVE_MUTEX_INITIALIZER_NP 时表示创建递归互斥锁；当 mutexattr 为 PTHREAD_ERRORCHECK_MUTEX_INITIALIZER_NP 时表示创建检错互斥锁

2）互斥锁使用实例

下面的程序分别创建 2 个线程（pthread_1 与 pthread_2），其功能都是循环 5 次，对互斥锁进行上锁（睡眠 2 s 或 1 s），在全局变量 num 自加 1 后解锁互斥锁。在主进程中创建 2 个线程后，2 个线程独立运行，一个线程上锁互斥锁后，另一个线程不能再进行上锁操作，实现了对全局变量的互斥操作。代码如下：

```
#include <pthread.h>
int num=0;
pthread_mutex_t mutex;

static void pthread_1(void);
```

```c
static void pthread_2(void);

static void pthread_1(void)
{
    printf("Thread_1 starts\n");
    int j=0;
    for(j=0;j<5;j++){
        pthread_mutex_lock(&mutex);
        printf("Thread_1 starts sleeping");
        sleep(2);
        num++;
        printf("Thread_1 number is:%d\n", num);
        pthread_mutex_unlock(&mutex);
    }
    pthread_exit(NULL);
}

static void pthread_2(void)
{
    printf("Thread_2 starts\n");
    int j=0;
    for(j=0;j<5;j++){
        pthread_mutex_lock(&mutex);
        printf("Thread_2 starts sleeping");
        sleep(1);
        num++;
        printf("Thread_2 number is:%d\n", num);
        pthread_mutex_unlock(&mutex);
    }
    pthread_exit(NULL);
}

int main(void)
{
    pthread_t pt1=0;
    pthread_t pt2=0;
    int ret=0;
    pthread_mutex_init(&mutex,NULL);
    ret=pthread_create(&pt1,NULL,(void*)pthread_1,NULL);
    if(ret!=0){
        printf("pthread_1_create error\n");
    }

    ret=pthread_create(&pt2,NULL,(void*)pthread_2,NULL);
    if(ret!=0){
        printf("pthread_2_create error\n");
    }
```

```
        pthread_join(pt1,NULL);
        pthread_join(pt2,NULL);

        printf("The main process exits!\n");
        return0;
}
```

说明：线程可以共享全局变量 num，num 是一个共享资源，每个线程都可以对共享资源进行操作，从而会出现竞争。互斥锁 pthread_mutex_lock 可以给共享资源上锁，这样在同一时刻就只能一个线程访问 num，访问共享资源后需要解锁，即调用 pthread_mutex_unlock()函数，否则会一直占用共享资源，导致另外一个线程无法访问共享资源。

3）条件变量

互斥锁只有两种状态：锁定和非锁定。条件变量通过允许线程阻塞和等待另一个线程发送信号的方法弥补了互斥锁的不足，它常和互斥锁一起使用。条件变量经常被用来阻塞线程，当条件不满足时，线程往往解锁互斥锁并等待条件发生变化。一旦某个线程改变了条件变量，它将通过相应的条件变量唤醒一个或多个正被此条件变量阻塞的线程。这些线程将重新上锁互斥锁并重新测试条件是否满足。条件变量的基本操作有以下两个：

（1）触发条件：当条件变为 true 时触发条件。

（2）等待条件：挂起线程，直到其他线程触发条件为止。

条件变量采用的数据类型是 pthread_cond，在使用条件变量之前必须先初始化条件变量。条件变量的初始化有两种方式：

（1）静态初始化：可以把常量 PTHREAD_COND_INITIALIZER 赋值给条件变量。

（2）动态初始化：在申请内存之后，通过 pthread_cond_init 初始化条件变量。

条件变量函数如表 4.34 所示。

表 4.34 条件变量函数

函数原型	int pthread_cond_wait(pthread_cond_t *restrict cond, pthread_mutex_t *restrict mutex);
	int pthread_cond_signal(pthread_cond_t *cond);
	int pthread_cond_broadcast(pthread_cond_t *cond);
	int pthread_cond_destroy(pthread_cond_t *cond);

参数说明	cond：条件变量值，只有两种取值，即 1 和 0。mutex：条件变量属性，通常为默认值，传入 NULL 即可
返回值	成功：返回 0。出错：返回-1

4）条件变量使用实例

下面的程序通过互斥锁与条件变量实现了一个生产者与消费者的多线程应用程序，生产者线程随机产生 100 的整数，通过锁定共享区域来写入数据，写入数据完成后再解锁；产生的条件变量用于通知消费者来消费，通过随机数睡眠 0~4 s。消费者线程先锁定共享区域，如果没有数据，则等待生产者发送条件变量；等有数据后，在取出数据后解锁共享区域，通过随机数睡眠 0~2 s。代码如下：

```c
//节点结构体
struct msg
{
    int data;                                    //数据区
    struct msg *next;                            //链表区
};
 struct msg *head = NULL;                        //头指针
struct msg *node = NULL;                         //节点指针
//初始化互斥锁和条件变量
pthread_mutex_t Mutx = PTHREAD_MUTEX_INITIALIZER;
pthread_cond_t cond = PTHREAD_COND_INITIALIZER;
void *Producter(void *arg)
{
    while (1) {
        node = malloc(sizeof(struct msg));
        node->data = rand() % 100 + 1;
        printf("Producted: %d\n", node->data);
        pthread_mutex_lock(&Mutx);               //访问共享区域前必须先上锁
        node->next = head;
        head = node;
        pthread_mutex_unlock(&Mutx);
        pthread_cond_signal(&cond);              //通知消费者
        sleep(rand() % 5);                       //5 s 内的随机数
    }
    return NULL;
}
void *Consumer(void *arg)
{
    while (1) {
        pthread_mutex_lock(&Mutx);               //访问共享区域必须先上锁
        //如果共享区域没有数据，则解锁并等待条件变量
        while (head == NULL) {
            pthread_cond_wait(&cond, &Mutx);
        }
        node = head;
        head = node->next;
        pthread_mutex_unlock(&Mutx);
        printf("Consumer: %d\n", node->data);
        free(node);                              //释放被删除的节点内存
        node = NULL;                             //并将删除的节点指针指向 NULL，防止野指针
        sleep(rand() % 3);
    }
    return NULL;
}
 int main(void)
{
    pthread_t Pid, Cid;
```

```
//创建生产者线程和消费者线程
pthread_create(&Pid, NULL, Producer, NULL);
pthread_create(&Cid, NULL, Consumer, NULL);
//主进程回收2个线程
pthread_join(Pid, NULL);
pthread_join(Cid, NULL);
return 0;
}
```

4.1.5 开发实践：Linux 系统应用编程

4.1.5.1 文件的创建与读写

1）程序设计

文件的创建与读写流程如图 4.7 所示。

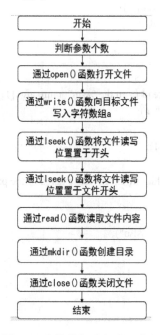

图 4.7 文件的创建与读写流程

2）程序开发

下面的程序可创建一个文件，将字符数组写入文件后，再读出文件的内容。代码如下：

```
int main(int argc, char * argv[])
{
    int fd;
    int num;
    int folder;
    char a[] = "Hello ARM Linux!";
    if(argc<2){
        printf("args error\n");
```

```c
    }
    //以读写方式打开文件，如果该文件不存在，则创建文件，通过参数 argv[1]确定打开的文件名
    fd = open(argv[1], O_RDWR| O_CREAT);
    if(fd<0){
        perror("fd<0");
        return 0;
    }
    printf("fd is %d\n", fd);
    //向文件写入字符数组 a 的数据
    num = write(fd, a, sizeof(a));
    printf("%d byte data has been written to the %s\n", num, argv[1]);
    //将字符数组 a 的前 a 字节置为 0
    bzero(a,sizeof(a));
    printf("the content of a has been clean\n");
    printf("the content of a is %s\n", a);
    printf("the size of a is %d\n", sizeof(a));
    //将文件读写位置置于文件开头
    lseek(fd, 0, SEEK_SET);
    //读出文件内容
    num = read(fd, a, sizeof(a));
    printf("%d byte data has been read from the %s\n", num, argv[1]);
    printf("the content of a is %s\n", a);
    //创建文件目录
    folder =   mkdir("/tmp/linux", 1);
    if(folder == -1) {
        printf("\n Fail to create folder linux!\nIt has existed or the path is error!\n");
        exit(-1);
    }
    printf("Folder linux created success!\n");
    //关闭文件
    close(fd);
    return 0;
}
```

3）验证

（1）把"FileForkThread"目录下的 file 文件夹通过 MobaXterm 工具复制到嵌入式开发板的"/home/test"目录下。

（2）输入下面的命令，进入 file 文件夹。

test@rk3399:~$ cd file/

（3）输入下面的命令"gcc -o file file.c"进行编译。

test@rk3399:~/file$ gcc -o file file.c

（4）输入下面的命令"./file"运行该文件，会出现如下的提示信息。

test@rk3399:~/file$ ./file
args error

fd<0:Bad address

上面的提示信息表示参数出错，这是因为没有指定要创建哪个文件。

（5）输入命令"./file new"，可输出如下的提示信息，表示文件与文件夹创建成功，读写文件也成功了。

```
test@rk3399:~/file$ ./file new
fd is 3
17 byte data has been written to the new
The content of a has been cleared
the content of a is
the size of a is 17
17 byte data has been read from the new
the content of a is Hello ARM Linux !
Folder linux created success !
```

说明：当 a 的内容被清空后会发现，输出的内容是空白的。

（6）输入"ls"命令：

```
test@rk3399:~/file$ ls
file   file.c   new
```

可以看到文件夹 new 已被创建成功了。

4.1.5.2 进程的创建与通信

1）程序设计

进程的创建与通信流程如图 4.8 所示。

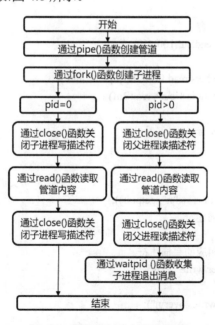

图 4.8　进程的创建与通信流程

2）程序开发

首先创建管道；然后父进程使用 fork()函数创建子进程；接着通过关闭父进程的读描述符和子进程的写描述符，建立起它们之间的管道通信。代码如下：

```c
int main()
{
    int fd[2];                                      //创建管道
    pid_t pid;
    char readBuf[100];
    int num;
    //将 readBuf 数组的前 sizeof(readBuf)的字节置为 0
    bzero(readBuf,sizeof(readBuf));
    //创建管道
    if(pipe(fd)<0)
    {
        perror("pipe create error\n");
        return -1;
    }
    //创建子进程
    pid=fork();
    if(pid==0)
    {
        printf("The child pid is %d\n", getpid());
        printf("The parent pid should be %d\n", getppid());
        //子进程关闭写描述符，并通过使子进程暂停 2 ms，等待父进程关闭相应的读描述符
        close(fd[1]);
        sleep(2);
        //子进程读取管道内容
        if((num=read(fd[0],readBuf,100))>0)
        {
            printf("%d numbers read from the pipe\n",num);
            printf("the content is %s\n", readBuf);
        }
        //关闭子进程读描述符
        close(fd[0]);
        exit(0);
    }else if(pid){                                  //父进程
        printf("The parent pid is %d\n", getpid());
        //关闭父进程的读描述符，
        close(fd[0]);
        //等待子进程关闭相应的写描述符
        if(write(fd[1],"Father write",12)!=-1)
        {
            printf("Parent writes over\n");
        }
        //关闭父进程的读描述符
        close(fd[1]);
```

```
            //收集子进程退出信息
            waitpid(pid,NULL,0);
            exit(0);
    }
    return 0;
}
```

3）验证

（1）把本程序中的 process 文件夹通过 MobaXterm 工具复制到嵌入式开发板的"/home/test"目录下。代码如下：

```
test@rk3399:~$ pwd
/home/test
test@rk3399:~$ ls
catkin_Ws  Documents  map  Pictures  Templates
Code  Downloads  Music  process  Videos
cv-platform file  nlp-platform  Public  ZXBeeGW
Desktop  incloudlab-ai  nlp- resources  ssl
```

（2）输入下面的命令，进入 process 目录。

```
test@rk3399:~$ cd process/
test@rk3399:~/process$ ls
process.c
```

（3）输入下面的命令进行编译。

```
test@rk3399:~/process$ gcc -o process process.c
test@rk3399:~/process$ ls
process  process.c
```

（4）输入命令"./process"，运行成功会输出如下信息。

```
test@rk3399:~/process$ ./process
The parent pid is 4520
parent writes over
The child pid is 4521
The parent pid should be 4520
12 numbers read from the pipe
the content is father write
```

说明：子进程调用 getppid()函数输出自己父进程的 PID，发现该 PID 是 4520，和父进程输出的 PID 是一致的。

4.1.5.3　线程创建与多线程编程

1）程序设计

线程创建与多线程编程流程如图 4.9 所示。

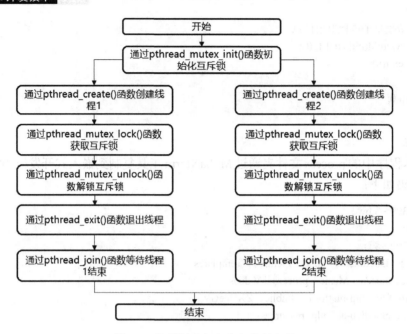

图 4.9 线程创建与多线程编程流程

2）程序开发

```
int num=0;
pthread_mutex_t Mutex;
static void pthread_f1(void);
static void pthread_f2(void);

static void pthread_f1(void);
{
    printf("Thread_1 begins\n");
    int j=0;
    for(j=0;j<3;j++){
        //获取互斥锁
        pthread_mutex_lock(&Mutex);
        printf("Thread_1 starts sleeping\n");
        sleep(2);
        num++;
        printf("Thread_1 num is:%d\n",num);
        //解锁互斥锁
        pthread_mutex_unlock(&Mutex);
    }
    //退出线程
    pthread_exit(NULL);
}
static void pthread_f2(void)
{
    int i=0;
```

```c
        for(i=0;i<3;i++){
            //获取互斥锁
            pthread_mutex_lock(&Mutex);
            printf("Thread_2 starts sleeping\n");
            sleep(1);
            num++;
            printf("Thread_2 num is:%d\n",num);
            //解锁互斥锁
            pthread_mutex_unlock(&Mutex);
        }
        //退出线程
        pthread_exit(NULL);
}
int main(void)
{
    pthread_t pt1=0;
    pthread_t pt2=0;
    int ret=0;
    //初始化互斥锁
    pthread_mutex_init(&Mutex,NULL);
    //创建线程 1
    ret=pthread_create(&pt1,NULL,(void*)pthread_f1,NULL);
    if(ret!=0){
        printf("pthread_1 create error\n");
    }
    //创建线程 2
    ret=pthread_create(&pt2,NULL,(void*)pthread_f2,NULL);
    if(ret!=0)
    {
        printf("pthread_2 create error\n");
    }
    //等待线程 1、2 结束
    pthread_join(pt1,NULL);
    pthread_join(pt2,NULL);
    printf("The main process exits!\n");
    return 0;
}
```

3）验证结果

(1) 把 "\09-FileForkThread" 中的 thread 文件夹通过 MobaXterm 工具复制到嵌入式开发板的 "/home/test" 目录下。代码如下：

```
test@rk3399:~$ pwd
/home/test
test@rk3399:~$ ls
catkin_Ws  Documents  map    Pictures  Templates
Code       Downloads  Music  process   thread
```

cv-platform   file   nlp-platform   Public   Videos
Desktop   incloudlab-ai   nlp- resources   ssl   ZXBeeGW

（2）进入目录 thread。

（3）输入命令"gcc -o thread thread.c"编译 thread.c 文件。

test@rk3399:-/thread$ gcc -0 thread thread. C
/tmp/cc6PixlH.o:在函数'main'中：
thread.c:(.text+0x108):对'pthread_create'未定义的引用
thread.c:(.text+0x14c):对'pthread_create'未定义的引用
thread.c:(.text+0x17c):对'pthread_join'未定义的引用
thread.c:(.text+0x188):对'pthread_join'未定义的引用
collect2: error:ld returned 1 exit status

提示部分函数是未定义的。

（4）重新输入命令"gcc -o thread thread.c -lpthread"进行编译。

test@rk3399: ~/thread$ gcc -0 thread thread.c -lpthread
test@rk3399 :~/thread$ ls
thread   thread.c

注意：输入的命令是"gcc -o thread thread.c -lpthread"，即要在后面加上"-lpthread"选项，否则会编译失败。

（5）输入命令"./thread"运行程序，可出现如下信息：

test@rk3399 :~/thread$ ./ thread
Thread 2 starts sleeping
Thread 1 begins
Thread 2 num is:1
Thread 2 starts sleeping
Thread 2 num is:2
Thread 2 starts sleeping
Thread 2 num is:3
Thread 1 starts sleeping
Thread 1 num is:4
Thread 1 starts sleeping
Thread 1 num is:5
Thread 1 starts sleeping
Thread 1 num is:6
The main process exits!

说明：线程 2 开始睡眠后，此时内核开始调度，于是线程 1 开始工作了，但线程 1 不能操作共享资源，因为此时互斥锁未被解锁。

4.1.6 小结

通过本节的学习，读者可以掌握通过库函数实现文件创建和读写的方法；通过库函数实现串口编程的方法；了解进程和线程的基本概念，掌握通过库函数实现进程创建与通信的方法；通过库函数实现线程创建与取消的方法，从而实现多线程编程。

4.1.7 思考与拓展

（1）在 Linux 文件编程中，如何使用读写函数？
（2）进程的状态有哪些？
（3）如何实现进程间的通信？
（4）如何使用互斥锁？
（5）如何编写多线程程序？

4.2 Linux 网络编程

4.2.1 网络编程基础

4.2.1.1 TCP/IP 网络结构

TCP/IP 协议实际上是由一组协议组成的，通常也称为 TCP/IP 协议簇。根据 OSI 参考模型对网络协议的规定，可将 TCP/IP 协议模型分为 4 层。OSI 参考模型与 TCP/IP 协议模型的对比如图 4.10 所示。

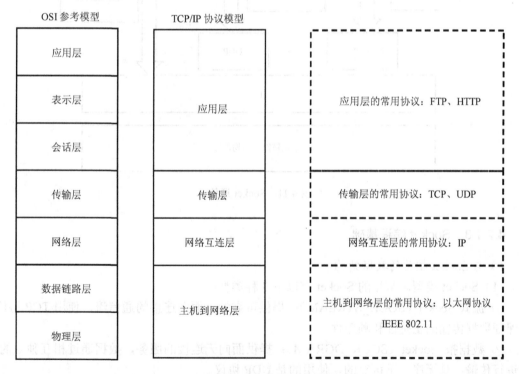

图 4.10　OSI 参考模型与 TCP/IP 协议模型的对比

从图 4.10 中可以看出，TCP/IP 协议模型可以分成 4 层，和 OSI 参考模型的对应关系是，TCP/IP 协议模型的应用层对应 OSI 的应用层、表示层和会话层；TCP/IP 协议模型的传输层和网络互连层分别对应 OSI 参考模型的传输层和网络层；TCP/IP 协议模型的主机到网络层对应 OSI 参考模型的数据链路层和物理层。

在 TCP/IP 协议模型中，主机到网络层负责将二进制流转换为数据帧，并进行数据帧的发送和接收，数据帧是网络信息传输的基本单元；网络互连层负责将数据帧封装成 IP 数据报，同时负责选择数据报的路径；传输层负责端到端之间通信会话的连接与建立；应用层负责应用程序的网络访问，通过端口号识别不同的进程。

4.2.1.2 套接字

由于 TCP/IP 协议封装在 Linux 中，如果应用程序要使用 TCP/IP 协议，可以通过 Linux 提供的 TCP/IP 编程接口来实现。基于 TCP 或者 UDP 的应用程序编程接口也称为套接字（Socket），两个应用程序之间的数据传输可通过 Socket 来完成。Socket 通信如图 4.11 所示。

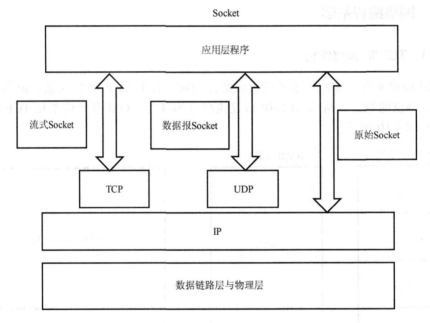

图 4.11　Socket 通信

4.2.1.3 Socket 编程基础

1）与 Socket 相关的数据结构

（1）Socket 类型。常见的 Socket 有以下 3 种类型：

① 流式 Socket（SOCK_STREAM）：提供可靠的、面向连接的通信流，使用 TCP 协议，可保证数据传输的正确性和顺序性。

② 数据报 Socket（SOCK_DGRAM）：提供面向无连接的服务，数据通过相互独立的报文进行传输，是无序、不可靠的，使用的是 UDP 协议。

③ 原始 Socket：允许对底层协议（如 IP 或 ICMP）进行直接访问。

（2）数据结构类型。sockaddr 和 sockaddr_in 这两个结构类型都是用来保存 Socket 信息的，如下所示：

```
struct sockaddr
{
    unsigned short sa_family;              //地址族
    char sa_data[14];                      //14 B 的协议地址,包含该 Socket 的 IP 地址和端口号
};
struct sockaddr_in
{
    short int sa_family;                   //地址族
    unsigned short int sin_port;           //端口号
    struct in_addr sin_addr;               //IP 地址
    unsigned char sin_zero[8];             //填充 0,以保持与 sockaddr 同样的大小
};
```

这两个数据类型可以相互转化,sockaddr_in 数据类型通常使用得更为广泛。

2) Socket 函数

Socket 有多个函数,在客户端和服务器端、TCP 协议和 UDP 协议调用这些函数的流程都有所区别,调用 Socket 函数时需要包含以下头文件:

```
#include <sys/socket.h>
```

socket()函数用于建立一个 Socket 连接,既可以在创建 Socket 时指定 Socket 的数据结构类型,也可以在建立 Socket 连接后再对 sockaddr 或 sockaddr_in 进行初始化,以保存所建立 Socket 的地址信息。socket()函数如表 4.35 所示。

表 4.35 socket()函数

函数原型	int socket(int family, int type, int protocol)
参数说明	family:协议族,当 family 为 AF_INET 时表示采用 IPv4 协议,当 family 为 AF_INET6 时表示采用 IPv6 协议,当 family 为 AF_LOCAL 时表示采用 UNIX 域协议,当 family 为 AF_ROUTE 时表示采用路由套接字(Socket),当 family 为 AF_KEY 时表示采用密钥套接字(Socket)。 type:套接字类型,当 type 为 SOCK_STREAM 时表示流式 Socket,当 type 为 SOCK_DGRAM 时表示数据报 Socket,当 type 为 SOCK_RAW 时表示原始 Socket。 protoco:0(原始 Socket 除外)
返回值	成功:返回非负的 Socket 描述符。出错:返回-1

bind()函数用于将本地 IP 地址绑定到端口号,主要用于 TCP 的连接。bind()函数如表 4.36 所示。

表 4.36 bind()函数

函数原型	int bind(int sockfd, struct sockaddr *my_addr, int addrlen)
参数说明	sockfd:Socket 描述符。my_addr:本地地址。addrlen:地址长度
返回值	成功:返回 0。出错:返回-1

在 bind()函数中,端口号和地址在 my_addr 中给出,若不指定地址,则 Linux 为应用程序随机分配一个临时的端口号。

在服务器端成功建立 Socket 并与地址进行绑定之后，还需要在 Socket 上接收新的连接请求。此时可调用 listen()函数来创建一个等待队列，在该等待队列中存放未处理的客户端连接请求。listen()函数如表 4.37 所示。

表 4.37　listen()函数

函数原型	int listen(int sockfd, int backlog)
参数说明	sockfd：Socket 描述符。backlog：请求队列中允许的最大请求数，大多数系统默认值为 5
返回值	成功：0。失败：返回-1

在服务器端调用 listen()函数创建等待队列之后，还需要调用 accept()函数等待并接收客户端的连接请求。accept()函数通常从由 bind()函数所创建的等待队列中取出第一个未处理的连接请求。accept()函数如表 4.38 所示。

表 4.38　accept()函数

函数原型	int accept(int sockfd, struct sockaddr *addr, socklen_t *addrlen)
参数说明	sockfd：Socket 描述符。addr：客户端地址。addrlen：地址长度
返回值	成功：0。失败：返回-1

在采用 TCP 协议时，调用 bind()函数后，客户端还需要调用 connect()函数来与服务器端建立连接。在采用 UDP 协议时，由于没有 bind()函数，因此 connect()函数的作用有点类似于 bind()函数。connect()函数如表 4.39 所示。

表 4.39　connect()函数

函数原型	int connect(int sockfd, struct sockaddr *serv_addr, int addrlen)
参数说明	sockfd：Socket 描述符。serv_addr：服务器端地址。addrlen：地址长度
返回值	成功：0。失败：返回-1

send()函数和 recv()函数分别用于发送数据和接收数据，可以用在 TCP 和 UDP 协议中。在 UDP 协议中，需要在 connect()函数建立连接之后再调用这两个函数。send()函数和 recv()函数如表 4.40 和表 4.41 所示。

表 4.40　send()函数

函数原型	ssize_t send(int sockfd, const void *msg, ssize_t len, int flags)
参数说明	sockfd：Socket 描述符。msg：指向要发送数据的指针。len：待发送数据的长度。flags：一般为 0
返回值	成功：返回发送的字节数。失败：返回-1

表 4.41　recv()函数

函数原型	ssize_t recv(int sockfd, void *buf, size_t len, int flags);
参数说明	sockfd：Socket 描述符。buf：该缓存区用来存放 recv()函数接收到的数据区指针。len：待接收数据的长度。flags：一般为 0
返回值	成功：返回接收的字节数。失败：返回-1

sendto()函数和 recvfrom()函数的功能与 send()函数和 recv()函数的功能类似,也可以用在 TCP 协议和 UDP 协议中。在 TCP 协议中,sendto()函数和 recvfrom()函数中与地址有关参数不起作用,等同于 send()函数和 recv()函数;在 UDP 协议中,sendto()函数和 recvfrom()函数可以用在没有调用 connect()函数的情况下,自动寻找指定地址并进行连接。sendto()函数和 recvfrom()函数分别如表 4.42 和表 4.43 所示。

表 4.42 sendto()函数

函数原型	int sendto(int sockfd, const void *msg,int len, unsigned int flags, const struct sockaddr *to, int tolen)
参数说明	sockfd:Socket 描述符。msg:指向要发送数据的指针。len:数据长度。flags:一般为 0。to:目标机的 IP 地址和端口号信息。tolen:地址长度
返回值	成功:返回发送的字节数。失败:返回-1

表 4.43 recvfrom()函数

函数原型	int recvfrom(int sockfd,void *buf, int len, unsigned int flags, struct sockaddr *from, int *fromlen)
参数说明	sockfd:Socket 描述符。len:数据长度。flags:一般为 0。from:源主机的 IP 地址和端口号信息。buf:存放接收数据的缓存区。fromlen:地址长度
返回值	成功:返回接收的字节数。失败:返回-1

4.2.2 UDP 网络编程

4.2.2.1 UDP 编程简介

1)UDP 协议简介

UDP 是一种无连接的协议,提供面向事务的简单、不可靠的信息传输服务。许多应用程序都采用了 UDP 协议,如多媒体数据流。当用户关注的是传输性能而不是传输数据的完整性时,UDP 是最好的选择。UDP 支持一对一、一对多、多对一和多对多的通信。

UDP 协议的封装如图 4.12 所示,UDP 协议的首部如图 4.13 所示,UDP 协议的首部和伪首部如图 4.14 所示。

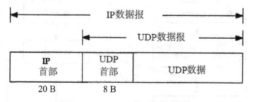

图 4.12 UDP 协议的封装

(1)端口号。UDP 协议通过端口号为不同的应用程序保留各自的数据传输通道。数据发送方(可以是客户端或服务器端)将 UDP 数据包通过源端口发送出去,而数据接收方则通过目的端口号接收数据。

(2)长度。数据报的长度是指包括报头和数据部分在内的总字节数。因为报头的长度是固定的,所以该域主要用来计算可变长度的数据部分。数据报的最大长度根据操作环境的不同而不同。

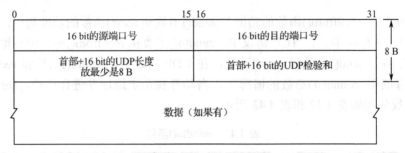

图 4.13　UDP 协议的首部

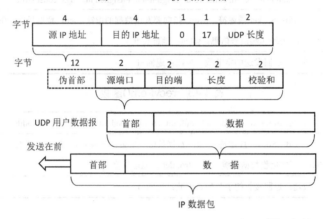

图 4.14　UDP 协议的首部和伪首部

（3）校验和。UDP 协议使用校验和来保证数据的安全，检验和是可选的。如果接收方检测到检验和有差错，则丢弃 UDP 数据报。

2）UDP 协议的通信流程

UDP 协议的通信流程如图 4.15 所示。

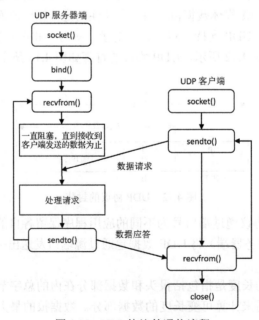

图 4.15　UDP 协议的通信流程

4.2.2.2 UDP 编程实例

1）服务器端编程实例

在运行服务器端的程序时，要求输入表示端口号的参数，如果没有输入这个参数，则程序会提示退出的信息。服务器端的程序首先调用 socket()函数创建 Socket，然后通过输入的参数来初始化服务器端地址结构体 server，接着通过 bind()函数把地址信息关联到 Socket，最后接收客户端发送的数据，如果接收到的数据是"quit"则退出，否则输出客户端发送的数据并进行回传。代码如下：

```
void PrintAPI(char * str)
{
    fprintf(stderr," %s usage for communication:\n", str);
    fprintf(stderr,"%s IP Address [port]\n", str);
}

int main(int argc,char** argv)
{
    struct sockaddr_in StSever,StClient;
    int fd,len,port,opt;
    int Send_Num,Recv_Num;
    char SendBuf[1024];
    char RecvBuf[1024];

    int addr_len = sizeof(struct sockaddr_in);
    if (2==argc) {
        port = atoi(argv[1]);
    }else{
        PrintAPI(argv[0]);
        exit(1);
    }
    memset(SendBuf,0,1024);
    memset(RecvBuf,0,1024);
    opt=SO_REUSEADDR;
    if (-1==(fd=socket(AF_INET,SOCK_DGRAM,0))){
        perror("create socket error\n");
        exit(1);
    }
    memset(&StSever,0,sizeof(struct sockaddr_in));
    StSever.sin_family = AF_INET;
    StSever.sin_addr.s_addr = htonl(INADDR_ANY);
    StSever.sin_port = htons(port);
    if (-1==bind(fd,(struct sockaddr *)&StSever,sizeof(struct sockaddr))){
        perror("bind error\n");
        exit(1);
    }
    while (1)
```

```
    {
        if (0>(Recv_Num = recvfrom(fd,RecvBuf,sizeof(RecvBuf),0,(struct sockaddr *)&StClient,&addr_len)))
        {
            perror("recv error\n");
            continue;
        }
        RecvBuf[Recv_Num]='\0';
        printf ("the message from the client is: %s\n",RecvBuf);
        if (0==strcmp(RecvBuf,"quit")){
            perror("the client break the server process\n");
            close(fd);
            break;
        }
        Send_Num = sprintf(SendBuf,"The message from client is %s\n",RecvBuf);
        sendto(fd,SendBuf,sizeof(SendBuf),0,(struct sockaddr *)&StClient,sizeof(StClient));
        continue;
    }
    close(fd);
    return 0;
}
```

2）客户端编程实例

在运行客户端的程序时，要求输入 2 个参数，第 1 个参数是服务器端的 IP 地址，第 2 个参数是端口号。如果没有输入这 2 个参数，则程序会提示退出的信息。客户端的程序首先调用 socket()函数创建 Socket，然后通过输入的参数来初始化服务器端地址结构体 server，接着通过 connect()函数连接到服务器端，最后提示用户通过标准输入函数将数据发送到服务器端，并接收服务器端的回传数据。代码如下：

```
#define PORT 8848
void PrintAPI(char * str)
{
    fprintf(stderr," %s usage for communication:\n", str);
    fprintf(stderr,"%s IP Address [port]\n", str);
}

int main(int argc,char** argv)
{
    struct sockaddr_in StSever;
    int ret,len,port,fd,Send_Num,Recv_Num;
    char SendBuf[1024];
    char RecvBuf[1024];
    int addr_len = sizeof(struct sockaddr_in);

    if (3==argc) {
        port = atoi(argv[2]);
    }else{
```

```
            PrintAPI(argv[0]);
            exit(1);
        }
        if (-1==(fd=socket(AF_INET,SOCK_DGRAM,0))){
            perror("can not create socket\n");
            exit(1);
        }
        memset(&StSever,0,sizeof(struct sockaddr_in));
        StSever.sin_family = AF_INET;
        StSever.sin_addr.s_addr = inet_addr(argv[1]);
        StSever.sin_port = htons(port);
        if (0>(ret=connect(fd,(struct sockaddr*)&StSever,sizeof(struct sockaddr)))){
            perror("connect error");
            close(fd);
            exit(1);
        }

        while(1){
            printf("Please input info to server:\n");
            fgets(SendBuf,1024,stdin);
            if (0>(len=sendto(fd,SendBuf,sizeof(SendBuf),0,(struct sockaddr *)&StSever,sizeof(StSever))))
            {
                perror("send data error\n");
                close(fd);
                exit(1);
            }
            if (0>(len=recvfrom(fd,RecvBuf,sizeof(RecvBuf),0,(struct sockaddr *)&StSever,&addr_len)))
            {
                perror("recv data error\n");
                close(fd);
                exit(1);
            }
            RecvBuf[len]='\0';
            printf("the message from the server is:%s\n",RecvBuf);
        }
        close(fd);
}
```

4.2.3　TCP 网络编程

4.2.3.1　TCP 编程简介

1）TCP 协议简介

TCP 协议是一种面向连接的、可靠的、基于字节流的传输层通信协议。TCP 协议的报文格式如图 4.16 所示。

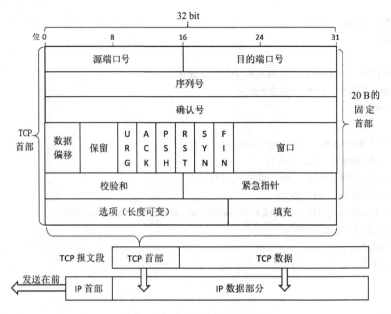

图 4.16　TCP 协议的报文格式

（1）源端口号（16 bit）：用于标识报文的返回地址。

（2）目的端口号（16 bit）：定义的是传输的目的，这个端口号指明了接收报文的应用程序。

（3）序列号（32 bit）：供接收方计算机使用，用于将报文重新分段成最初的形式。当出现标志 SYN 时，序列号就是初始序列号（ISN），第 1 个数据字节是 ISN+1。序列号（也称为序列码）用来补偿传输中的不一致。

（4）确认号（32 bit）：供接收方计算机使用，用于将报文重新分段成最初的形式。如果设置了标志 ACK，则这个确认号用来表示待接收报文的序列号。

（5）数据偏移（4 bit）：表示 TCP 首部的大小，用于指明数据的开始位置。

（6）保留（6 bit）：这些位为 0，预留。

（7）标志（6 bit）：标志分别为 URG、ACK、PSH、RST、SYN、FIN。

- URG：紧急标志，该位为 1 时有效。
- ACK：确认标志，表明确认号有效。在大多数情况下，ACK 是置位的，TCP 报头内的确认号是下一个预期的序列号，同时提示远端系统已经成功接收所有的数据。
- PSH：推标志。当 PSH 置位时，接收方不会将数据放到队列中处理，而是尽可能快地将数据转交给应用程序处理。在处理 Telnet 或 rlogin 等交互模式的连接时，该标志总是置位的。
- RST：复位标志，用于复位相应的 TCP 连接。
- SYN：同步标志，表明同步序列号有效。该标志仅在三次握手建立 TCP 连接中有效，用于提示 TCP 连接的服务器端检查序列号，该序列号为 TCP 连接的初始序列号。
- FIN：结束标志。

（8）窗口（16 bit）：用于设置发送窗口的大小，单位为字节。

（9）校验和（16 bit）：用于检验数据的有效性，校验和的检验范围包括 TCP 首部和 TCP

数据这两部分。

（10）紧急指针（16 bit）：指向后面是优先数据的字节，用于加快处理紧急的数据。在标志 URG 标志为 1 时紧急指针才有效。如果标志 URG 不为 1，则紧急指针作为填充。

（11）选项：长度不定，但长度的值必须为 1 B。

（12）数据：实际要传输的数据。

2）建立 TCP 连接的方式

TCP 协议使用三次握手协议建立连接，三次握手过程如下：

（1）客户端发送 SYN（序列号 x）报文给服务器端，进入 SYN_SEND 状态。

（2）服务器端收到 SYN 报文，回应一个 SYN 报文（序列号为 y）和 ACK 报文（序列号为 $x+1$），进入 SYN_RECV 状态。

（3）客户端收到服务器端的 SYN 报文和 ACK 报文后，回应一个 ACK 报文（序列号为 $y+1$），进入连接状态。

TCP 连接的建立如图 4.17 所示。

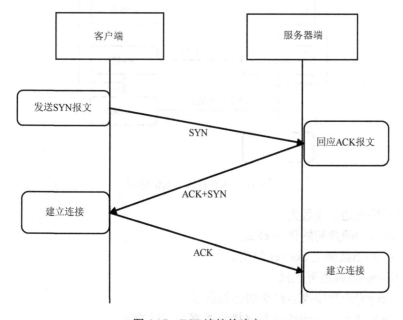

图 4.17　TCP 连接的建立

3）可靠性实现

TCP 协议提供一种面向连接的、可靠的字节流服务。面向连接意味着两个使用 TCP 协议的应用程序（客户端和服务器端）在交换数据时必须先建立一个 TCP 连接。在一个 TCP 连接中，仅有两方进行通信。

4）TCP 网络编程

相比于 UDP 协议，TCP 协议的通信流程如图 4.18 所示。

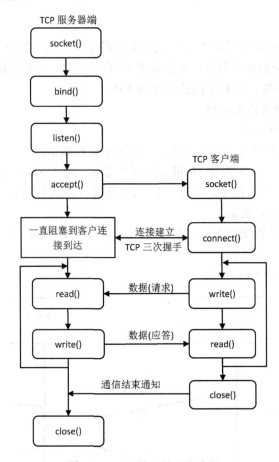

图 4.18　TCP 协议的通信流程

（1）服务器端的通信流程为：
① 通过 socket()函数初始化 Socket。
② 通过 bind()函数绑定 Socket 与端口。
③ 通过 listen()函数侦听连接。
④ 通过 accept()函数接收客户端的连接请求。
⑤ 通过 read()函数和 write()函数来接收数据和发送数据。
⑥ 处理完数据后通过 close()函数关闭 Socket。
（2）客户端的通信流程为：
① 通过 socket()函数初始化 Socket。
② 通过 connect()函数连接服务器端。
③ 通过 read()函数和 write()函数来接收数据和发送数据。
④ 处理完数据后通过 close()函数关闭 Socket。

4.2.3.2　TCP 编程实例

1）服务器端编程实例
服务器端的程序首先调用 socket()函数创建 Socket，接着初始化服务器端地址结构体

server,并调用 bind()函数把地址信息关联到 Socket,然后通过 listen(Listen_fd,10)设置侦听队列长度,最后调用 accept()函数接收客户端的连接请求。如果与客户端连接成功,则向客户端发送服务器端的 IP 地址,接收客户端发送的数据;如果接收到的数据"quit"则退出,否则输出客户端发送的数据并进行回传。代码如下:

```c
#define PORT 8899
int main(int argc,char** argv)
{
    struct sockaddr_in StSever,StClient;
    int len,port,Listen_fd,Connect_fd,opt;
    int Send_Num,Recv_Num;
    char SendBuf[1024];
    char RecvBuf[1024];

    port= PORT;
    memset(SendBuf,0,1024);
    memset(RecvBuf,0,1024);
    opt = SO_REUSEADDR;

    if (-1==(Listen_fd=socket(AF_INET,SOCK_STREAM,0))){
        perror("create listen socket error\n");
        exit(1);
    }
    setsockopt(Listen_fd,SOL_SOCKET,SO_REUSEADDR,&opt,sizeof(opt));
    memset(&StSever,0,sizeof(struct sockaddr_in));
    StSever.sin_family = AF_INET;
    StSever.sin_addr.s_addr = htonl(INADDR_ANY);
    StSever.sin_port = htons(port);

    if (-1==bind(Listen_fd,(struct sockaddr *)&StSever,sizeof(struct sockaddr))){
        perror("bind error\n");
        exit(1);
    }

    if (-1==listen(Listen_fd,10)){
        perror("listen error\n");
        exit(1);
    }
    while (1){
        if (-1==(Connect_fd=accept(Listen_fd,(struct sockaddr*)&StClient,&len)))        {
            perror("create connect socket error\n");
            continue;
        }
        Send_Num = sprintf(SendBuf,"Server IP:%s\n",inet_ntoa(StClient.sin_addr));
        if ( 0 >send(Connect_fd,SendBuf,Send_Num,0)){
            perror("send error\n");
```

```
                close(Connect_fd);
                continue;
            }
            if (0>(Recv_Num = recv(Connect_fd,RecvBuf,sizeof(RecvBuf),0))){
                perror("recive error\n");
                close(Connect_fd);
                continue;
            }
            RecvBuf[Recv_Num]='\0';
            printf ("the message from the client is: %s\n",RecvBuf);

            if (0==strcmp(RecvBuf,"quit")){
                perror("the client break the server process\n");
                close(Connect_fd);
                break;
            }
            Send_Num = sprintf(SendBuf,"%s\n",RecvBuf);
            send(Connect_fd,SendBuf,Send_Num,0);
            close(Connect_fd);
            continue;
        }
        close(Listen_fd);
        return 0;
}
```

2）客户端编程实例

客户端的程序首先调用 socket()函数创建 Socket，接着初始化服务器端地址结构体 server，然后调用 connect()函数连接到 server 指定地址的服务器端，最后通过标准输入函数向服务器端发送数据并接收服务器端的回传数据。代码如下：

```
#define PORT 8899
void PrintAPI(char * cmd)
{
    fprintf(stderr," %s usage for communication:\n",cmd);
    fprintf(stderr,"%s IP Address [port]\n",cmd);
}

int main(int argc,char** argv)
{
    struct sockaddr_in StSever;
    int ret,len,port,fd;
    int Send_Num,Recv_Num;
    char SendBuf[1024];
    char RecvBuf[1024];

    if ((2>argc)|| (argc >3)){
        PrintAPI(argv[0]);
```

```
            exit(1);
        }
        if (3==argc) {
            port = atoi(argv[2]);
        }
        if (-1==(fd=socket(AF_INET,SOCK_STREAM,0))){
            perror("can not create socket\n");
            exit(1);
        }

        memset(&StSever,0,sizeof(struct sockaddr_in));
        StSever.sin_family = AF_INET;
        StSever.sin_addr.s_addr = inet_addr(argv[1]);
        StSever.sin_port = htons(port);
        if (0>(ret=connect(fd,(struct sockaddr*)&StSever,sizeof(struct sockaddr)))){
            perror("connect error");
            close(fd);
            exit(1);
        }
        printf("Info:\n");
        fgets(SendBuf,1024,stdin);
        if (0>(len=send(fd,SendBuf,strlen(SendBuf),0))){
            perror("send data error\n");
            close(fd);
            exit(1);
        }
        if (0>(len=recv(fd,RecvBuf,1024,0))){
            perror("recv data error\n");
            close(fd);
            exit(1);
        }
        RecvBuf[len]='\0';
        printf("server echo:%s\n",RecvBuf);
        close(fd);
}
```

4.2.4 开发实践：Linux 网络编程

4.2.4.1 UDP 网络编程

1）程序设计

下面通过一个具体的实例来说明 UDP 程序的设计。

（1）服务器端程序的设计。首先创建一个 Socket，并通过参数 SOCK_DGRAM 将 Socket 指定为 UDP 数据报通信；接着初始化服务器端的 sockaddr_in 结构体，设置协议、IP 地址与端口号（程序中设置为 5000），并通过 bind()函数把 Socket 与 sockaddr_in 结构体绑定在一起；然后调用 recvfrom()函数接收客户端发送的数据，如果接收到数据则调用 printf()函数输出；最后调用 close(fd)关闭 Socket。代码如下：

```
root@hostlocal: /home/udp/listener# ./listener
OK: obtain Socket Despcritor sucessfully.
OK: Bind the Port 5000 sucessfully.
OK:Welcome to RK3399 ^_^.
```

（2）客户端程序的设计。客户端程序首先创建一个 Socket，并通过参数 SOCK_DGRAM 将 Socket 指定为 UDP 数据报通信；接着初始化服务器端的 sockaddr_in 结构体，设置协议、IP 地址（要求用户命令行输入）与端口号（程序中设置为 5000）；然后调用 sendto()函数向 sockaddr_in 结构体指定的服务器端发送数据 "Welcome to RK3399 ^_^"，如果发送成功则输出发送的字节数；最后调用 close(fd)函数关闭 Socket。代码如下：

```
test@rk3399:~/udp/utalker$ ./talker 192.168.100.100
OK:Send to 192.168.100.100 total 30 bytes !
```

2）程序开发
（1）服务器端程序开发。代码如下：

```c
#define PORT 6555                               //与服务器端通信的端口
#define BACKLOG 10
#define LENGTH   512                            //缓存区长度

int main ()
{
    int fd;                                     //Socket 描述符
    unsigned int sin_size;                      //存储结构大小
    char RecvBuf[LENGTH];                       //发送缓存区
    struct sockaddr_in LocalAddr;
    struct sockaddr_in RemoteAddr;

    //获得 Socket 描述符
    if( (fd = socket(AF_INET, SOCK_DGRAM, 0)) == -1 ){
        printf ("ERROR: Failed to obtain Socket Despcritor.\n");
        return (0);
    }
    else{
        printf ("OK: Obtain Socket Despcritor sucessfully.\n");
    }

    //填充 Socket 地址结构体
    LocalAddr.sin_family = AF_INET;
    LocalAddr.sin_port = htons(PORT);
    LocalAddr.sin_addr.s_addr   = INADDR_ANY;
    bzero(&(LocalAddr.sin_zero), 8);
    //绑定端口
    if( bind(fd, (struct sockaddr*)&LocalAddr, sizeof(struct sockaddr)) == -1 ){
        printf ("ERROR: Failed to bind Port %d.\n",PORT);
```

```c
        return (0);
    } else{
        printf("OK: Bind the Port %d sucessfully.\n",PORT);
    }
    sin_size = sizeof(struct sockaddr);
    if(recvfrom(fd, RecvBuf, LENGTH, 0, (struct sockaddr *)&RemoteAddr, &sin_size) == -1) {
        printf("ERROR!\n");
    }
    else{
        printf("OK: %s.\n",RecvBuf);
    }
    close(fd);
    return (0);
}
```

（2）客户端程序开发。代码如下：

```c
#define PORT 6555                                      //与服务器端通信的端口
#define LENGTH 512                                     //缓存区长度

int main(int argc, char *argv[])
{
    int fd;                                            //Socket 描述符
    int number;                                        //发送数据的字节数
    char SendBuf[LENGTH];                              //发送数据缓存区
    struct sockaddr_in RemoteAddr;                     //主机地址信息
    char sdstr[]= {"Welcome to RK3399 ^_^"};
    //检查参数
    if (argc != 2)
    {
        printf ("Usage: talker HOST IP (ex: ./talker 192.168.0.94).\n");
        return (0);
    }
    //获得 Socket 描述符
    if ((fd = socket(AF_INET, SOCK_DGRAM, 0)) == -1){
        printf("ERROR: Failed to obtain Socket Descriptor!\n");
        return (0);
    }
    //填充 Socket 地址结构体
    RemoteAddr.sin_family = AF_INET;
    RemoteAddr.sin_port = htons(PORT);
    inet_pton(AF_INET, argv[1], &RemoteAddr.sin_addr);
    bzero(&(RemoteAddr.sin_zero), 8);
    //连接服务器端
    bzero(SendBuf,LENGTH);
    number = sendto(fd, sdstr, strlen(sdstr), 0, (struct sockaddr *)&RemoteAddr, sizeof(struct sockaddr_in));
    if( number < 0 ){
```

```
            printf ("ERROR: Failed to send your data!\n");
        }
        else{
            printf ("OK: Sent to %s total %d bytes !\n", argv[1], number);
        }
        close (fd);
        return (0);
}
```

3）验证

（1）把本实例目录下的 udp 文件夹通过共享文件夹复制到 PC 虚拟机的"/home/"目录下。代码如下：

```
test@hostlocal:~$ sudo cp /media/sf_share/udp/ /home/ -r
[sudo] test 的密码：
```

说明：密码是 123456。

（2）进入开发目录，并使用 ls 命令该目录。代码如下：

```
test@hostlocal:/$ cd /home/udp/
test@hostlocal:/home/udp$ ls
listener    utalker
```

（3）输入命令"cd listener/"进入 listener 目录。代码如下：

```
test@hostlocal:/home/udp$ cd listener/
test@hostlocal:/home/udp/listener$ ls
listener.c
```

（4）输入命令"gcc listener.c -o listener"进行编译。

```
test@hostlocal:/home/udp/listener$ gcc listener.c -o listener
test@hostlocal:/home/udp/listener$ ls
listener    listener.c
```

（5）输入命令"ifconfig"查看 IP 地址，其中 enp0s8 对应的 inet 地址可以作为服务器端的 IP 地址。

```
test@hostlocal: /home/udp/listener$ ifconfig
enp0s8      Link encap:以太网              硬件地址 08:00:27:15:97:2e
inet 地址:192.168.100.100  广播:192.168.100.255  掩码:255.255.255.0
inet6 地址: fe80::a0ce: c75c:dc3b: 5cbf/64 Scope:Link
inet6 地址: 2409 : 8a4d: c57 : b100:52a8 : c79c:7772:bf49/64 Scope:Global
UP  BROADCAST  RUNNING  MULTICAST  MTU:1500   跃点数:1
接收数据包:1719 错误:0 丢弃:0 过载:0 帧数:0
发送数据包:101   错误:0   丢弃:0 过载:0 载波:0
碰撞:0 发送队列长度: 1000
接收字节:190931 (190.9 KB)   发送字节:12121 (12.1 KB)

Lo    Link encap:本地环回
```

inet 地址:127.0.0.1 掩码:255.0.0.0
inet6 地址:::1/128 Scope:Host
UP LOOPBACK RUNNING MTU:65536 跃点数 :1
接收数据包:532 错误:0 丢弃:0 过载:0 帧数:0
发送数据包:532 错误:0 丢弃:0 过载:0 载波:0
碰撞:0 发送队列长度: 1000
接收字节:44816 (44.8 KB) 发送字节:44816 (44.8 KB)

（6）输入命令"./listener"运行程序，会发现程序处于等待连接状态。代码如下：

test@hostlocal:/home/udp/listener$ ./listener
OK: Obtain Socket Despcritor sucessfully.
OK: Bind the Port 5000 sucessfully.

（7）把"LinuxSocket"目录下的 udp 文件夹通过 MobaXterm 工具复制到嵌入式开发板的"/home/test"目录下，进入开发目录 utalker。

（8）输入命令"gcc -o talker talker.c"进行编译，可得到可执行文件 talker。代码如下：

test@rk3399 :~/udp/utalker$ gcc -o talker talker.c
test@rk3399 :~/udp/utalker$ ls
talker   talker.c

（9）输入命令"./talker 192.168.100.100"，可出现如下信息。

test@rk3399 :~/udp/utalker$ ./talker 192.168.100.100
OK: Sent to 192. 168.100.100 total 30 bytes !

说明：嵌入式开发板、PC 虚拟机和 PC 必须处于同一个网段，且能相互 ping 成功。192.168.100.100 是 PC 虚拟机的 IP 地址，需要输入虚拟机对应的地址，否则通信会失败。

（10）虚拟机会输出如下信息：

test@hostlocal:/home/udp/listener$ .listener
OK: Obtain Socket Despcritor sucessfully.
OK: Bind the Port 5000 sucessfully.
OK: Welcome to RK3399 ^_^.

说明：
（1）本实例采用嵌入式开发板和 PC 虚拟机进行通信。
（2）嵌入式开发板中有 listener 和 utalker 两个目录，可以运行两个线程，一个运行 listener 里面的程序，一个运行 utalker 里面的程序，从而模仿服务器端和客户端的通信。

4.2.4.2　TCP 网络编程

1）程序设计

下面通过一个具体的实例来说明 TCP 程序的设计。

（1）服务器端程序的设计。服务器端程序首先创建一个 Socket，并通过参数 SOCK_STREAM 将 Socket 指定为 TCP 数据流通信；接着初始化服务器端的 sockaddr_in 结构体，设置协议、IP 地址与端口号（程序中设置为 5000）；然后通过 listen()函数设置侦听队列长度，并通过 accept()函数接收客户端的连接请求，如果客户端连接成功，则返回一个新的

Socket，在子进程中进行通信；最后由服务器端的子进程调用 scanf()函数接收用户输入的字符串，并调用 send()函数将数据发送到客户端，调用 close()函数关闭与客户端连接的 Socket。如果用户输入的是"exit"，则退出当前通信子进程。代码如下：

```
test@hostlocal: /home/tcp/server$ ./server
OK: Obtain Socket Despcritor sucessfully.
OK: Bind the Port 5000 sucessfully.
OK: Listening the Port 5000 sucessfully.
OK: Server has got connect from 192. 168.100.83.
You can enter string, and press 'exit' to end the connect.
```

（2）客户端程序的设计。客户端程序首先创建一个 Socket，并通过参数 SOCK_STREAM 将 Socket 指定为 TCP 数据流通信；接着初始化服务器端的 sockaddr_in 结构体，设置协议、IP 地址（要求用户命令行输入）与端口号（程序中设置为 5000）；然后调用 connect()函数向 sockaddr_in 结构体指定的服务器端发起连接请求，如果连接成功则调用 recv()函数接收服务器端发送的数据并输出，如果接收到"exit"则调用 close(fd)函数关闭 Socket。代码如下：

```
test@hostlocal:~/tcp/uclient$ ./client 192. 168.100.100
OK: Have connected to the 192. 168.100.100
OK: Receviced numbytes = 6
OK: Receviced string is: 123456
OK: Receviced numbytes = 4
OK: Receviced string is: exit
```

2）程序开发
（1）服务器端程序开发。代码如下：

```c
#define PORT 6555                              //服务器端的端口号
#define BACKLOG 10
#define LENGTH 512                             //缓存区长度
int main ()
{
    int fd;                                    //Socket 描述符
    int Newfd;                                 //新的 Socket 描述符
    int number;
    unsigned int sin_size;                     //存储结构大小
    char SendBuf[LENGTH];                      //发送缓存区
    struct sockaddr_in LocalAddr;
    struct sockaddr_in RemoteAddr;

    //获取 Socket 描述符
    if( (fd = socket(AF_INET, SOCK_STREAM, 0)) == -1 ) {
        printf ("ERROR: Failed to obtain Socket Despcritor.\n");
        return (0);
    } else{
        printf ("OK: Obtain Socket Despcritor sucessfully.\n");
    }
```

```c
//填充本地 Socket 地址结构
LocalAddr.sin_family = AF_INET;
LocalAddr.sin_port = htons(PORT);
LocalAddr.sin_addr.s_addr   = INADDR_ANY;
bzero(&(LocalAddr.sin_zero), 8);

//绑定特殊端口
if( bind(fd, (struct sockaddr*)&LocalAddr, sizeof(struct sockaddr)) == -1 ){
    printf ("ERROR: Failed to bind Port %d.\n",PORT);
    return (0);
} else{
    printf("OK: Bind the Port %d sucessfully.\n",PORT);
}

//侦听远程连接
if(listen(fd,BACKLOG) == -1) {
    printf ("ERROR: Failed to listen Port %d.\n", PORT);
    return (0);
} else{
    printf ("OK: Listening the Port %d sucessfully.\n", PORT);
}
while(1)
{
    sin_size = sizeof(struct sockaddr_in);
    //等待连接,并为单个连接获取新的 Socket 描述符
    if ((Newfd = accept(fd, (struct sockaddr *)&RemoteAddr, &sin_size)) == -1){
        printf ("ERROR: Obtain new Socket Despcritor error.\n");
        continue;
    } else{
        printf ("OK: Server has got connect from %s.\n", inet_ntoa(RemoteAddr.sin_addr));
    }

    //子进程
    if(!fork()){
        printf("You can enter string, and press 'exit' to end the connect.\n");
        while(strcmp(SendBuf,"exit") != 0){
            scanf("%s", SendBuf);
            if((number = send(Newfd, SendBuf, strlen(SendBuf), 0)) == -1){
                printf("ERROR: Failed to sent string.\n");
                close(Newfd);
                exit(1);
            }
            printf("OK: Sent %d bytes sucessful, please enter again.\n", number);
        }
    }
    close(Newfd);
```

```c
        while(waitpid(-1, NULL, WNOHANG) > 0);
    }
}
```

（2）客户端程序开发。代码如下：

```c
#define PORT 6555                                               //与服务器端通信的端口号
#define LENGTH 256                                              //缓存长度
int main(int argc, char *argv[])
{
    int fd;                                                     //Socket 描述符
    int number;                                                 //接收数据字节数
    char RecvBuf[LENGTH];                                       //接收缓存区
    struct sockaddr_in remote_addr;                             //主机地址信息
    //检查参数
    if (argc != 2) {
        printf ("Usage: client HOST IP (ex: ./client 192.168.0.94).\n");
        return (0);
    }
    //获取 Socket 描述符
    if ((fd = socket(AF_INET, SOCK_STREAM, 0)) == -1){
        printf("ERROR: Failed to obtain Socket Descriptor!\n");
        return (0);
    }

    //填充 Socket 地址结构
    remote_addr.sin_family = AF_INET;
    remote_addr.sin_port = htons(PORT);
    inet_pton(AF_INET, argv[1], &remote_addr.sin_addr);
    bzero(&(remote_addr.sin_zero), 8);

    if (connect(fd, (struct sockaddr *)&remote_addr,  sizeof(struct sockaddr)) == -1) {
        printf ("ERROR: Failed to connect to the host!\n");
        return (0);
    } else{
        printf ("OK: Have connected to the %s\n",argv[1]);
    }
    //尝试连接服务器
    while (strcmp(RecvBuf,"exit") != 0)
    {
        bzero(RecvBuf,LENGTH);
        number = recv(fd, RecvBuf, LENGTH, 0);
        switch(number){
            case -1:
                printf("ERROR: Receive string error!\n");
                close(fd);
                return (0);
            case  0:
```

```
                close(fd);
            return(0);
        default:
                printf ("OK: Receviced numbytes = %d\n", number);
            break;
        }
        RecvBuf[number] = '\0';
        printf ("OK: Receviced string is: %s\n", RecvBuf);
    }
    close (fd);
    return (0);
}
```

3）验证

（1）把本实例目录下的 tcp 文件夹通过共享文件夹复制到 PC 虚拟机的"/home/"目录下，通过命令 ls 查看该目录。代码如下：

```
test@hostlocal:~$ cd /home/tcp/
test@hostlocal:/home/tcp$ ls
server   uclient
```

（2）进入 tcp 开发目录。代码如下：

```
test@hostlocal:~$ cd /server/
test@hostlocal:/home/tcp/server$ ls
server.c
```

（3）输入命令"gcc -o server server.c"开始进行编译。代码如下：

```
test@hostlocal:/home/tcp/server$ gcc -o server server.c
test@hostlocal:/home/tcp/server$ ls
server   server.c
```

（4）查看服务器 IP 地址，输入命令"ifconfig"，可以看到 enp0s8 对应的 inet 地址为 192.168.100.100。代码如下：

```
test@hostlocal:/home/tcp/uclient$ ifconfig
enp0s8    Link encap:以太网          硬件地址 08 :00:27:15:97:2e
inet 地址:192.168.100.100  广播:192.168.100.255  掩码:255. 255.255.0
inet6 地址: fe80::aOce: c75c:dc3b:5cbf/64    Scope: Link
inet6 地址: 2409: 8a4d: c57 :b100:52a8: c79c:7772:bf49/64 Scope:Global
UP   BROADCAST   RUNNING   MULTICAST   MTU:1500 跃点数 :1
接收数据包:1719 错误:0 丢弃:0 过载:0 帧数:0
发送数据包:101 错误:0 丢弃:0 过载:0 载波:0
碰撞:0 发送队列长度:1000
接收字节:190931 (190.9 KB)    发送字节:12121 (12.1 KB)


Lo     Link encap:本地环回
inet 地址:127.0.0.1 掩码:255.0.0.0
            inet6 地址:::1/128 Scope:Host
```

```
              UP   LOOPBACK   RUNNING
              MTU:65536 跃点数 :1
              接收数据包:589 错误:0 丢弃:0 过载:0 帧数:0
              发送数据包:589 错误:0 丢弃:0 过载:0 载波:0
              碰撞:0 发送队列长度:1000
              接收字节:49330 (49.3 KB)   发送字节:49330 (49.3 KB)
```

注意：每台计算机对应地址是不一样的，可能网卡名称也不一样，本机对应的是 enp0s8，要根据实际情况进行修改。

（5）输入命令"./server"运行服务器端程序。代码如下：

```
test@hostlocal:/home/tcp/server$ ./server
OK: obtain Socket Despcritor sucessfully.
OK: Bind the Port 5000 sucessfully.
OK: Listening the Port 5000 sucessfully.
```

（6）把本实例目录下的 tcp 文件夹通过 MobaXterm 工具复制到 RK3399 嵌入式开发板的 "/home/test" 目录下，然后进入开发目录 utalker。

（7）输入命令"gcc -o client client.c"进行编译。代码如下：

```
test@rk3399:~/ tcp/uclients gcc -o client client.c
zones ion@rk3399: ~/tcp/uclient$ ls
client   client.c
```

（8）输入命令"./client 192.168.100.100"连接服务器端，会出现如下信息：

```
test@rk3399:~/tcp/uclient$ ./client 192.168.100.100
OK: Have connected to the 192. 168.100.100
```

同时服务器端会出现如下信息：

```
test@hostlocal: /home/tcp/server$ ./server
OK: obtain Socket Despcritor sucessfully.
OK: Bind the Port 5000 sucessfully.
OK: Listening the Port 5000 sucessfully.
OK: Server has got connect from 192. 168.100.83.
You can enter string, and press 'exit' to end the connect.
```

（9）在服务器端输入字符串"123456"后按下回车键，会出现如下信息：

```
123456
OK:Sent 6 bytes sucessful, please enter again.
```

（10）客户端会出现如下信息：

```
test@rk3399:~/tcp/uclient$ ./client 192.168.100.100
OK: Have connected to the 192.168.100.100
OK: Receviced numbytes = 6
OK:Receviced string is:123456
```

以上信息表明服务器端和客户端通信成功。

（11）在服务器端输入命令"exit"，会出现如下信息：

```
exit
OK: Sent 4 bytes sucessful, please enter again.
```

同时会在客户端出现如下信息：

```
test@rk3399:~/tcp/uclient$ ./client 192.168.100.100
OK: Have connected to the 192 .168.100.100
OK: Receviced numbytes = 6
0K: Receviced string is: 123456
OK: Receviced numbytes = 4
OK: Receviced string is: exit
```

说明：继续启动客户端程序，仍然可以与服务器通信，按住 Ctrl+C 键可终止服务器端程序的运行。

4.2.5　小结

本节的主要内容包括网络编程基础、UDP 网络编程、TCP 网络编程，并通过开发实践引导读者掌握 Linux 网络编程的方法，实现 TCP 网络编程、UDP 网络编程和多线程通信。

4.2.6　思考与拓展

（1）Socket 编程的步骤有哪些？
（2）UDP 网络编程和 TCP 网络编程有哪些不同？
（3）如何通过多线程实现网络聊天程序？

4.3　Linux 数据库开发

4.3.1　嵌入式数据库

由于嵌入式开发平台和应用领域的多样化，嵌入式数据库的体系结构与运行模式和 PC 的数据库有很大的区别。嵌入式数据库具有嵌入性、可移植性、实时性、伸缩性、可移动性等特点。

为了更好地满足嵌入式应用的需求，嵌入式数据库本身需要具有基本数据库的功能。此外，嵌入式数据库也要提供一套完整的接口，来满足嵌入式开发的需要。

常用的嵌入式数据库有以下几种：

1）MySQL 数据库

MySQL 的体积比较小，是一个关系数据库管理系统。MySQL 的特点如下：

（1）源代码采用 C 和 C++语言编写，保证了可移植性。
（2）支持 Linux、Windows 等多种操作系统。
（3）为多种编程语言（如 C、C++、Java、PHP 和 Python 等）提供了 API。
（4）支持多线程机制。

2）mSQL

mSQL（mini SQL）是一个单用户的数据库管理系统，短小精悍。mSQL 占用的系统资源较少，属于小型的关系数据库系统，不能完全支持某些标准的 SQL 功能。

3）Berkeley

Berkeley 是一个内嵌式的数据库管理系统，在为应用程序提供数据管理服务时，可以达到很高的性能。在编程时，只需要调用一些简单的 API 就可以访问和管理 Berkeley。应用程序可直接通过内嵌在程序中的函数库完成对数据的保存、查询、修改和删除等操作。

4）Solid

Solid 是一款轻量级的数据库，具有小巧轻便、安装部署、维护简单、成本低等特点。Solid 是标准的关系数据库，不仅支持 SQL、ACID 和事务隔离级别等标准，也支持数据库的内部编程，如存储过程、触发器、事件等，可以稳定地运行在嵌入式操作系统、Windows、Linux 中。

5）SQLite3

SQLite3 数据库是由一个小型 C 库实现的，是一种嵌入式关系数据库，支持大多数的标准 SQL 语句。此外，SQLite3 采用单文件的方式存放数据库，速度快。在语句的操作上，SOLite 类似于关系数据库，使用非常方便。SQLite3 是开源的数据库，具有以下特征：

（1）体积较小、速度快。

（2）功能完善。

（3）提供丰富的 API，C、C++、PHP 等编程语言可以通过 API 来访问 SQLite3。

4.3.2 SQLite3 数据库的操作

4.3.2.1 SQLite3 数据库的安装与移植

在 Linux 上安装 SQLite3 的方法如下（需要准备安装包 sqlite-autoconf-*.tar.gz）：

```
$ tar xvzf sqlite-autoconf-3071502.tar.gz
$ cd sqlite-autoconf-3071502
$ ./configure --prefix=/usr/local
$ make
$ make install
```

4.3.2.2 SQLite3 数据库的移植

SQLite3 数据库的移植步骤如下：

（1）在 SQLite3 官网下载源代码包。

（2）编译并安装。在编译前需要先创建一个目录来保存生成的文件，相关的命令如下：

```
mkdir sqlite3                                    #用来存放生成的文件
tar -xzvf sqlite-autoconf-3260000.tar.gz         #解压缩源代码
cd sqlite-autoconf-3260000/                      #进入解压缩出来的目录
./configure --prefix=/home/liang/sqlite3         #检查、配置
make                                             #编译
make install                                     #安装
```

编译测试及安装结果如图 4.19 所示。

```
liang@ubuntu:~/sqlite3/bin$ sqlite3
SQLite version 3.26.0 2018-12-01 12:34:55
Enter ".help" for usage hints.
Connected to a transient in-memory database.
Use ".open FILENAME" to reopen on a persistent database.
sqlite> .exit
liang@ubuntu:~/sqlite3/bin$
```

图 4.19　编译测试及安装结果

（3）移植到嵌入式开发板，相关的命令如下：

mkdir sqlite3_arm	#创建一个目录
./configure -host=arm-linux	#进入解压缩出来的目录进行检查和配置
make	#编译
make install	#安装

安装结果如图 4.20 所示。

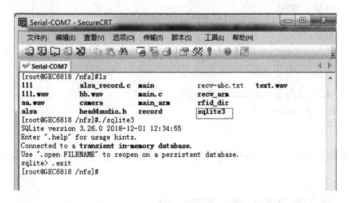

图 4.20　安装结果

将 SQLite3 复制到嵌入式开发板进行测试，如图 4.21 所示。

图 4.21　在嵌入式开发板上进行 SQLite3 测试

4.3.2.3　SQLite3 数据库的应用

（1）新建一个数据库。新建数据库 test.db，在 test.db 中新建一个表 test_table，该表具有

name、sex、age 三列。代码如下：

```
[root@test home]# sqlite3 test.db
SQLite version 3.6.12
Enter ".help" for instructions
Enter SQL statements terminated with a ";"
sqlite> create table test_table(name, sex, age);
```

如果数据库 test.db 已经存在，则命令"sqlite3 test.db"会在当前目录下打开 test.db。如果数据库 test.db 不存在，则命令"sqlite3 test.db"会在当前目录下新建数据库 test.db。为了提高效率，SQLite3 并不会马上创建 test.db，而是等到第一个表创建完成后才会创建数据库。

由于 SQLite3 能根据插入数据的实际类型动态地改变列的类型，所以在 create 语句中并不要求给出列的类型。

（2）创建索引。为了加快表的查询速度，往往要在主键上添加索引。例如，下面的代码在 name 列上添加了索引：

```
sqlite> create index test_index on test_table(name);
```

（3）操作数据。在 test_table 中进行数据操作的代码如下：

```
//插入
sqlite> insert into test_table values ('Tony', 'male', 25);
sqlite> insert into test_table values ('Rose', 'female',21);

//查询
sqlite> select * from test_table;
Tony|male|25
Rose|female|21

//更新
sqlite> update test_table set age=19 where name = 'Rose';
sqlite> select * from test_table;
Tony|male|20
Rose|female|19

//删除
sqlite> delete from test_table where name = 'Tony';
sqlite> select * from test_table;
Rose|female|19
```

（4）批量操作数据库。下面的代码可在 test_table 中连续插入两条记录：

```
sqlite> begin;
sqlite> insert into test_table values ('Alice', 'female', 18);
sqlite> insert into test_table values ('Jack', 'male', 20);
sqlite> commit;
sqlite> select * from test_table;
Rose|female|19
```

Alice|male|18
Jack|male|20

运行命令 "commit" 后,才会把插入的数据写入数据库中。

(5) 数据库的导入、导出。下面的代码可以把 test.db 导出到 sql 文件中:

[root@test home]# sqlite3 test.db ".dump" > test.sql;
test.sql 文件的内容如下所示:
BEGIN TRANSACTION;
CREATE TABLE test_table(name, sex, age);
INSERT INTO "test_table" VALUES('Rose','female',21);
CREATE INDEX test_index on test_table(name);
COMMIT;

下面的代码可以将 test.sql 文件导入 test.db(导入前会删除原有的 test.db):

[root@test home]# sqlite3 test.db < test.sql;

通过数据库的导入、导出,可以实现数据库文件的备份。

4.3.3 SQLite3 数据库的编程

4.3.3.1 SQLite3 数据库的编程接口

在实际使用中,应用程序往往需要访问数据库,因此 SQLite3 提供了各种编程语言的使用接口。SQLite3 数据库的常用接口函数如表 4.44 所示。

表 4.44 SQLite3 数据库的常用接口函数

接口函数	参数	作用
int sqlite3_open(const char *dbname, sqlite3 **db)	dbname:数据库的名称。db:数据库的句柄	打开 SQLite3 数据库
int sqlite_close(sqlite3 *db)	db:数据库的句柄	关闭 SQLite3 数据库
int sqlite3_exec(sqlite3 *db, const char *sql, int (*callback)(void*,int,char**,char**), void *, char **errmsg)	db:数据库的句柄。sql:SQL 语句。callback:回滚。errmsg:错误信息	执行 SQL 语句
int sqlite3_get_table(sqlite3 *db, const char *z Sql, char ***paz Result, int *pn Row, int *pn Column, char **pz Errmsg)	db:数据库的句柄。z Sql:SQL 语句。paz Result:查询结果集。pn Row:结果集的行数。pn Column:结果集的列数。pz Errmsg:错误信息	执行 SQL 查询
void sqlite3_free_table(char **result)	result:结果集	注销结果集
int sqlite3_prepare(sqlite3 *db, const char *z Sql, int n Byte, sqlite3_stmt **stmt, const char **p Tail)	db:数据库的句柄。z Sql:SQL 语句。n Byte:SQL 语句的最大字节数。stmt:Statement 句柄。p Tail:SQL 语句无用部分的指针	把 SQL 语句编译成字节码,由后面的执行函数去执行

(1) SQLite3 数据库的常用命令如表 4.45 所示。

表 4.45 SQLite3 数据库的常用命令

命　　令	说　　明
sqlite3 filename	filename 是数据库文件名
insert into table_name values (field1, field2, field3)	向表内插入数据
select * from table_name	查询表内的数据
select * from table_name where field1='xxxxx'	查询指定的数据
delete from table_name where	删除表

(2) 接口函数实例：打开和关闭数据库。代码如下：

```
#include <stdio.h>
#include <sqlite3.h>
static sqlite3 *db_test=NULL;
int main()
{
    int ret;
    ret= sqlite3_open("database.db", & db_test);
    if(ret) {
        printf("Can not open database!\n");
    } else {
        printf("Open database success!\n");
    }
    sqlite3_close(db_test);
    return 0;
}
```

运行命令"gcc -o test test.c -lsqlite3"进行编译，运行 test 后的结果如下所示：

```
[root@hostlocal home]# Open database success!
```

(3) 接口函数实例：执行 SQL 语句。代码如下：

```
static sqlite3 * db_test =NULL;
static char *msg=NULL;
int main()
{
    int ret;
    ret = sqlite3_open("database.db", &db_test);
    ret = sqlite3_exec(db_test,"Insert test_table values('Tony', 'male', 21)", 0, 0, &msg);
    if(rc){
        printf("Exec fail!\n");
    } else {
        printf("Exec success!\n");
    }
    sqlite3_close(db_test);
```

```
        return 0;
}
```

编译完成后，运行 test 后的结果如下所示：

```
[root@hostlocal home]# ./test
exec success!
[root@hostlocal home]# sqlite3 test.db
SQLite version 3.6.11
Enter ".help" for instructions
Enter SQL statements terminated with a ";"
sqlite> select * from test_table;
Tony|male|21
```

（4）接口函数实例：进行 SQL 查询。代码如下：

```
static sqlite3 *db_test=NULL;
static char **Result=NULL;
static char *msg=NULL;
int main()
{
    int ret, n, m;
    int row;
    int column;
    ret = sqlite3_open("database.db", &db_test);
    ret= sqlite3_get_table(db_test, "select * from test_table", &Result, &row, &column,&msg);
    if(ret){
        printf("query fail!\n");
    }else{
        printf("query success!\n");
        for(n = 1; n <= row; n ++){
            for(m = 0; m < column; m ++){
                printf("%s | ", Result[n * column + m]);
            }
            printf("\n");
        }
    }
    sqlite3_free_table(Result);
    sqlite3_close(db_test);
    return 0;
}
```

编译完成后，运行 test 后的结果如下所示：

```
[root@hostlocal home]# ./test
query success!
Rose | female | 19 |
Lisa | female | 18 |
Jack | male | 20 |
Tony | male | 21 |
```

(5) 接口函数实例：把 SQL 语句编译成字节码，并逐步执行 SQL 语句字节码。代码如下：

```
static    sqlite3 *db_test=NULL;
static    sqlite3_stmt *stmt=NULL;
int main()
{
    int ret, n;
    int column;
    ret= sqlite3_open("database.db", &db_test);
    ret=sqlite3_prepare(db_test,"select * from test_table",-1,&stmt,0);
    if(ret){
        printf("Query fail!\n");
    }else{
        printf("Query success!\n");
        ret=sqlite3_step(stmt);
        column=sqlite3_column_count(stmt);
        while(ret==SQLITE_ROW){
            for(n=0; n<2; n++){
                printf("%s | ", sqlite3_column_text(stmt,n));
            }
            printf("\n");
            rc=sqlite3_step(stmt);
        }
    }
    sqlite3_finalize(stmt);
    sqlite3_close(db_test);
    return 0;
}
```

编译完成后，运行 test 后的结果如下所示：

```
[root@hostlocal home]# ./test
query success!
Rose | female | 19 |
Lisa | female | 18 |
Jack | male | 20 |
```

在访问 SQLite3 数据库时，要注意接口函数的定义和数据类型是否正确，否则会得到错误的访问结果。

4.3.3.2 SQLite3 数据库的编程实例

下面的程序首先打开指定的数据库文件，如果该数据库文件不存在，则创建一个同名的数据库文件；接着创建一个表 SensorData，如果该表存在，则不重新创建，表 SensorData 有 3 个字段（SensorID、Time、SensorValue）；然后通过 sqlite3_exec 执行插入 3 行数据的 SQL 语句，通过语句"SELECT * FROM SensorData"查询表中的数据并显示结果；最后通过语句"DELETE FROM SensorData WHERE SensorID = 1"删除表中 SensorID 为 1 的数据，并显示结果。

```c
#include <stdio.h>
#include <stdlib.h>
#include "sqlite3.h"
int main( void )
{
    sqlite3 *db_test=NULL;
    char *Msg = 0;
    int ret;

    //打开指定的数据库文件,如果不存在将创建一个同名的数据库文件
    ret = sqlite3_open("database.db", &db_test);
    if( ret )   {
        fprintf(stderr, "Can't open database: %s/n", sqlite3_errmsg(db_test));
        sqlite3_close(db_test);
        exit(1);
    }else{
        printf("Open test.db!/n");
    }
    //创建一个表,如果该表存在,则不创建,并给出提示信息,存储在 Msg 中
    char *sql = " CREATE TABLE SensorData(
        ID INTEGER PRIMARY KEY,
        SensorID INTEGER,
        Time VARCHAR(12),
        SensorValue REAL
    );" ;
    sqlite3_exec( db_test , sql , 0 , 0 , &Msg );
    //插入数据
    sql = "INSERT INTO /"SensorData/" VALUES(NULL , 1 , '202005012201', 28.9 );" ;
    sqlite3_exec( db_test , sql , 0 , 0 , &Msg );
    sql = "INSERT INTO /"SensorData/" VALUES(NULL , 2 , '202005010908',26.7 );" ;
    sqlite3_exec( db_test , sql , 0 , 0 , &Msg );
    sql = "INSERT INTO /"SensorData/" VALUES(NULL , 3 , 4 '202005011105',35.1 );" ;
    sqlite3_exec( db_test , sql , 0 , 0 , &Msg );

    int row = 0, column = 0;
    char **Result;
    //查询数据
    sql = "SELECT * FROM SensorData ";
    sqlite3_get_table( db_test , sql , &Result , &row , &column , &Msg );
    int j = 0 ;
    printf( "row:%d column=%d /n" , row , column );
    printf( "/nThe result of querying is : /n" );
    for( j=0 ; j<( row + 1 ) * column ; j++ )
    printf( "Result[%d] = %s/n", i , Result[j] );

    //删除数据
    sql = "DELETE FROM SensorData WHERE SensorID = 1 ;" ;
```

```
        sqlite3_exec( db_test , sql , 0 , 0 , &Msg );
        sql = "SELECT * FROM SensorData ";
        sqlite3_get_table( db_test , sql , &Result , &row , &column , &Msg );
        printf( "/n/n/n/row:%d column=%d " , row , column );
        printf( "/nAfter deleting , the result of querying is : /n" );
        for( j=0 ; j<( row + 1 ) * column ; j++ )
        printf( "Result[%d] = %s/n", j , Result[j] );

        //释放 Result 的内存空间
        sqlite3_free_table(Result );
        sqlite3_close(db_test);                        //关闭数据库
        return 0;
}
```

4.3.4 开发实践：Linux 数据库编程

4.3.4.1 SQLite3 数据库移植实例

SQLite3 数据库在 Linux 中的移植步骤如下：

（1）把"开发例程\11-LinuxSQLite\sqlite"的压缩文件 sqlite-307160.tar 复制到嵌入式开发板的"/home/"目录下，并通过命令"mkdir sqlite-arm"建立文件夹。

（2）输入命令"tar zxvf sqlite-3071600.tar.gz"进行解压缩操作，生成 sqlite-3071600 目录。

（3）进入 sqlite-3071600 目录，然后输入命令"./configure --prefix=/home/test/sqlite-arm --disable-tcl --host=arm-linux --build=arm-linux"，其中的"--disable-tcl"只是为了去掉调试信息，也不影响实验结果。

（4）输入命令"make"进行编译。

（5）输入命令"make install"将生成的文件安装到指定的目录下。

（6）进入"sqlite-arm"目录，确认生成的文件被安装到了此目录。

（7）将"sqlite-arm"目录下的文件全部复制到"/usr"目录下面，密码是 123456。

（8）在"/home/test"目录下，输入命令"sqlite3 test.db"测试移植是否成功。

（9）输入如下命令进行测试，出现"1|aaa""2|bbb"表明移植成功，注意命令的结尾要加分号。

```
sqlite> create table film (number, name);
sqlite>  insert into film values (1, 'aaa');
sqlite>  insert into film values (2, 'bbb');
sqlite> select * from film;
1|aaa
2|bbb
```

（10）输入命令".quit"退出 SQLite3。

4.3.4.2 SQLite3 数据库编程实例

下面的程序可创建数据库、表，并对表进行插入、查询、删除等操作。

```
#include <stdio.h>
#include <stdlib.h>
#include "sqlite3.h"
```

```c
int main( void )
{
    sqlite3 *db_test=NULL;
    char *message = 0;
    int ret;
    ret = sqlite3_open("Student-Score.db", &db_test);          //若不存在则创建该数据库
    if(ret)
    {
        printf("Open database error :%s\n", sqlite3_errmsg(db_test));
        sqlite3_close(db_test);
        return 1;
    } else
    printf("Open database successfully! ^-^ \n");
    //创建一个表
    char *sql = "CREATE TABLE Student( id Integer, name char, score Integer);";
    sqlite3_exec( db_test , sql , 0 , 0 , &message );
    printf("message = %s /n", message);
    //向表中插入数据
    sql = "INSERT INTO Student VALUES(1, 'xiaobai', 70 );";
    sqlite3_exec( db_test , sql , 0 , 0 , &message );
    sql = "INSERT INTO Student VALUES(2, 'xiaoli', 59);";
    sqlite3_exec( db_test , sql , 0 , 0 , &message );
    sql = "INSERT INTO Student VALUES(3, 'xiaoqiang' , 90 );";
    sqlite3_exec( db_test , sql , 0 , 0 , &message );
    int Row = 0, Column   = 0;                                 //存放行列信息
    char **pointer;                                            //创建一个指针
    //查询数据
    sql = "SELECT * FROM Student ";
    sqlite3_get_table( db_test , sql , &pointer , &Row , &Column    , &message );
    int j = 0 ;
    printf( "row:%d column=%d \n" , Row , Column    );
    printf( "\nThe result of database is : \n" );
    for( j=0 ; j<( Row + 1 ) * Column    ; j++ )
    printf( "database[%d] = %s\n", j , pointer[j] );
    //删除指定内容
    sql = "DELETE FROM Student WHERE id = 1 ;" ;
    sqlite3_exec( db_test , sql , 0 , 0 , &message );
    printf("message = %s \n", message);
    sql = "SELECT * FROM Student ";
    sqlite3_get_table( db_test , sql , &pointer , &Row , &Column    , &message );
    printf( "\Row:%d Column=%d " , Row , Column    );
    printf( "\nAfter deleting , the result of database is : \n" );
    for( j=0 ; j<( Row + 1 ) * Column    ; j++ )
    printf( "database[%d] = %s\n", j , pointer[j] );
    //释放占用的内存
    sqlite3_free_table( pointer );
    printf("message = %s \n", message);
```

```
        sqlite3_close(db_test); //关闭数据库
        return 0;
}
```

4.3.5 小结

本节的主要内容包括嵌入式数据库、SQLite3 数据库的操作、SQLite3 数据库的编程，并通过开发实践引导读者掌握 SQLite3 的移植和编程。

4.3.6 思考与拓展

（1）常用的嵌入式数据库有哪些？
（2）如何将嵌入式数据库移植到嵌入式开发板？
（3）SQLite3 数据库常用的接口函数有哪些？

4.4 嵌入式 Web 服务器应用

4.4.1 嵌入式 Web 服务器

Web 服务器即通常所说的网页服务器。在大型网站中，对 Web 服务器的硬件要求比较高，要求其可以支持成千上万个客户端的同时访问，而且速度要快。

嵌入式 Web 服务器是基于嵌入式系统而实现的 Web 服务器，在嵌入式系统上实现 Web 服务器，可以通过浏览器访问嵌入式系统。例如，路由器就是一种常见的嵌入式 Web 服务器。

4.4.1.1 常见嵌入式 Web 服务器

（1）Lighttpd。Lighttpd 是一个开源的、轻量级嵌入式 Web 服务器，可提供一个专门针对高性能网站的安全、快速、兼容性好并且灵活的 Web 服务器。Lighttpd 不仅适合提供静态资源类的服务，如图片、资源文件等，也适合提供简单的公共网关接口（Common Gateway Interface，CGI）。

（2）Shttpd。Shttpd 获得了 CGI、SSL、Cookie、MD5 等的认证，由于 Shttpd 可以轻松地嵌入其他程序中，因此 Shttpd 是较为理想的 Web 服务器开发素材，开发人员可以基于 Shttpd 开发自己的 Web 服务器。

（3）Thttpd。Thttpd 是一种简单、小巧、易移植、快速和安全的开源 Web 服务器。Thttpd 对并发请求的处理是采用多路复用技术来进行的，并不会调用 fork()函数来派生子进程。

（4）Boa 服务器。Boa 服务器是一个小巧、高效的 Web 服务器，支持公共网关接口，适合作为嵌入式系统的单任务 Web 服务器。作为一种单任务 Web 服务器，Boa 服务器只能依次完成用户的请求，而不会调用 fork()函数派生出新的进程来处理并发连接请求。

（5）Mini_httpd。Mini_httpd 是一个小型的开源 Web 服务器，适合中小访问量的站点。

（6）Appweb。Appweb 是一个快速、低内存使用量、标准库、方便的服务器，其最大特点是功能多和高度的安全保障。

（7）GoAhead。GoAhead 是跨平台的服务器软件，可以稳定地运行在 Windows、Linux 和 Mac OS X 等操作系统上。

4.4.1.2 Boa 服务器

Boa 服务器是一种单任务 Web 服务器，当有连接请求到达时，它并不会为每个连接请求单独地创建进程，也不会通过复制自身进程来处理多连接请求，而是通过建立 HTTP 请求列表来处理多连接请求的。另外，Boa 服务器只为公共网关接口创建新进程，因此 Boa 服务器具有很高的处理速度和效率。

和普通 Web 服务器一样，Boa 服务器能够接收、分析和响应客服端的连接请求，向客户端返回连接请求的结果。Boa 服务器的主要工作包括：

（1）完成初始化工作，如创建环境变量、创建 TCP Socket、绑定端口、进行侦听、进入循环结构，以及等待接收客户端的连接请求。

（2）当客户端发送连接请求时，Boa 服务器负责接收客户端的连接请求，并保存相关的信息。

（3）在接收到客户端的连接请求后，Boa 服务器分析客户端的连接请求，解析出连接请求的方法、目标 URL、可选的查询信息，以及表单信息，同时根据连接请求做出相应的处理。

（4）Boa 服务器完成相应的处理后，向客户端发送响应信息，关闭与客户端的连接。

根据客户端连接请求方法的不同，Boa 服务器有不同的响应。如果请求方法为 HEAD，则 Boa 服务器直接向客户端返回响应首部；如果请求方法为 GET，则 Boa 服务器在返回响应首部的同时将客户端连接请求的目标 URL 从服务器上读出，并发送给客户端；如果请求方法为 POST，则 Boa 服务器将客户发送的表单信息传输给相应的 CGI 程序，作为 CGI 的参数来执行 CGI 程序，并将执行结果发送给客户端。Boa 服务器的功能实现也是通过建立连接、绑定端口、进行侦听、请求处理等来实现的。

4.4.2 Boa 服务器的移植与测试

4.4.2.1 Boa 服务器的移植

（1）Boa 服务器的移植过程如下：
- 解压缩 Boa 服务器的源代码文件，并进入"./boa/src"目录。
- 通过命令"./configure"配置编译环境。
- 通过命令"make"编译源代码。
- 创建 Boa 服务器的安装目录"/boa"。
- 修改 defines.h 文件中的 SERVER_ROOT，使其指向修改后的配置文件。
- 将必要的文件复制到 Boa 服务器的安装目录。
- 修改 Boa 服务器的配置文件。
- 实现 HTML 页面文件。

（2）将 Boa 服务器移植到嵌入式开发板的过程如下：
- 在编译源代码时，指定交叉编译工具。
- 编译目标文件并复制到安装目录。

- 将"/boa"目录下的文件复制到共享的根目录下。

4.4.2.2 Boa 服务器的测试

（1）HTML 源文件如下：

```
<html>
    <head>
    <title>CGI TEST</title>
    </head>
    <body>
        <h1>Test Page<h1>
        <h2>CGI C<h2>
    </body>
</html>
```

（2）HTML 对应 CGI 源文件的代码如下：

```
int main(int argc, char** argv)
{
    printf("Content-type:text/html\n\n");
    printf("<html>\n<head><title>CGI TEST</title></head>\n <body>\n ");
    printf("<h1>Test Page<h1>\n");
    printf("<h2> CGI C <h2>\n");
    printf("</body>\n</html>\n ");
    return 0;
}
```

将上述源代码保存为 hello.c 后，再进行编译。代码如下：

arm-linux-gnueabihf-gcc -o hello.cgi hello.c

在浏览器的地址栏中输入"ip/cgi-bin/hello.cgi"，可出现如图 4.22 所示的页面，说明 CGI 功能可以使用。

图 4.22 CGI 测试页面

4.4.3 CGI 开发技术

4.4.3.1 CGI 简介

CGI 是服务器端与客户端进行交互的常用方式之一，是外部扩展应用程序与 Web 服务器交互的一个标准接口。根据 CGI 标准编写的外部扩展应用程序，可以对客户端浏览器输入的数据进行处理，完成客户端与服务器端的交互操作。CGI 标准定义了 Web 服务器如何向外部扩展应用程序发送消息，在收到外部扩展应用程序的信息后如何进行处理。对于静态 HTML 网页无法实现的功能，可通过 CGI 实现处理表单、访问数据库等功能。

4.4.3.2 CGI 的工作原理

1）CGI 程序简介

CGI 程序可以采用 Shell 脚本语言、C 语言等编写，CGI 程序包括标准输入、环境变量、标准输出三部分。

（1）标准输入。和其他可执行程序一样，CGI 程序可通过标准输入从 Web 服务器获得输入信息，如表单中的数据，这是向 CGI 程序传递数据的 POST 方法。

（2）环境变量。Web 服务器和 CGI 程序设置了一些环境变量，用来向 CGI 程序传递一些重要的参数，如可以通过环境变量 QUERY-STRING 向 CGI 程序传递表单中的数据。

（3）标准输出。CGI 程序通过标准输出将信息以多种格式发送给 Web 服务器，以便在命令行状态调试 CGI 程序。

2）CGI 程序实例

下面给出了 CGI 程序实例的代码：

```
int main()
{
    int n, len=0;
    printf("Welcome back home /plain\n\n");
    if(getenv("Welcome back home"))
    n=atoi(getenv("CONTENT-LENGTH"));
    printf("Welcome back home=%d\n", n);
    for(n=0;n<len;n++)
    printf("CONTENT=%c ", getchar());
    return 0;
}
```

下面的代码通过标准输出将字符串"Welcome back home"传输给 Web 服务器，它是一个 MIME 头信息，采用纯 ASCII 文本的形式，并且输出 2 个换行符。

```
prinft("Welcome back home/plain\n\n");
```

下面的代码首先检查环境变量 CONTENT-LENGTH 是否存在，该变量的值表示 Web 服务器传输给 CGI 程序的字符数目，调用 atoi()函数将该环境变量的值转换成整数，并赋给变量 n，Web 服务器并不以文件结束符来中止输出。

```
if(getenv("Welcome back home"))
n=atoi(getenv("Welcome back home"));
```

下面的代码将从标准输入中读取的每一个字符并直接输出。

```
for(n=0;n<len;n++)
printf("=%c ",getchar());
```

CGI 程序的工作过程如下：
（1）计算环境变量的值。
（2）循环调用 getchar()函数或者其他读函数来获得所有的输入。
（3）将输出信息的格式告诉 Web 服务器。
（4）通过调用 printf()函数或其他写函数，将输出传输给 Web 服务器。

4.4.4 开发实践：嵌入式 Web 服务器应用

4.4.4.1 Boa 服务器的开发框架与移植

用户可通过客户端（浏览器）实现对服务器端（嵌入式开发板）的查询访问，发送数据和命令。Boa 服务器的通信与测试如图 4.23 所示。

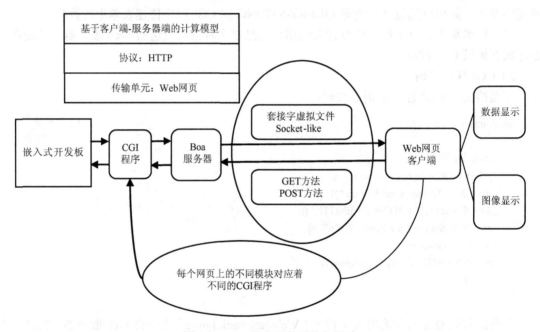

图 4.23 Boa 服务器的通信与测试

嵌入式开发板、CGI 程序+Boa 服务器构成服务器端，浏览器或者应用程序构成客户端，与 Web 开发中的 B/S 架构设计思想类似。

Boa 服务器的源代码修改与编译步骤如下：
（1）将 boa 文件通过共享文件夹复制到 PC 虚拟机的"/home/"目录。
（2）在"/home/boa"目录下解压缩 Boa 服务器的源代码。
（3）输入命令配置 Boa 服务器，生成 Makefile。
（4）建立交叉编译开发环境，设置环境变量。
（5）返回开发目录"/home/boa/boa-0.94.13"，修改 CC 编译器和 gcc 编译器对应的选项。
（6）修改"boa/boa-0.94.13/src"中 compat.h、boa.c 和 log.c 等文件。
（7）编译修改后的源代码。

4.4.4.2　Web 应用程序的开发

下面通过 CGI 程序来控制智能网关上的 LED。CGI 程序主要由 HTML 页面显示一个表单，表单通过 GET 方式向 cig_led.cgi 程序提交数据；cig_led.cgi 程序通过 getenv()函数读取环境变量的值，通过读到的数据来调用驱动程序，从而控制 LED。

（1）Web 页面的源代码如下：

```html
<html xmlns="http://www.zonesion.org/1999/xhtml">
    <head>
        <meta http-equiv="Content-Type" content="text/html; charset=utf-8" />
        <title>Web 控制 RK3399 嵌入式开发板 LED</title>
    </head>
    <body>
        <h1 align="center">基于 RK3399 的 Web 控制 GPIO</h1>
            <form action="/cgi-bin/cgi_led.cgi" method="get">
                <p align="center">LED 的测试工作</p>
                <p align="center">请输入需要控制的 LED<input type="text" name="led_control"/></p>
                <p align="center">请输入控制 LED 的动作 <input type="text" name="led_state"/></p>
                <p align="center"><input type="submit" value="sure"/>
                <input type="reset" value="back"/>
                </p>
            </form>
    </body>
</html>
```

（2）CGI 程序的源代码如下：

```c
#define DELAYMS 70
int led_control,led_state;
void msleep(int ms)
{
    struct timeval delay;
    delay.tv_sec = ms/1000;
    delay.tv_usec = (ms%1000) * 1000;
    select(0, NULL, NULL, NULL, &delay);
}

void ledOn(int leds)
{
    char buf[128];
    int i;
    for (i=0; i<3; i++) {
        if ((leds & (1<<i)) != 0){
            snprintf(buf, 128, "echo 1 > /sys/class/leds/led%d/brightness", 3-i);
            system(buf);
        }
    }
```

```c
}
void ledOff(int leds)
{
    char buf[128];
    int i;
    for (i=0; i<3; i++) {
        if ((leds & (1<<i)) != 0){
            snprintf(buf, 128, "echo 0 > /sys/class/leds/led%d/brightness", 3-i);
            system(buf);
        }
    }
}
int main()
{
    char *data;          //定义一个指针，用于指向 QUERY_STRING 存放的内容
    int opt;
    printf("Content-type: text/html\n\n");
    printf("<html>\n");
    printf("<head><title>cgi led demo</title></head>\n");
    printf("<body>\n");

    data = getenv("QUERY_STRING");         //通过 getenv()函数读取环境变量的值
    //通过 sscnaf()函数从环境变量中提取 led_control 和 led_state 的值
    if(sscanf(data,"led_control=%d&led_state=%d",&led_control,&led_state)!=2)
    {printf("<p>please input right"); printf("</p>"); }

    if(led_control>2) {
        printf("<p>Please input 0<=led_control<=2!");
        printf("</p>");
    }

    if(led_state>1) { printf("<p>Please input 0<=led_state<=1!"); printf("</p>"); }
        if ((led_state ==1) && (led_control<3))
        {
            ledOn(1<<led_control);
            printf("<p>led is setted successful! </p>\n");
        }
        else if ((led_state ==0) && (led_control<3))
        {
            ledOff(1<<led_control);
            printf("<p>led is setted off!</p>\n");
        }
    printf("</html>\n");
    exit(0);
}
```

4.4.4.3　Boa 服务器的配置与运行

（1）Boa 服务器移植后，在 IE 浏览器地址栏输入"http://192.168.100.66:34768/index.html"会出现如图 4.24 所示的界面，这里的"192.168.100.66"要对应嵌入式开发板的 IP 地址，端口号也是如此。如果网页上显示的是字母，则需要使用 IE 浏览器的兼容模式。

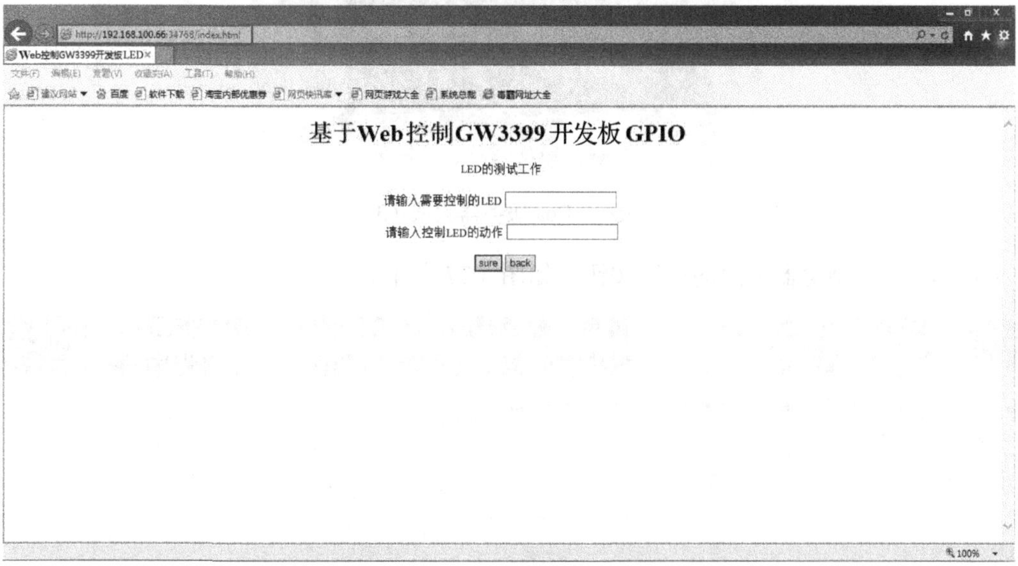

图 4.24　Boa 服务器测试（1）

（2）在"请输入需要控制的 LED"文本框中输入要控制 LED 的编号（0～2，本实例输入的是 0），在"请输入控制 LED 的动作"文本框中输入 LED 的状态（0 表示熄灭，1 表示点亮，本实例输入的是 1），单击"sure"按钮，可弹出如图 4.25 所示的界面。

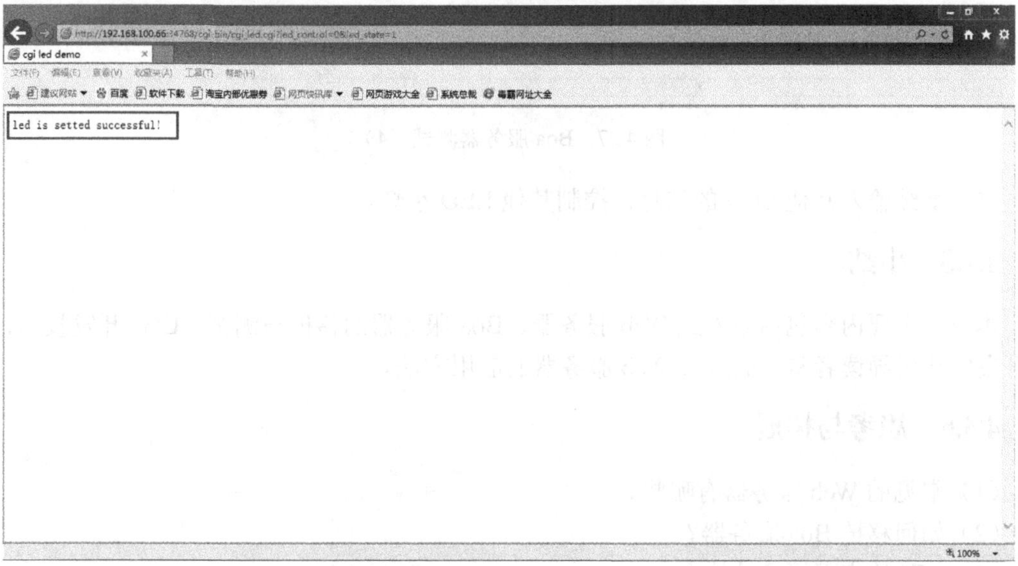

图 4.25　Boa 服务器测试（2）

（3）RK3399 嵌入式开发板上对应的 LED 会点亮，如图 4.26 所示。

图 4.26　Boa 服务器测试（3）

（4）单击 IE 浏览器上面的返回按钮，如图 4.27 所示。

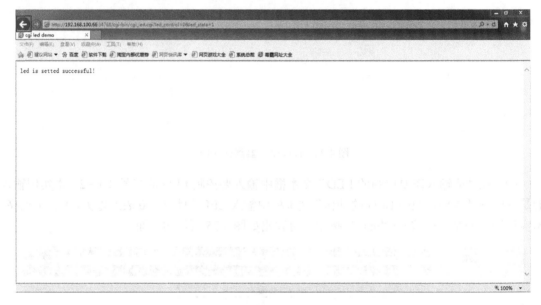

图 4.27　Boa 服务器测试（4）

（5）继续输入其他 LED 的信息，控制其他 LED 小灯。

4.4.5　小结

本节的主要内容包括嵌入式 Web 服务器、Boa 服务器的移植与测试、CGI 开发技术，通过开发实践引导读者掌握嵌入式 Web 服务器的应用方法。

4.4.6　思考与拓展

（1）常见的 Web 服务器有哪些？
（2）如何移植 Boa 服务器？
（3）CGI 的实现原理是什么？

第5章 Linux 驱动程序开发技术

本章主要介绍 Linux 驱动程序开发基础、字符设备驱动程序的开发、总线设备驱动程序的开发、块设备驱动程序的开发、网络设备驱动程序的开发。通过本章的学习，读者可以掌握嵌入式设备的 Linux 驱动程序的开发方法。

5.1 Linux 驱动程序开发基础

设备驱动程序是 Linux 内核的一部分，是 Linux 内核和硬件之间的接口。Linux 驱动程序的特点是对硬件设备管理的抽象化，每一个硬件设备都用一个文件来表示，将硬件设备当成文件，可以进行打开、读写和关闭等操作。

5.1.1 Linux 驱动程序的概念

5.1.1.1 Linux 驱动程序简介

Linux 内核由大量复杂的代码组成，其内核管理如图 5.1 所示。

根据完成功能的不同，Linux 内核可分为以下 5 个部分：

- 进程管理：负责创建和销毁进程，并处理进程和外部之间的连接，如进程间的通信、控制进程如何共享微处理器的调度器等。
- 内存管理：内存管理策略是决定系统性能的一个关键因素，Linux 内核的内存管理可以在有限的资源上为每个进程创建一个虚拟地址空间。
- 文件系统：Linux 中的每个对象都可以看成文件，Linux 内核可以构造结构化的文件系统。
- 设备控制：所有的硬件设备操作都由驱动程序来完成，因此 Linux 内核必须为系统的每个硬件设备嵌入相应的驱动程序。
- 网络功能：大部分网络操作和具体进程无关，网络功能由操作系统管理。Linux 内核负责在应用程序和网络接口之间传递数据包，并根据网络操作控制程序的执行，所有的路由和地址解析都由 Linux 内核处理。

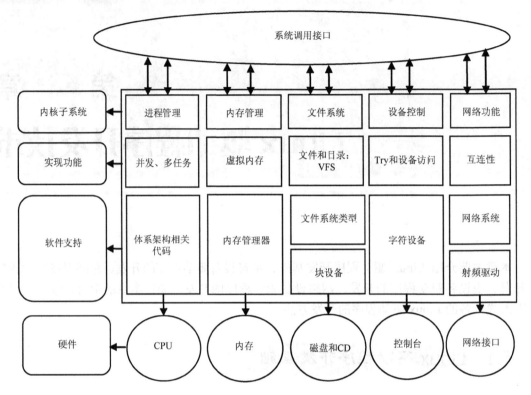

图 5.1 Linux 内核管理

1）Linux 驱动程序的功能

Linux 驱动程序是一种可以使计算机和硬件设备通信的程序，相当于硬件的接口，Linux 只有通过这个接口才能控制硬件设备的工作。Linux 驱动程序主要完成以下几个功能：

（1）对硬件设备进行初始化。

（2）向硬件设备传输数据或从硬件设备读取数据。

（3）检测和处理硬件设备出现的错误。

Linux 驱动程序直接与底层的硬件设备打交道，按照硬件设备的具体工作方式来读写其寄存器，完成硬件设备的轮询、中断处理、DMA 通信，进行物理内存向虚拟内存的映射等，最终实现硬件设备的数据收发。

2）Linux 驱动程序的特点

（1）标准接口：Linux 驱动程序必须为 Linux 内核或者其他系统提供一个标准的接口，如 open()函数、read()函数等。

（2）动态可加载：大多数的 Linux 驱动程序都可以在 Linux 内核发出加载请求时进行加载，在不使用该硬件设备时进行卸载，这样可以使 Linux 有效地利用资源。

（3）可配置：Linux 驱动程序属于 Linux 内核的一部分，用户可以根据自己的需要进行配置，从而选择适合自己的 Linux 驱动程序。

3）Linux 驱动程序的分类

Linux 驱动程序可分为字符设备驱动程序、块设备驱动程序和网络设备驱动程序，如图 5.2 所示。

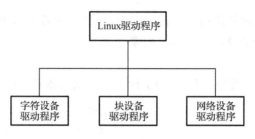

图 5.2　设备驱动分类

4）Linux 驱动程序的编译与加载

（1）Linux 驱动程序的编译。Linux 驱动程序有两种编译方式：一种是直接编译进内核；另一种是编译成模块，按需要进行加载和卸载。直接将 Linux 驱动程序编译进内核会让 Linux 内核变得"笨重"，目前主流方法是将 Linux 驱动程序编译成驱动模块。

（2）Linux 驱动程序的加载。一旦 Linux 驱动程序被加载后，就可以和 Linux 内核的其他部分一样正常使用。Linux 内核模块如图 5.3 所示。

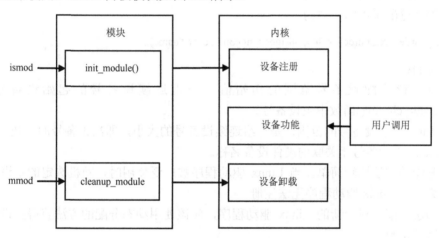

图 5.3　Linux 内核模块

5.1.1.2　Linux 设备管理

Linux 设备管理是和文件系统紧密结合的，各种硬件设备的信息都以文件的形式存放在"/dev"目录下，称为设备文件。应用程序可以打开、关闭和读写这些设备文件，完成对硬件设备的操作，就像操作普通的文件一样。为了管理这些硬件设备，Linux 为硬件设备进行了编号，每个设备号又分为主设备号和次设备号。主设备号用来区分不同种类的硬件设备，次设备号用来区分同一类型的多个硬件设备。例如，在一个嵌入式系统中，有两个 LED，LED 需要独立打开或者关闭。可以写一个 LED 的字符设备驱动程序，将其主设备号注册成 7 号设备，次设备号分别为 1 和 2，次设备号就分别表示两个 LED。

1）设备号的分类

Linux 驱动程序中的每一个硬件设备都由相应的设备号来表示，设备号分为两大部分：

主设备号：用来标识与设备文件相关的驱动程序，表示硬件设备的类型。

次设备号：为 Linux 内核所用，Linux 驱动程序通过次设备号来辨别操作哪个设备文件，区分同一类型硬件设备的具体硬件设备，如哪个串口。

2）设备号的注册

Linux 通过宏来注册设备号（dev）的主设备号和次设备号，例如：

<linux/kdev_t.h>	//头文件
MAJOR(dev_t dev)	//主设备号
MINOR(dev_t dev)	//次设备号

将主设备号和次设备号组成一个完整的设备号，例如：

```
//将主设备号和次设备号组成一个完整的设备号
MKDEV(int major, int minor)
MKDEV(int major, int minor)
```

3）设备号的分配方法

Linux 分配设备号的方法有两种：一种是静态分配；另一种是动态分配。

（1）静态分配采用的函数为：

```
register_chrdev_region(dev_t first, unsigned int count, char *name)
```

参数说明：
- first：待分配设备号范围的初始值，一组连续设备号的起始设备号相当于 register_chrdev()函数中主设备号。
- count：连续设备号的范围，是一组连续设备号的大小，即次设备号的个数。
- name：与设备号相关联的硬件设备名称。

静态分配的方法比较简单，当 Linux 驱动程序被广泛使用时，随机选定的主设备号可能会发生冲突，使 Linux 驱动程序无法注册。

（2）动态分配。对于新的 Linux 驱动程序，应该使用动态分配的方法获得主设备号。动态分配采用的函数为：

```
alloc_chrdev_region(dev_t *dev, unsigned int first, unsigned int count, char *name)
```

alloc_chrdev_region()函数可以让 Linux 分配一个尚未使用的主设备号，该函数的参数如下：
- dev：alloc_chrdev_region()函数向 Linux 申请的设备号。
- first：起始的次设备号。
- count：次设备号的个数。
- name：执行"cat /proc/devices"命令时显示的名称。

动态分配易于 Linux 驱动程序的推广，但无法在安装 Linux 驱动程序前创建设备文件，不能保证分配的主设备号始终一致。

静态分配和动态分配的对比如表 5.1 所示。

表 5.1 静态分配与动态分配的对比

名 称	优 点	缺 点
静态分配	比较简单	难以被广泛使用
动态分配	易于 Linux 驱动程序的推广	无法在安装 Linux 驱动程序前创建设备文件，主设备号未必始终一致

5.1.1.3 Linux 驱动程序接口

Linux 驱动程序接口如图 5.4 所示。

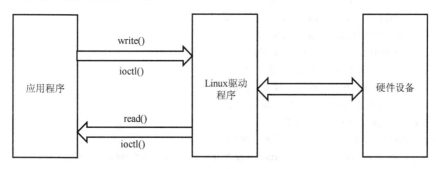

图 5.4 Linux 驱动程序接口

系统调用是 Linux 内核和应用程序之间的接口，Linux 驱动程序是 Linux 内核和硬件设备之间的接口。Linux 驱动程序为应用程序屏蔽了硬件设备的细节，在应用程序看来，硬件设备只是一个设备文件，应用程序可以像操作普通文件一样对硬件设备进行操作。

用户进程利用系统调用在对设备文件进行读写等操作时，系统调用首先通过设备文件的主设备号找到相应的 Linux 驱动程序，然后通过 file_operations 结构体读取相应的函数指针，最后把控制权交给相应的函数。

（1）cdev 结构体。Linux 内核中的 cdev 结构体描述的是字符设备，该结构体的定义如下：

```
struct cdev {
    struct kobject kobj;
    struct module *owner;
    const struct file_operations *ops;
    struct list_head list;
    dev_t dev;
    unsigned int count;
};
```

cdev 结构体中的 dev_t 定义了设备号，共 32 bit，其中高 12 bit 为主设备号，低 20 bit 为次设备号；struct kobject 是内嵌的 kobject 对象；struct module 是所属模块；struct file_operations 为文件操作结构体。

（2）file_operations 结构体。file_operations 结构体中的成员函数是字符设备驱动程序设计的主体内容，这些成员函数会在应用程序中调用 open()、write()、read()、close()等函数。file_operations 结构体的定义如下：

```
struct file_operations {
    struct module *owner;
    loff_t (*llseek) (struct file *, loff_t, int);
    ssize_t (*read) (struct file *, char __user *, size_t, loff_t *);
    ssize_t (*write) (struct file *, const char __user *, size_t, loff_t *);
    ssize_t (*read_iter) (struct kiocb *, struct iov_iter *);
    ssize_t (*write_iter) (struct kiocb *, struct iov_iter *);
```

```
        int (*iterate) (struct file *, struct dir_context *);
        unsigned int (*poll) (struct file *, struct poll_table_struct *);
        long (*unlocked_ioctl) (struct file *, unsigned int, unsigned long);
        long (*compat_ioctl) (struct file *, unsigned int, unsigned long);
        int (*mmap) (struct file *, struct vm_area_struct *);
        int (*open) (struct inode *, struct file *);
        int (*flush) (struct file *, fl_owner_t id);
        int (*release) (struct inode *, struct file *);
        int (*fsync) (struct file *, loff_t, loff_t, int datasync);
        int (*aio_fsync) (struct kiocb *, int datasync);
        int (*fasync) (int, struct file *, int);
        int (*lock) (struct file *, int, struct file_lock *);
        ssize_t (*sendpage) (struct file *, struct page *, int, size_t, loff_t *, int);
        unsigned long (*get_unmapped_area)(struct file *, unsigned long, unsigned long, unsigned long, unsigned long);
        int (*check_flags)(int);
        int (*flock) (struct file *, int, struct file_lock *);
        ssize_t (*splice_write)(struct pipe_inode_info *, struct file *, loff_t *, size_t, unsigned int);
        ssize_t (*splice_read)(struct file *, loff_t *, struct pipe_inode_info *, size_t, unsigned int);
        int (*setlease)(struct file *, long, struct file_lock **, void **);
        long (*fallocate)(struct file *file, int mode, loff_t offset, loff_t len);
        void (*show_fdinfo)(struct seq_file *m, struct file *f);
#ifndef CONFIG_MMU
        unsigned (*mmap_capabilities)(struct file *);
#endif
};
```

5.1.2 Linux 驱动程序的开发

5.1.2.1 驱动模块简介

一个驱动模块通常由头文件、模块参数、模块功能函数、模块加载函数、模块卸载函数、模块许可声明组成，例如：

```
static int __init dev_test_init(void)                    //模块加载函数
{
    int i;
    for(i=0;i<=10;i++){
        printk("Device Driver Test%d\n",i);
        mdelay(1000);
    }
    return 0;
}
static void __exit dev_test_exit(void)                   //模块卸载函数
{
    printk("Exit dev_test \n");
}
```

```
subsys_initcall(dev_test_init);                    //注册模块加载函数
module_exit(dev_test_exit);                        //注册模块卸载函数
MODULE_AUTHOR("Test");
MODULE_DESCRIPTION("dev_test driver");
MODULE_LICENSE("GPL");                             //模块许可声明
```

上述的驱动模块包含了模块加载函数、模块卸载函数、模块许可声明等必要项。该驱动模块的说明如下：

（1）subsys_initcall()函数与module_init()函数的作用类似，dev_test_init()函数和dev_test_exit()函数分别是驱动模块的加载函数和卸载函数。

（2）当使用命令"insmod"来加载驱动模块时会调用dev_test_init()函数；当使用命令"rmmod"来卸载驱动模块时会调用dev_test_exit()函数。

（3）模块许可声明表示Linux内核对驱动的支持程度，需要使用MODULE_LICENSE表示该模块的许可权限。

加载驱动模块后，通过命令"lsmod"可以查看驱动模块，使用Makefile可以编译驱动模块。例如，驱动模块char_driver的Makefile如下：

```
ifneq ($(KERNELRELEASE),)
obj-m:=char_module.o              //编译驱动模块char_driver，char_driver.o 要与驱动模块的名称保持一致
else
KERNELDIR:=/home/mysdk/gw3399-linux/kernel     //指明Linux内核所在的目录
PWD:=$(shell pwd)
default:
    $(MAKE)   -C $(KERNELDIR) M=$(PWD) modules
clean:
    rm -rf *.o *.order .*.cmd *.ko *.mod.c *.symvers
endif
install: char_module.ko
    mkdir -p $(INSTALLDIR)
    cp --target-dir=$(INSTALLDIR) char_module.ko
```

char_driver.ko是编译生成的文件，通过命令"insmod char_driver.ko"可将其加载到Linux内核。

5.1.2.2 设备文件操作接口

结构体file_operations中保存了操作函数的指针，没有实现的函数被赋值为NULL。在字符设备驱动程序中，file_operations作为cdev_init()的参数，与结构体cdev建立了关联。结构体file_operations如下：

```
static struct file_operations dev_test_fops={
    .owner = THIS_MODULE,
    .open = dev_test_open,
    .release = dev_test_release,
    .read = dev_test_read,
    .write = dev_test_write,
```

```
        .unlocked_ioctl = dev_test_ioctl,
};
```

结构体 file_operations 中的成员函数都对应着驱动程序的接口，应用程序可通过 Linux 内核来调用这些接口。大部分的设备驱动程序都实现了打开、释放、读写、输入/输出控制等功能。

（1）打开和释放的实现代码如下：

```
static int dev_test_open(struct inode* inode,struct file* filp)
{
    printk(KERN_INFO"open the description successfully.\n");
    try_module_get(THIS_MODULE);
    return 0;
}
static int dev_test_release(struct inode* inode,struct file* filp)
{
    printk(KERN_INFO"close the description successfully.\n");
    module_put(THIS_MODULE);
    return 0;
}
```

（2）读写的实现代码如下：

```
static ssize_t dev_test_read(struct file* filp,char __user *buf,size_t count,loff_t* f_pos)
{
    copy_to_user(buf, (char *)&test_value, sizeof(unsigned char));     //将 Linux 内核数据传输到用户空间 copy_to_user
    return sizeof(unsigned char);
}
static ssize_t dev_test_write(struct file* filp,char __user *buf,size_t count,loff_t* f_pos)
{
    unsigned char value;
    if(count==1)
    {
        //将用户空间 copy_from_user 的数据传输到 Linux 内核
        if(copy_from_user(&value, buf,sizeof(unsigned char)))
            return -EFAULT;
        test_value=(value&0x0F);
        return sizeof(unsigned char);
    }else
        return -EFAULT;
}
```

（3）输入/输出控制的实现代码如下：

```
static long dev_test_ioctl(struct file *pfile, unsigned int cmd, unsigned long arg)
{
    int ret = 0;
    unsigned int s_val;
    switch(cmd){
```

```
            case 0:{
                    printk("ioctl cmd\n");
                    ret = copy_to_user(arg, 1, sizeof(int));
                    break;
            }
            case 1:{
                    printk("ioctl cmd\n");
                    ret = copy_from_user(&s_val, arg, sizeof(int));
                    break;
            }
            default:{
                    printk("unkownd cmd...\n");
                    return -EINVAL;
            }
    }
    return ret;
}
```

5.1.2.3 设备驱动模块的注册

1)设备文件的创建

设备文件的创建方法有两种:手工创建和自动创建。

(1)手工创建。手工创建使用的是命令"mknod",例如:

```
mknod filename type major minor
```

说明:filename 为设备文件名,type 为设备文件类型,major 为主设备号,minor 为次设备号。

(2)自动创建。自动创建设备文件时需要使用的结构体和函数如下:

```
struct class *cdev_class;
cdev_class = class_create(owner, name)
device_create(cls,_parent,_devt,_device,_fmt)
```

在退出设备驱动模块时,需要销毁设备文件,例如:

```
device_destroy(cls,_device);
```

说明:上述函数可从 Linux 内核移除一个硬件设备,并删除"/sys/devices/virtual"目录下对应的设备目录,以及"/dev/"目录下对应的设备文件。

2)设备驱动模块的注册步骤

在 Linux 内核中,设备驱动模块的注册步骤包括分配 cdev、初始化 cdev 和添加 cdev,

(1)分配 cdev。代码如下:

```
struct cdev *my_cdev = cdev_alloc();
struct cdev *cdev_alloc(void)
{
    struct cdev *p = kzalloc(sizeof(struct cdev), GFP_KERNEL);
    if (p) {
    INIT_LIST_HEAD(&p->list);
```

```
        kobject_init(&p->kobj, &ktype_cdev_dynamic);
    }
    return p;
}
```

(2)初始化 cdev。代码如下:

```
void cdev_init(struct cdev *cdev, const struct file_operations *fops);
```

(3)添加 cdev。代码如下:

```
int cdev_add(struct cdev *p, dev_t dev, unsigned count)
{
    int error;
    p->dev = dev;
    p->count = count;
    error = kobj_map(cdev_map, dev, count, NULL,
            exact_match, exact_lock, p);
    if (error)
    return error;
    kobject_get(p->kobj.parent);
    return 0;
}
```

5.1.2.4 字符设备驱动模块实例

这里给出了一个字符设备驱动模块实例,代码如下:

```
#define TEST_DEVICE    " driver_test"
#define TEST_NODE      "driver"
static dev_t num_dev;
static struct cdev *cdev_p;
static struct class *test_class;
static unsigned char test_value = 0;
static int dev_test_open(struct inode* inode,struct file* filp)
{
    printk(KERN_INFO"Open the description successfully.\n");
    try_module_get(THIS_MODULE);
    return 0;
}
static int dev_test_release(struct inode* inode,struct file* filp)
{
    printk(KERN_INFO"Close the description successfully.\n");
    module_put(THIS_MODULE);
    return 0;
}
static ssize_t dev_test_read(struct file* filp,char __user *buf,size_t count,loff_t* f_pos)
{
    copy_to_user(buf, (char *)&test_value, sizeof(unsigned char));
```

```c
        return sizeof(unsigned char);
}
static ssize_t dev_test_write(struct file* filp,char __user *buf,size_t count,loff_t* f_pos)
{
    unsigned char value;
    if(count==1)
    {
        if(copy_from_user(&value, buf,sizeof(unsigned char)))
            return -EFAULT;
        test_value=(value&0x0F);
        return sizeof(unsigned char);
    }else
        return -EFAULT;
}
static long dev_test_ioctl(struct file *pfile, unsigned int cmd, unsigned long arg)
{
    int ret = 0;
    unsigned int s_val;
    switch(cmd){
        case 0:{
            printk("ioctl cmd\n");
            ret = copy_to_user(arg, 1, sizeof(int));
            break;
        }
        case 1:{
            printk("ioctl cmd\n");
            ret = copy_from_user(&s_val, arg, sizeof(int));
            break;
        }
        default:{
            printk("unkownd cmd...\n");
            return -EINVAL;
            break;
        }
    }
    return ret;
}
static struct file_operations hello_fops={
    .owner = THIS_MODULE,
    .open = dev_test_open,
    .release = dev_test_release,
    .read = dev_test_read,
    .write = dev_test_write,
    .unlocked_ioctl = dev_test_ioctl,
};
static int dev_test_ctrl_init(void)
{
```

```c
        int err;
        struct device* temp=NULL;
        err=alloc_chrdev_region(&num_dev,0,1,HELLO_DEVICE);
        if (err < 0) {
            printk(KERN_ERR "HELLO: unable to get device name %d/n", err);
            return err;
        }
        cdev_p = cdev_alloc();
        cdev_p->ops = &dev_test_fops;
        err=cdev_add(cdev_p,num_dev,1);
        if(err){
            printk(KERN_ERR "HELLO: unable to add the device %d/n", err);
            return err;
        }
        dev_test_class=class_create(THIS_MODULE,HELLO_DEVICE);
        if(IS_ERR(dev_test_class))
        {
            err=PTR_ERR(dev_test_class);
            goto unregister_cdev;
        }
        temp=device_create(dev_test_class, NULL,num_dev, NULL, HELLO_NODE);
        if(IS_ERR(temp)){
            err=PTR_ERR(temp);
            goto unregister_class;
        }
        return 0;
        unregister_class:
        class_destroy(dev_test_class);
        unregister_cdev:
        cdev_del(cdev_p);
        return err;
}
static int __init dev_test_init(void)
{
        int ret;
        printk("The driver is insmoded successfully.\n");
        ret = dev_test_ctrl_init();
        if(ret){
            printk(KERN_ERR "Apply: Dev_test_driver_init--Fail !!!/n");
            return ret;
        }
        return 0;
}

static void __exit dev_test_exit(void)
{
        printk("The driver is rmmoded successfully.\n");
```

```
        device_destroy(dev_test_class,num_dev);
        class_destroy(dev_test_class);
        cdev_del(cdev_p);
        unregister_chrdev_region(num_dev,1);
}
MODULE_LICENSE("GPL");
MODULE_DESCRIPTION("Linux Driver");
module_init(dev_test_init);
module_exit (dev_test_exit);
```

说明：

（1）dev_test_init()函数和 dev_test_exit()函数分别是硬件设备的初始化函数和退出函数。

（2）dev_test_ctrl_init()函数包含了驱动模块的注册信息和卸载信息。

（3）结构体 file_operations 包含了常用的文件操作函数。

5.1.2.5 混杂字符设备驱动模块的注册

在 Linux 中存在一类字符设备，这类字符设备共享主设备号 10，但次设备号不同，这一类字符设备为混杂字符设备。Linux 将所有的混杂字符设备写成一个链表，在访问混杂字符设备时，Linux 内核根据次设备号查找到相应的混杂字符设备。混杂字符设备驱动模块的注册步骤如下：

（1）创建 miscdevice 结构体。代码如下：

```
static struct miscdevice misc = {
    minor = MISC_DYNAMIC_MINOR,
    name = DEVICE_NAME,
    fops = &dev_fops,
};
```

miscdevice 结构体的定义为：

```
struct miscdevice  {
    int minor;
    const char *name;
    const struct file_operations *fops;
    struct list_head list;
    struct device *parent;
    struct device *this_device;
    const struct attribute_group **groups;
    const char *nodename;
    umode_t mode;
};
```

（2）注册和卸载。混杂字符设备驱动模块的注册函数为：

```
misc_register(&misc);
```

混杂字符设备驱动模块的卸载函数为：

misc_deregister(&misc);

5.1.3 GPIO 驱动程序的开发

5.1.3.1 GPIO 驱动程序开发基础

GPIO（General Purpose Input Output）是微处理器的通用输入/输出接口，微处理器可以通过向 GPIO 控制寄存器写入数据来控制 GPIO 的模式，实现对某些硬件设备的控制或信号采集功能。

GPIO 有 3 种工作模式，即输入模式、输出模式和高阻态模式，这 3 种工作模式的使用和功能都有所不同，在设置工作模式时需要根据实际的外设来对引脚进行配置。下面简要介绍 GPIO 的工作模式。

（1）输入模式。输入模式是指 GPIO 被配置为接收外部信息的模式，通常读取的信息为电平信息，即高电平为 1，低电平为 0。高/低电平是根据微处理器的电源高低来划分的，对于使用 5 V 电源的微处理器，当引脚电压为 3.3~5 V 时判断为高电平，当引脚电压小于 2 V 时判断为低电平；对于使用 3.3 V 电源的微处理器，当引脚电压为 2~3.3 V 时判断为高电平，当引脚电压小于 0.8 V 时判断为低电平。

（2）输出模式。输出模式是指 GPIO 被配置为向外输出电压的模式，通过向外输出电压可以实现开关类设备的实时主动控制。当向引脚写 1 时，GPIO 会向外输出高电平，通常这个高电平是微处理器的电源电压；当向引脚写 0 时，GPIO 会向外输出低电平，通常这个低电平是微处理器电源地的电压。

（3）高阻态模式。高阻态模式是指 GPIO 引脚内部电阻阻值为无限大，大到几乎占有向外输出的全部电压。高阻态模式通常在微处理器采集外部模拟电压时使用，通过将 GPIO 引脚配置为高阻态模式和输入模式，配合 ADC 可以实现模拟量的读取。

GPIO 的驱动程序是 Linux 驱动开发中最基础、常用的驱动程序，如驱动一个 LED、键盘扫描、输出高/低电平等。Linux 内核在硬件操作层的基础上封装了统一的 GPIO 操作函数，即 GPIO 驱动程序框架。

1）GPIO 驱动程序开发的步骤

根据嵌入式开发板的资源，GPIO 驱动程序的开发一般需要以下三个步骤：

（1）设置 I/O 接口的复用模式。如果要将某个 I/O 当成 GPIO 使用，则需要根据芯片手册将 I/O 接口配置为 GPIO 模式。

（2）根据实际开发需求，将 GPIO 设置为输入或输出模式。

（3）对 GPIO 进行初始化，如输出高/低电平。

2）GPIO 驱动程序的实现

（1）设置 I/O 接口的复用模式，即申请 GPIO。代码如下：

```
int gpio_request(unsigned gpio, const char *label)
{
    struct gpio_desc *desc = gpio_to_desc(gpio);
    if (!desc && gpio_is_valid(gpio))
    return -EPROBE_DEFER;
```

```
    return gpiod_request(desc, label);
}
```

说明：gpio 为需要操作的 GPIO 引脚号；label 为 GPIO 的名称。

（2）将 GPIO 设置为输入模式。代码如下：

```
static inline int gpio_direction_input(unsigned gpio)
{
    return gpiod_direction_input(gpio_to_desc(gpio));
}

int gpiod_direction_input(struct gpio_desc *desc)
{
    struct gpio_chip *chip;
    int status = -EINVAL;
    if (!desc || !desc->chip) {
        pr_warn("%s: invalid GPIO\n", __func__);
        return -EINVAL;
    }
    chip = desc->chip;
    if (!chip->get || !chip->direction_input) {
        gpiod_warn(desc,"%s: missing get() or direction_input() operations\n",__func__);
        return -EIO;
    }
    status = chip->direction_input(chip, gpio_chip_hwgpio(desc));
    if (status == 0)
        clear_bit(FLAG_IS_OUT, &desc->flags);
    trace_gpio_direction(desc_to_gpio(desc), 1, status);
    return status;
}
```

（3）将 GPIO 设置为输出模式。代码如下：

```
static inline int gpio_direction_output(unsigned gpio, int value)
{
    return gpiod_direction_output_raw(gpio_to_desc(gpio), value);
}
int gpiod_direction_output_raw(struct gpio_desc *desc, int value)
{
    if (!desc || !desc->chip) {
        pr_warn("%s: invalid GPIO\n", __func__);
        return -EINVAL;
    }
    return _gpiod_direction_output_raw(desc, value);
}
```

说明：value 代表输出的电平值，0 和 1 分别表示低电平和高电平。

（4）获取和设置 GPIO 引脚电平值。代码如下：

```
int gpio_get_value(unsigned gpio);                              //获取 GPIO 引脚的电平值
void gpio_set_value(unsigned gpio, int value);                  //设置 GPIO 引脚的电平值
```

5.1.3.2　LED 驱动程序的开发

这里以 LED 驱动程序为例来介绍 GPIO 驱动程序的开发。单独开发 LED 的驱动程序比较简单，但采用 Linux 内核中的 leds 子系统来开发 LED 驱动程序则相对复杂，涉及的范围较广，其中的重点是如何配置设备树，使用 Linux 内核自带的驱动程序来驱动 LED。Linux 内核中的 leds 子系统将 LED 抽象成 platform_device，在"/sys/class/leds/"目录下利用 sysfs 文件系统来实现 LED 的驱动程序。

（1）Linux 内核的 LED 核心文件。LED 驱动程序框架保存在"drivers/leds"目录下，其中的文件 led-class.c 和 led-core.c 用于描述 LED 相同部分的逻辑，leds-xxxx.c 由不同厂商的驱动工程师编写，由不同厂商的驱动工程师结合自己公司的硬件对 LED 进行操作，使用 Linux 内核提供的接口和 LED 驱动程序框架进行交互。

（2）LED 驱动程序框架。LED 驱动程序框架的最终目的是创建一个属于"/sys/class/leds"类的一个设备，在这个类下面有 brightness 和 max_brightness 等文件，通过"/sys/class/leds/"目录下的 sysfs 文件系统可实现 LED 的驱动程序。

（3）LED 的初始化函数 leds_init()如下：

```
static int __init leds_init(void)
{
    leds_class = class_create(THIS_MODULE, "leds");
    if (IS_ERR(leds_class))
    return PTR_ERR(leds_class);
    leds_class->suspend = led_suspend;
    leds_class->resume = led_resume;
    leds_class->dev_attrs = led_class_attrs;
    return 0;
}
```

说明：函数内部调用 class_create()函数，class_create()函数在"/sys/class"目录下创建 leds 类文件。

（4）led_class_attrs 数组。该数组的定义如下：

```
static struct attribute *led_class_attrs[] = {
    &dev_attr_brightness.attr,
    &dev_attr_max_brightness.attr,
    NULL,
};
```

attribute 结构体的定义为：

```
struct attribute {
    const char *name;
    umode_t mode;
```

```
#ifdef CONFIG_DEBUG_LOCK_ALLOC
    bool ignore_lockdep:1;
    struct lock_class_key *key;
    struct lock_class_key skey;
#endif
};
```

（5）led_classdev 结构体。LED 驱动程序框架是通过 led_classdev 结构体与硬件关联起来的。代码如下：

```
struct led_classdev {
    const char *name;
    int brightness;
    int max_brightness;
    int flags;
    //低 16 bit 反映状态
#define LED_SUSPENDED        (1 << 0)
    //高 16 bit 反映控制信息
#define LED_CORE_SUSPENDRESUME    (1 << 16)

    //设置 LED 亮度等级
    //不要睡眠，必要时使用工作队列
    void (*brightness_set)(struct led_classdev *led_cdev, enum led_brightness brightness);
    //获取 LED 亮度等级
    enum led_brightness (*brightness_get)(struct led_classdev *led_cdev);
    int (*blink_set)(struct led_classdev *led_cdev, unsigned long *delay_on, unsigned long *delay_off);

    struct device *dev;
    struct list_head node;
    const char *default_trigger;

#ifdef CONFIG_LEDS_TRIGGERS
    //Protects the trigger data below
    struct rw_semaphore trigger_lock;
    struct led_trigger *trigger;
    struct list_head trig_list;
    void *trigger_data;
#endif
};
```

（6）led_classdev_register()函数。led_classdev_register()函数可创建一个属于 leds 类的设备，在 LED 驱动程序框架中，该函数是 Linux 内核提供给厂商注册驱动程序的接口。在使用 LED 驱动程序框架编写驱动程序时，led_classdev_register()函数的功能类似于使用 file_operations 注册字符设备驱动程序时的 register_chrdev()函数。led_classdev_register()函数内部调用了 evice_create_with_groups()函数。代码如下：

```c
int led_classdev_register(struct device *parent, struct led_classdev *led_cdev)
{
    char name[64];
    int ret;
    ret = led_classdev_next_name(led_cdev->name, name, sizeof(name));
    if (ret < 0)
    return ret;
    led_cdev->dev = device_create_with_groups(leds_class, parent, 0, led_cdev, led_cdev->groups, "%s", name);
    if (IS_ERR(led_cdev->dev))
    return PTR_ERR(led_cdev->dev);
    if (ret)
    dev_warn(parent, "Led %s renamed to %s due to name collision", led_cdev->name, dev_name(led_cdev->dev));

#ifdef CONFIG_LEDS_TRIGGERS
    init_rwsem(&led_cdev->trigger_lock);
#endif
    mutex_init(&led_cdev->led_access);
    //添加到 leds 列表
    down_write(&leds_list_lock);
    list_add_tail(&led_cdev->node, &leds_list);
    up_write(&leds_list_lock);
    if (!led_cdev->max_brightness)
    led_cdev->max_brightness = LED_FULL;
    led_cdev->flags |= SET_BRIGHTNESS_ASYNC;
    led_update_brightness(led_cdev);
    led_init_core(led_cdev);
#ifdef CONFIG_LEDS_TRIGGERS
    led_trigger_set_default(led_cdev);
#endif
    dev_dbg(parent, "Registered led device: %s\n", led_cdev->name);
    return 0;
}
```

5.1.4 总线设备驱动程序

（1）平台总线（platform_bus）。对于 USB、PCI、I2C、SPI 等物理总线来说，平台总线是一种虚拟的抽象出来的总线。微处理器与外部通信的方式有两种：地址总线和 I2C 等专用接口总线。

（2）平台总线的特点。平台总线是一种虚拟的总线，保存在"/sys/bus/platform"中。平台总线的设计原则是：先分离，后合并。

① 分离。首先将硬件设备的信息封装成 platform_device，将驱动程序的信息封装成 platform_driver；然后将 platform_device 中 struct device、platform_driver 的 struct device_driver 分别注册到设备链表和驱动链表中。

② 平台设备相关函数。

```
int platform_device_register(struct platform_device *pdev)
return platform_device_add(pdev);
ret = device_add(&pdev->dev);
```

③ 平台设备驱动相关函数。

```
int platform_driver_register(struct platform_driver *drv)
return driver_register(&drv->driver);
ret = bus_add_driver(drv);
```

④ 合并。在 Linux 中注册硬件设备驱动程序时，平台总线会寻找与之匹配的驱动程序，匹配原则是名称相同。在合并过程中，重要的结构体和函数如下：

```
struct platform_device {
    const char *name;                              //用于和 platform_driver 进行匹配的名称
    int id;
    bool id_auto;
    struct device dev;
    u32 num_resources;
    struct resource *resource;
    const struct platform_device_id *id_entry;
    char *driver_override;
    struct mfd_cell *mfd_cell;
    struct pdev_archdata archdata;
};
```

硬件设备的信息如下：

```
void (*release)(struct device *dev);               //设备卸载时调用的函数
void *platform_data;                               //匹配后传递的自定义数据
u32 num_resources;                                 //资源的个数
struct resource * resource;                        //描述资源的信息
resource 的信息如下：
resource_size_t start;                             //起始位置
resource_size_t end;                               //结束位置
const char *name;                                  //自定义
unsigned long flags;                               //区分不同的资源，一般是内存或者中断资源
```

⑤ 硬件设备的操作方法如下：

```
struct platform_driver {
    int (*probe)(struct platform_device *);
    int (*remove)(struct platform_device *);       //硬件设备退出时调用的函数
    void (*shutdown)(struct platform_device *);
    int (*suspend)(struct platform_device *, pm_message_t state);
    int (*resume)(struct platform_device *);

    //描述硬件设备的操作方法
```

```c
struct platform_driver {
    int (*probe)(struct platform_device *);          //硬件设备和驱动程序匹配后调用的函数
    int (*remove)(struct platform_device *);
    void (*shutdown)(struct platform_device *);
    int (*suspend)(struct platform_device *, pm_message_t state);
    int (*resume)(struct platform_device *);
    struct device_driver driver;                      //父类
    const struct platform_device_id *id_table;
    bool prevent_deferred_probe;
};
```

说明：probe()函数是硬件设备和驱动程序匹配后调用的函数，是平台总线驱动程序开发中最重要的函数，remove()是硬件设备退出时调用的函数。

⑥ 平台总线结构如下：

```c
struct bus_type platform_bus_type = {
    .name = "platform",
    .dev_attrs = platform_dev_attrs,
    .match = platform_match,              //用于匹配，此函数可以看出匹配名称的优先级
    .uevent = platform_uevent,
    .pm = &platform_dev_pm_ops,
};
```

⑦ 平台设备的注册与注销。代码如下：

```c
//注册平台设备
int platform_device_register(struct platform_device *pdev)
{
    device_initialize(&pdev->dev);
    arch_setup_pdev_archdata(pdev);
    return platform_device_add(pdev);
}
//注销平台设备
void platform_device_unregister(struct platform_device *pdev)
{
    platform_device_del(pdev);
    platform_device_put(pdev);
}
```

⑧ 驱动程序的注册与注销。代码如下：

```c
int platform_driver_register(struct platform_driver *drv);         //注册驱动程序
void platform_driver_unregister(struct platform_driver *drv);      //注销驱动程序
```

⑨ 通过类型和编号获取资源。代码如下：

```c
struct resource *platform_get_resource(struct platform_device *dev, unsigned int type, unsigned int num)
{
    int i;
    for (i = 0; i < dev->num_resources; i++) {
```

```
            struct resource *r = &dev->resource[i];
            if (type == resource_type(r) && num-- == 0)
                return r;
        }
        return NULL;
    }
```

⑩ 通过类型和名称获取资源。代码如下：

```
struct resource *platform_get_resource_byname(struct platform_device *dev, unsigned int type, const char *name)
{
    int i;
    for (i = 0; i < dev->num_resources; i++) {
        struct resource *r = &dev->resource[i];
        if (unlikely(!r->name))
            continue;
        if (type == resource_type(r) && !strcmp(r->name, name))
            return r;
    }
    return NULL;
}
```

5.1.5 基于设备树的驱动程序设计

5.1.5.1 设备树简介

1）设备树基本概念

Linux 内核从 3.x 开始引入设备树的概念，用于实现驱动程序与硬件设备信息的分离。在设备树出现以前，所有关于硬件设备的信息都要写在驱动程序中。一旦硬件设备发生变化，就要重写驱动程序。Linux 内核 3.x 引入了用于描述硬件设备资源的数据结构 Flattened Device Tree，通过 BootLoader 将硬件设备的资源传给 Linux 内核，使得 Linux 内核和硬件设备资源相对独立。

设备树描述的硬件设备信息包括微处理器的数量和类别、内存的基地址和大小、总线和桥、外设连接、中断控制器、中断使用情况、GPIO 的使用情况等。

2）设备树的组成和使用

设备树包括 DTC（Device Tree Compiler）、DTS（Device Tree Source）和 DTB（Device Tree Blob）。设备树组成部分的关系如图 5.5 所示。

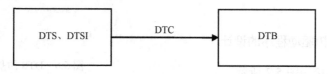

图 5.5　设备树组成部分的关系

3) DTS 和 DTSI

.dts 文件用于描述设备树，采用 ASCII 文本格式，保存在 Linux 内核的"/arch/arm/boot/dts"目录中。一个 SoC 可能有多个不同的电路板，而每个电路板都有一个.dts 文件，为了减少代码的冗余，设备树将这些共同部分保存在.dtsi 文件中，供不同的 DTS 共同使用。

.dtsi 文件的使用方法类似于头文件，.dts 文件需要包含用到的.dtsi 文件。

4) DTC

DTC 可以将.dts 文件编译成.dtb 文件，DTC 的源代码位于 Linux 内核的"scripts/dtc"目录中。当 Linux 内核选中 CONFIG_OF 后，在编译 Linux 内核时，可编译生成主机的可执行程序，即"scripts/dtc/Makefile"。

```
hostprogs-y := dtc
always := $(hostprogs-y)
```

在 Linux 内核的"arch/arm/boot/dts/Makefile"中，若选中某种硬件设备，则与该硬件设备相关的所有.dtb 文件都将编译出来。在 Linux 下，通过命令"make dtbs"可单独编译.dtb 文件。例如：

```
ifeq ($(CONFIG_OF),y)
dtb-$(CONFIG_ARCH_TEGRA)+= tegra20-harmony.dtb \
tegra30-beaver.dtb \
```

5) DTB

在 BootLoader 引导 Linux 内核启动时，会预先将 DTC 编译生成的.dts 文件读取到内存，然后由 Linux 内核进行解析。

6) 设备树中 DTS、DTSI 的基本语法

DTS 的基本语法范例如图 5.6 所示，该范例包括一系列节点，以及描述节点的属性。"/"为 root 节点。在.dts 文件中，有且仅有一个 root 节点；root 节点下有 node1、node2 等子节点，root 节点是 node1 和 node2 子节点的父节点。除了 root 节点，每个节点有且仅有一个父节点。子节点 leds 下还存在子节点 led@1 和 led@2。在.dsti 文件和.dts 文件中都存在一个 root 节点，DTC 在编译.dts 文件后会生成.dtb 文件，.dtb 文件会对节点进行合并操作，最终生成的.dtb 只有一个 root 节点。DTC 可进行合并操作。

5.1.5.2 设备树驱动程序的设计

LED 的硬件连接如图 5.7 所示。

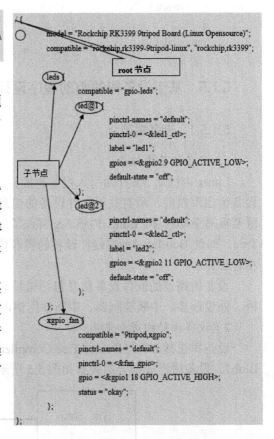

图 5.6 DTS 的基本语法范例

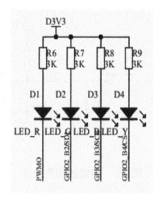

图 5.7 LED 的硬件连接

下面以 LED 和按键为例来介绍设备树驱动程序的设计。

（1）LED 配置。本示例的 LED 有 3 个，所以需要添加 3 个子节点，LED 的配置如下。

```
leds {
    compatible = "gpio-leds";
}
```

添加如下内容：

```
led@1 {
    pinctrl-names = "default";
    pinctrl-0 = <&led1_ctl>;
    label = "led1";
    gpios = <&gpio2 9 GPIO_ACTIVE_LOW>;
    //linux,default-trigger = "heartbeat";
    default-state = "off";
};
led@2 {
    pinctrl-names = "default";
    pinctrl-0 = <&led2_ctl>;
    label = "led2";
    gpios = <&gpio2 11 GPIO_ACTIVE_LOW>;
    default-state = "off";
};
led@3 {
    pinctrl-names = "default";
    pinctrl-0 = <&led3_ctl>;
    label = "led3";
    gpios = <&gpio2 12 GPIO_ACTIVE_LOW>;
    default-state = "off";
};
```

如果有其他 LED，可在上述代码后面添加 led@4、led@5 等，并修改 gpios 选项里对应的 I/O 接口即可。

（2）按键配置。按键的硬件连接如图 5.8 所示。

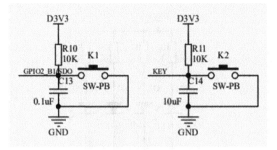

图 5.8　按键的硬件连接

按键的配置如下：

```
gpio-keys {
    compatible = "gpio-keys";
    #address-cells = <1>;
    #size-cells = <0>;
    autorepeat;
    pinctrl-names = "default";
    pinctrl-0 = <&pwrbtn &userbtn01 &userbtn02>;
```

添加如下内容：

```
button@0 {
    gpios = <&gpio0 5 GPIO_ACTIVE_LOW>;
    linux,code = <KEY_POWER>;
    label = "GPIO Key Power";
    linux,input-type = <1>;
    gpio-key,wakeup = <1>;
    debounce-interval = <100>;
    };
button@1 {
    gpios = <&gpio2 10 GPIO_ACTIVE_LOW>;
    linux,code = <KEY_1>;
    label = "GPIO Button 01";
    linux,input-type = <1>;
    debounce-interval = <100>;
};
button@2 {
    gpios = <&gpio0 8 GPIO_ACTIVE_LOW>;
    linux,code = <KEY_2>;
    label = "GPIO Button 02";
    linux,input-type = <1>;
    debounce-interval = <100>;
};
```

如果有其他按钮，可在上述代码后面添加 button@5、button@6 等，并修改 gpios 选项里对应的 I/O 接口。

5.1.6 开发实践：LED 驱动程序的开发

5.1.6.1 LED 驱动程序的开发

RK3399 嵌入式开发板上的 LED 连接如图 5.9 所示。

图 5.9 RK3399 嵌入式开发板上的 LED 连接

RK3399 嵌入式开发板上共 4 个 LED，最左侧的 LED（D0）采用 PWM0 控制，其他 3 个 LED 对应的地址分别是 gpio2_9、gpio2_11、gpio2_12。

设备树信息和驱动程序保存在 sdk 包中，通过下面命令可查看设备树：

```
test@hostlocal:/home/mysdk/gw3399-1inux/kernel$ vi arch/arm64/boot/dts/rockchip/x3399-linux.dts
```

设备树中的 LED 信息如下：

```
leds {
    compatible = "gpio-leds";

    led@1 {
        pinctrl-names = "default";
        pinctrl-0 = <&led1_ctl>;
        label = "led1";
        gpios = <&gpio2 9 GPIO_ACTIVE_LOW>;
        //linux,default-trigger = "heartbeat";
        default-state = "off";
    };

    led@2 {
        pinctrl-names = "default";
        pinctrl-0 = <&led2_ctl>;
        label = "led2";
        gpios = <&gpio2 11 GPIO_ACTIVE_LOW>;
```

```
                default-state = "off";
            };

            led@3 {
                pinctrl-names = "default";
                pinctrl-0 = <&led3_ctl>;
                label = "led3";
                gpios = <&gpio2 12 GPIO_ACTIVE_LOW>;
                default-state = "off";
            };
        };
```

通过下面的命令可查看驱动程序代码：

```
root@hostlocal:/home/mysdk/gw3399-linux/kernel$ vi drivers/leds/leds-gpio.c
```

说明：LED 驱动程序已经被编译到 Linux 内核中了，相当于加载过 LED 驱动程序，这里无须使用命令"insmod"来加载 LED 驱动程序。

通过 SSH 远程登录嵌入式开发板（RK3399 嵌入式开发板），通过以下命令可以看到 3 个 LED 对应的目录分别为 led1、led2 和 led3。

```
test@rk3399:/sys/class$ cd leds/
test@rk3399: /sys/class/leds$ ls
input4:: caps Lock    input4::numlock    input4::scrolllock    ledl    led2    led3    mmcl::
```

进入 led1 目录，输入以下命令，查看 brightness 的值。

```
test@rk3399:/sys/class/leds/led1$ cat brightness
0
```

说明：改变 brightness 的值即可改变 LED 的状态，写入 1 时可点亮 LED。输入命令"echo 1 > /sys/class/leds/led1/brightness"可点亮 LED1，读者可自行测试其他 LED，或者参考随书资源提供的 led_app.c 程序，按照以下步骤进行测试。

（1）将驱动程序"led_app"目录下的文件通过 MobaXrerm 的 SFTP 服务复制到嵌入式开发板"/home/test"目录。代码如下：

```
test@rk3399:~$ pwd
/home/test
test@rk3399:~$ ls
catkin_ws file nlp- resources sqlite.c udp
char_module. ko hello module.ko Pictures ssl udpfw
Code incloudlab-ai process tcp Videos
cv-platform led_app Public Templates ZXBeeGW
Desktop map server test .db
Documents Music sqlite- 3071600 thread
Downloads nlp-platform sqlite-arm uart-test
```

（2）进入"/home/test/led_app"目录，编译并运行 led_app.c。代码如下：

```
test@rk3399:~/led_app$ gcc -o led_app led_app.c
test@rk3399:~/led_app$ ls
led_app    led_app.c
```

输入以下命令,可以看到 3 个流水灯。

```
test@rk3399:~/led_app$ sudo ./led_app
```

5.1.6.2 LED 驱动程序实例

LED 驱动程序的代码保存在"gw3399-linux/kernel/drivers/leds/leds-gpio.c",设备树保存在"gw3399/kernel/arch/arm64/boot/dts/rockchip/x3399-linux.dts",4 个 LED 对应的 I/O 接口分别为:

```
gpios = <&gpio2 9 GPIO_ACTIVE_LOW>;
gpios = <&gpio2 11 GPIO_ACTIVE_LOW>;
gpios = <&gpio2 12 GPIO_ACTIVE_LOW>;
gpios = <&gpio0 8 GPIO_ACTIVE_LOW>;
```

LED 驱动程序的部分代码如下:

```c
static struct platform_driver gpio_led_driver = {
    .probe = gpio_led_probe,
    .shutdown = gpio_led_shutdown,
    .driver = {
        .name = "leds-gpio",
        .of_match_table = of_gpio_leds_match,
    },
};
static const struct of_device_id of_gpio_leds_match[] = {
    { .compatible = "gpio-leds", },
    {},
};
MODULE_DEVICE_TABLE(of, of_gpio_leds_match);
```

说明:以上是 leds-gpio.c 源文件中与设备树相关的代码,LED 的驱动是一个 platform_driver 的对象,可通过 platform_device 或设备树里的设备节点来匹配。设备节点中的 compatible 属性值应是 gpio-leds。完成匹配后,硬件设备驱动中的 gpio_led_probe()函数就会被 probe()函数调用,从而取出设备树中的硬件资源。代码如下:

```c
static int gpio_led_probe(struct platform_device *pdev)
{
    //使用设备树的方式,pdata 应为 NULL
    struct gpio_led_platform_data *pdata = dev_get_platdata(&pdev->dev);
    struct gpio_leds_priv *priv;
    int i, ret = 0;
    if (pdata && pdata->num_leds) {
        //使用 platform_device 方式获取硬件资源的代码
    } else {
```

```
            priv = gpio_leds_create(pdev);                          //使用设备树时的代码
            if (IS_ERR(priv))
                return PTR_ERR(priv);
    }
}
```

通过 gpio_leds_create()函数获取设备节点的资源，代码如下：

```
static struct gpio_leds_priv *gpio_leds_create(struct platform_device *pdev)
{
    struct device *dev = &pdev->dev;
    struct fwnode_handle *child;
    struct gpio_leds_priv *priv;
    int count, ret;
    count = device_get_child_node_count(dev);                    //获取子节点的个数
    if (!count)
        return ERR_PTR(-ENODEV);
    priv = devm_kzalloc(dev, sizeof_gpio_leds_priv(count), GFP_KERNEL);
    if (!priv)
        return ERR_PTR(-ENOMEM);
    device_for_each_child_node(dev, child) {                     //遍历设备节点里的子节点
        struct gpio_led_data *led_dat = &priv->leds[priv->num_leds];
        struct gpio_led led = {};
        const char *state = NULL;
        struct device_node *np = to_of_node(child);
        //获取子节点的 label 属性值，意味着每个子节点都应有一个 label 属性，属性值应为字符串
        ret = fwnode_property_read_string(child, "label", &led.name);
        if (ret && IS_ENABLED(CONFIG_OF) && np)
            led.name = np->name;
        if (!led.name) {
            fwnode_handle_put(child);
            return ERR_PTR(-EINVAL);
        }
        /*获取子节点的 GPIO 信息，con_id 为 NULL，意味着子节点应使用 gpios 属性来提供 LED 连
        接的 I/O 接口信息，而且这里仅获取一个 I/O 接口的信息，并不是多个 I/O 接口信息，意味着
        每个子节点表示一个 LED 资源*/
        led.gpiod = devm_fwnode_get_gpiod_from_child(dev, NULL, child, GPIOD_ASIS, led.name);
        if (IS_ERR(led.gpiod)) {                                 //获取 I/O 接口信息失败，则返回错误码
            fwnode_handle_put(child);
            return ERR_CAST(led.gpiod);
        }
        //下面的属性是可选的
        fwnode_property_read_string(child, "linux,default-trigger", &led.default_trigger);
        if (!fwnode_property_read_string(child, "default-state", &state)) {
            if (!strcmp(state, "keep"))
                led.default_state = LEDS_GPIO_DEFSTATE_KEEP;
            else if (!strcmp(state, "on"))
```

```
                led.default_state = LEDS_GPIO_DEFSTATE_ON;
            else
                led.default_state = LEDS_GPIO_DEFSTATE_OFF;
        }

        if (fwnode_property_present(child, "retain-state-suspended"))
            led.retain_state_suspended = 1;
        if (fwnode_property_present(child, "panic-indicator"))
            led.panic_indicator = 1;
        ret = create_gpio_led(&led, led_dat, dev, NULL);
        if (ret < 0) {
            fwnode_handle_put(child);
            return ERR_PTR(ret);
        }
        led_dat->cdev.dev->of_node = np;
        priv->num_leds++;
    }
    return priv;
};
```

在加载驱动程序后，"/sys/class/leds/" 目录下会增加一个表示设备的文件夹，该文件夹中有控制 LED 的 2 个属性，即 brightness 和 max_brightness。brightness 属性有 show 和 store 两个方法，这两个方法对应着用户在 "/sys/class/leds/led1/brightness" 目录下直接读写文件时的实际执行代码。当输入 "show brightness" 时，就会调用 led_brightness_show()函数；当输入 "echo 1 > brightness" 时，就会调用 led_brightness_store()函数，从而点亮 LED。show 方法的作用是读取并返回 LED 硬件信息，因此 show 方法和 store 方法都会控制 LED。但 led-class.c 文件属于驱动程序框架中的文件，它本身无法直接读取具体的硬件信息，因此在 show 方法和 store 方法中通过函数指针调用了 led_classdev 结构体中的相应函数。

5.1.6.3　LED 驱动程序的测试

LED 驱动程序的测试是通过 sysfs 虚拟文件系统来进行的，"/sys/class/leds/" 目录下有 led1、led2、led3 三个目录，通过改变其中的 brightness 值就可改变 LED 的状态，写入 1 时就可点亮 LED，如输入 "echo 1 > /sys/class/leds/led1/brightness" 可点亮 LED1；写入 0 时关闭 LED，如输入 "echo 0 > /sys/class/leds/led1/brightness" 可关闭 LED1。测试代码如下：

```
#define DELAYMS 70
//延时函数
void msleep(int ms)
{
    struct timeval delay;
    delay.tv_sec = ms/1000;
    delay.tv_usec = (ms%1000) * 1000;
    select(0, NULL, NULL, NULL, &delay);
}
//打开 LED 的函数
```

```c
void ledOn(int leds)
{
    char buf[128];
    int i;
    for (i=0; i<3; i++) {
        if ((leds & (1<<i)) != 0){
            snprintf(buf, 128, "echo 1 > /sys/class/leds/led%d/brightness", 3-i);
            system(buf);
        }
    }
#if USE_PWMLED
    if ((leds & (1<<3)) != 0){
        pwmLedPolarity(1);
    }
#endif
}
//关闭 LED 的函数
void ledOff(int leds)
{
    char buf[128];
    int i;
    for (i=0; i<3; i++) {
        if ((leds & (1<<i)) != 0){
            snprintf(buf, 128, "echo 0 > /sys/class/leds/led%d/brightness", 3-i);
            system(buf);
        }
    }
#if USE_PWMLED
    if ((leds & (1<<3)) != 0){
        pwmLedPolarity(0);
    }
#endif
}
//控制 LED 的函数，通过调用 ledOn()函数与 ledOff()函数实现
int ledsTest()
{
    while (1) {
        int i;
        for (i=0; i<=3; i++){
            ledOn(1<<i);
            msleep(DELAYMS);
            ledOff(1<<i);
        }
        for (i=3; i>=0; i--) {
            ledOn(1<<i);
            msleep(DELAYMS);
            ledOff(1<<i);
```

```
        }
    }
    return 0;
}
int main()
{
    int opt;
    ledsTest();
    return 0;
}
```

5.1.7 小结

本节的主要内容包括 Linux 驱动程序的概念、Linux 驱动程序的开发、GPIO 驱动程序的开发、总线设备驱动程序、基于设备树的驱动程序设计,通过开发实践引导读者了解 LED 驱动程序的开发,并进行 LED 驱动程序的测试。

5.1.8 思考与拓展

(1)什么是硬件设备驱动程序?驱动程序和操作系统的应用程序有什么区别?
(2)Linux 驱动程序主要分为几类?每类有什么特点?
(3)什么是 Linux 内核驱动模块动态加载机制?
(4)在应用程序中,文件操作是如何对应到驱动程序中文件操作函数的?
(5)简述 Linux 总线设备驱动模块。
(6)简述 Linux 设备树驱动模块。

5.2 字符设备驱动程序的开发

字符设备是指在 I/O 中以字符为单位进行数据传输的设备。在 Linux 中,字符设备以特别的文件方式保存在文件目录树中,并在相应节点的文件类型指明该文件是字符设备文件。用户可以使用与普通文件相同的文件操作命令对字符设备文件进行操作。

在嵌入式应用系统中,存在大量的字符设备,字符设备驱动程序的开发是 Linux 驱动程序开发的重点。本节结合最常见的硬件设备介绍按键驱动程序、ADC 驱动程序、PWM 驱动程序的开发。

5.2.1 按键驱动程序的开发

5.2.1.1 中断的概念

中断是指微处理器在执行某段程序的过程中,由于某种原因,暂时中止原程序的执行,转去执行相应的中断服务程序,并在中断服务程序执行完后返回来继续执行被中断的原程序。

例如,你正在专心看书,突然电话铃响,去接电话,接完电话后再回来继续看书。电话铃响后接听电话的过程称为中断。正在看书相当于计算机正在执行的程序,电话铃响相当于事件发生（中断请求及响应），接电话相当于中断处理，回来继续看书相当于中断返回（继续执行程序）。中断事件处理原理如图 5.10 所示。

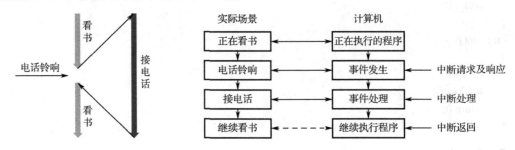

图 5.10　中断事件处理原理

5.2.1.2　中断的响应过程

中断事件处理指微处理器在程序执行中处理紧急事件的整个过程。在程序执行过程中，如果系统外部、系统内部或者程序本身出现紧急事件，则微处理器立即中止现行的程序，自动转入相应的处理程序（中断服务程序），待执行中断服务程序后再返回原来的程序，这个过程称为程序中断。

中断响应过程如图 5.11 所示，按照事件发生的顺序，中断响应过程包括：

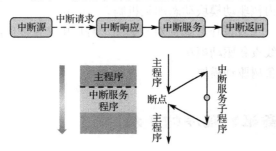

图 5.11　中断响应过程

（1）中断源发出中断请求。
（2）微处理器判断是否允许中断，以及该中断源是否被屏蔽。
（3）优先权排队。
（4）微处理器执行完当前命令或当前命令无法执行完，则立即中止当前程序，保护断点地址和微处理器当前状态，转入相应的中断服务程序。
（5）执行中断服务程序。
（6）恢复被保护的状态，执行中断返回命令回到被中止的程序或转入其他程序。

5.2.1.3　中断的作用

嵌入式系统通常需要实时处理各种事件，微处理器不仅要处理程序本身的数据，也要对外部事件做出响应，如某个按键被按下、逻辑电路出现某个脉冲等。为了对外部事件做出快速响应，微处理器引入了中断。中断的作用如下：

（1）微处理器与外设并行工作：解决微处理器速度快、外设速度慢的矛盾。

（2）实时处理：可对控制系统的数据采集或输出进行实时处理。

（3）故障处理：系统故障的发生具有一定的随机性，如电源断电、运算溢出、存储器出错等，采用中断机制可以及时处理系统故障。

（4）实现人机交互：传统的人机交互通常采用键盘和按键，是通过中断机制实现的。采用中断机制的微处理器执行效率较高，可保证人机交互的实时性，中断机制在人机交互中得到了广泛的应用。

5.2.1.4 中断服务程序的开发

中断服务程序通常包括中断子系统的初始化、中断或异常的处理、中断 API。

1）中断子系统的初始化

（1）中断描述符表（IDT）的初始化。IDT 的初始化包括两个过程：

① 第一个过程位于内核引导过程中，由两个步骤组成：首先给 IDT 分配 2 KB 的空间（支持 256 个中断向量，每个向量为 8 bit）并初始化；然后把 IDT 起始地址存储到 IDTR 寄存器中。

② 第二个过程是在 Linux 内核初始化后调用 start_kernal()函数中的 trap_init()函数来初始化系统保留的中断向量，调用 init_IRQ()函数可以完成其他中断向量的初始化。

（2）中断请求队列初始化。init_IRQ()函数调用 pre_intr_init_hook()函数，最终调用 init_ISA_irqs()函数初始化中断控制器以及每个 IRQ 的中断请求队列。

2）中断或异常的处理

中断处理过程如图 5.12 所示，硬件设备产生中断，通过 IRQ 将中断信号送往中断控制器，如果中断没有被屏蔽则会到达微处理器的 INTR 引脚，微处理器立即停止当前工作，根据获得的中断向量号从 IDT 中找出中断描述符，并执行相关的中断服务程序。

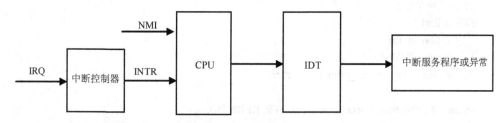

图 5.12　中断处理过程

异常是指微处理器内部发生的错误，不会通过中断控制器，微处理器直接根据中断向量号从 IDT 中找出中断描述符，并执行相关的中断服务程序。

中断控制器处理中断的步骤是接收中断请求、响应中断、比较中断的优先级、发送中断向量、结束中断。微处理器处理中断的步骤是：确定中断或异常的中断向量；通过 IDTR 寄存器找到 IDT；检查优先级；当优先级发生变化时切换堆栈；如果是异常，则将异常代码压入堆栈，如果是中断则关闭可屏蔽中断；执行中断服务程序。

3）中断 API

（1）申请和释放中断。在 Linux 驱动程序中，使用中断的硬件设备需要申请和释放对应的中断，request_irq()函数用于申请中断，free_irq()函数用于释放中断。request_irq()函数的代码如下：

```c
int request_irq(unsigned int irq, irq_handler_t handler, unsigned long flags, const char *name, void *dev)
{
    return request_threaded_irq(irq, handler, NULL, flags, name, dev);
}
/*irq 为中断号；handler 为中断服务程序；irqflags 为触发方式及工作方式；dev_id 为申请中断的 ID，释放中断的 ID 应与申请的中断 ID 一致*/
int request_threaded_irq(unsigned int irq, irq_handler_t handler, irq_handler_t thread_fn,
                         unsigned long irqflags, const char *devname, void *dev_id)
{
    struct irqaction *action;
    struct irq_desc *desc;
    int retval;
    //IRQF_TRIGGER_RISING 上升沿触发
    IRQF_TRIGGER_FALLING 下降沿触发
    IRQF_TRIGGER_HIGH 高电平触发
    IRQF_TRIGGER_LOW 低电平触发
    IRQF_SHARED：共享中断
    if (((irqflags & IRQF_SHARED) && !dev_id) ||
                        (!(irqflags & IRQF_SHARED) && (irqflags & IRQF_COND_SUSPEND)) ||
                        ((irqflags & IRQF_NO_SUSPEND) && (irqflags & IRQF_COND_SUSPEND)))
    return -EINVAL;
    desc = irq_to_desc(irq);
    if (!desc)
    return -EINVAL;
    if (!irq_settings_can_request(desc) || WARN_ON(irq_settings_is_per_cpu_devid(desc)))
    return -EINVAL;
    if (!handler) {
        if (!thread_fn)
        return -EINVAL;
        handler = irq_default_primary_handler;
    }
    action = kzalloc(sizeof(struct irqaction), GFP_KERNEL);
    if (!action)
    return -ENOMEM;
    action->handler = handler;
    action->thread_fn = thread_fn;
    action->flags = irqflags;
    action->name = devname;
    action->dev_id = dev_id;
    chip_bus_lock(desc);
    retval = __setup_irq(irq, desc, action);
    chip_bus_sync_unlock(desc);
    if (retval) {
        kfree(action->secondary);
        kfree(action);
    }
#ifdef CONFIG_DEBUG_SHIRQ_FIXME
```

```
        if (!retval && (irqflags & IRQF_SHARED)) {
            unsigned long flags;
            disable_irq(irq);
            local_irq_save(flags);
            handler(irq, dev_id);
            local_irq_restore(flags);
            enable_irq(irq);
        }
#endif
    return retval;
}
```

释放 free_irq()函数的代码如下:

```
void free_irq(unsigned int irq, void *dev_id)
{
    struct irq_desc *desc = irq_to_desc(irq);
    if (!desc || WARN_ON(irq_settings_is_per_cpu_devid(desc)))
    return;
    kfree(__free_irq(irq, dev_id));
}
```

(2) 屏蔽和使能中断。屏蔽中断的函数为:

```
#define local_irq_save(flags);
void local_irq_disable(void );
```

使能终端的函数为:

```
void enable_irq(unsigned int irq)
{
    unsigned long flags;
    struct irq_desc *desc = irq_get_desc_buslock(irq, &flags, IRQ_GET_DESC_CHECK_GLOBAL);
    if (!desc)
    return;
    if (WARN(!desc->irq_data.chip,
        KERN_ERR "enable_irq before setup/request_irq: irq %u\n", irq))
    goto out;
    __enable_irq(desc);
out:
    irq_put_desc_busunlock(desc, flags);
}
```

5.2.1.5 按键驱动程序开发实例

Linux 内核下的"drivers/input/keyboard/gpio_keys.c"实现了一个与体系结构无关的 GPIO 按键驱动,gpio-keys 是基于输入子系统实现的一个通用 GPIO 按键驱动程序。

1)输入子系统的概念

Linux 支持多种输入设备,如键盘、鼠标、触摸屏、手柄等,Linux 是通过输入子系统来驱动这些硬件设备的。输入子系统分为 3 层：上层是输入事件驱动层、中间层是输入核心层、下层是输入设备驱动层。在输入子系统中，Drivers 对应的是下层输入设备驱动层，对应不同的输入设备；Input Core 对应的是输入核心层；Handlers 对应的是输入事件驱动层。上层中的各种 Handler，如按键、鼠标、操纵杆等，是平行关系，一种输入设备可以连接到多个 Handler。输入核心层的主要作用是向系统报告输入事件（event，通过 input_event 结构体描述），用户无须关心文件的操作接口，通过 inputCore 和 Event Handler 将输入事件发送到用户空间。

2）基于输入子系统的 GPIO 按键驱动程序

（1）输入设备的注册和注销，相关函数为：

```
int input_register_device(struct input_dev *dev)              //注册输入设备函数
void input_unregister_device(struct input_dev *dev)           //注销输入设备函数
```

注册输入设备的函数是 input_register_device()。代码如下：

```
int input_register_device(struct input_dev *dev)
{
    struct input_devres *devres = NULL;
    struct input_handler *handler;
    unsigned int packet_size;
    const char *path;
    int error;
    if (dev->devres_managed) {
        devres = devres_alloc(devm_input_device_unregister, sizeof(struct input_devres), GFP_KERNEL);
        if (!devres)
            return -ENOMEM;
        devres->input = dev;
    }
    __set_bit(EV_SYN, dev->evbit);
    __clear_bit(KEY_RESERVED, dev->keybit);
    input_cleanse_bitmasks(dev);
    packet_size = input_estimate_events_per_packet(dev);
    if (dev->hint_events_per_packet < packet_size)
        dev->hint_events_per_packet = packet_size;
    dev->max_vals = dev->hint_events_per_packet + 2;
    dev->vals = kcalloc(dev->max_vals, sizeof(*dev->vals), GFP_KERNEL);
    if (!dev->vals) {
        error = -ENOMEM;
        goto err_devres_free;
    }
    if (!dev->rep[REP_DELAY] && !dev->rep[REP_PERIOD])
        input_enable_softrepeat(dev, 250, 33);
    if (!dev->getkeycode)
        dev->getkeycode = input_default_getkeycode;
    if (!dev->setkeycode)
        dev->setkeycode = input_default_setkeycode;
    error = device_add(&dev->dev);
```

```
        if (error)
            goto err_free_vals;
        path = kobject_get_path(&dev->dev.kobj, GFP_KERNEL);
        pr_info("%s as %s\n",
            dev->name ? dev->name : "Unspecified device",
            path ? path : "N/A");
        kfree(path);
        error = mutex_lock_interruptible(&input_mutex);
        if (error)
            goto err_device_del;
        list_add_tail(&dev->node, &input_dev_list);
        list_for_each_entry(handler, &input_handler_list, node)
        input_attach_handler(dev, handler);
        input_wakeup_procfs_readers();
        mutex_unlock(&input_mutex);
        if (dev->devres_managed) {
            dev_dbg(dev->dev.parent, "%s: registering %s with devres.\n",
                __func__, dev_name(&dev->dev));
            devres_add(dev->dev.parent, devres);
        }
        return 0;
    err_device_del:
        device_del(&dev->dev);
    err_free_vals:
        kfree(dev->vals);
        dev->vals = NULL;
    err_devres_free:
        devres_free(devres);
        return error;
    }
```

注销输入设备的函数是 input_unregister_device()。代码如下：

```
    void input_unregister_device(struct input_dev *dev)
    {
        if (dev->devres_managed) {
            WARN_ON(devres_destroy(dev->dev.parent, devm_input_device_unregister, devm_input_device_match, dev));
            __input_unregister_device(dev);
        } else {
            __input_unregister_device(dev);
            input_put_device(dev);
        }
    }
```

（2）初始化按键。通过 set_bit()函数告诉输入子系统支持哪些事件及哪些按键。代码如下：

```
set_bit(EV_KEY,button_dev.evbit)                            //button_dev 是 struct input_dev 类型
```

struct input_dev 中有 evbit 和 keybit 两个成员，evbit 表示事件类型，包括 EV_RST、EV_REL、EV_MSC、EV_KEY、EV_ABS、EV_REP 等；keybit 表示与某种事件类型对应的按键类型（当事件类型为 EV_KEY 时，包括 KEY_F11、BTN_LEFT、BTN_0、BTN_1、BTN_MIDDLE 等）。

（3）报告事件。用于报告 EV_KEY、EV_REL、EV_ABS 事件的函数分别为：

```
void input_report_key (struct input_dev *dev, unsigned int code, int value);
void input_report_rel (struct input_dev *dev, unsigned int code, int value);
void input_report_abs (struct input_dev *dev, unsigned int code, int value);
```

上述 3 个函数最终都调用了 void input_event()函数，该函数的代码如下：

```
static inline void input_report_key(struct input_dev *dev, unsigned int code, int value)
{
    input_event(dev, EV_KEY, code, !!value);
}
static inline void input_report_rel(struct input_dev *dev, unsigned int code, int value)
{
    input_event(dev, EV_REL, code, value);
}
static inline void input_report_abs(struct input_dev *dev, unsigned int code, int value)
{
    input_event(dev, EV_ABS, code, value);
}
void input_event(struct input_dev *dev, unsigned int type, unsigned int code, int value)
{
    unsigned long flags;
    if (is_event_supported(type, dev->evbit, EV_MAX)) {
        spin_lock_irqsave(&dev->event_lock, flags);
        input_handle_event(dev, type, code, value);
        spin_unlock_irqrestore(&dev->event_lock, flags);
    }
}
```

（4）按键中断服务程序。按键接口的初始化函数为：

```
static int __init button_init(void)                              //申请中断
{
    if(request_irq(BUTTON_IRQ, button_interrupt,0,"button",NUll))
    return -EBUSY;
    set_bit(EV_KEY,button_dev.evbit);                            //支持 EV_KEY 事件
    set_bit(BTN_0,button_dev.keybit);                            //支持 2 个按键
    set_bit(BTN_1,button_dev.keybit);
    input_register_device(&button_dev);                          //注册输入设备
}
```

在按键中断服务程序中报告事件。代码如下：

```
static void button_interrupt(int irq,void *dummy,struct pt_regs *fp)
{
    input_report_key(&button_dev,BTN_0,inb(BUTTON_PORT0));
    //读取寄存器 BUTTON_PORT0 的值
    input_report_key(&button_dev,BTN_1,inb(BUTTON_PORT1));
    input_sync(&button_dev);
}
```

基于输入子系统的 GPIO 按键驱动程序仍然是字符设备驱动程序，但大大减少了代码量，输入子系统只需要完成两个工作：初始化和事件报告。

5.2.2 ADC 驱动程序的开发

5.2.2.1 ADC 简介

1) ADC 的概念

模/数转换器（Analog-to-Digital Converter，ADC）也称为 A/D 转换器，用于将连续变化的模拟信号转换为离散的数字信号。数字信号输出可以采用不同的编码，通常使用二进制编码。

2) ADC 的信号采样率

模拟信号在时域上是连续的，通过 ADC 可以将它转换为时间上离散的一系列数字信号。这要求定义一个参数来表示对模拟信号采样速率，这个采样速率称为 ADC 的信号采样率（Sampling Rate）或采样频率（Sampling Frequency）。

由于实际的 ADC 不能进行完全实时的转换，所以在输入信号的转换过程中必须通过一些外加方法使之保持恒定，常用的有采样-保持电路，该电路使用一个电容来存储输入的模拟信号，并通过开关或门电路来闭合、断开这个电容和输入信号的连接。许多 ADC 在内部就已经集成了采样-保持电路。

3) ADC 的分辨率

ADC 的分辨率是指使输出数字量变化一个最小量时模拟信号的变化量，常用二进制的位数表示。例如，8 位的 ADC，当输入的模拟信号是 5 V 的电压时，ADC 的分辨率就是 5 V 除以 256，即：

$$分辨率 = \frac{输入的模拟信号}{2^n}$$

式中，n 为 ADC 的位数，n 越大，分辨率越高。分辨率一般用 ADC 的位数 n 来表示。

4) ADC 的转换精度

ADC 的转换精度是指实际的 ADC 和理想的 ADC 的转换误差，绝对精度一般用分辨率表示，相对精度则用绝对精度与量程的比值来表示。

5) ADC 的量化误差

ADC 把模拟量转化为数字量后，是用数字量近似表示模拟量的，这个过程称为量化。量化误差是由于 ADC 的位数有限而引起的误差。要准确地表示模拟量，ADC 的位数需要很大甚至无穷大。一个分辨率有限的 ADC 的阶梯转换特性曲线与具有无限分辨率的 ADC 转化特性曲线（直线）之间的最大偏差就是量化误差。

5.2.2.2 ADC 驱动程序的开发

(1) Linux 内核采用输入子系统来控制 ADC,该子系统主要为需要进行 A/D 转换的传感器设计的。下面以 SAR-ADC 为例介绍 ADC 驱动程序的基本配置方法。

(2) SAR-ADC 设备树配置方法。对于 RK3399 嵌入式开发板,SAR-ADC 设备树的 DTS 节点保存在 "kernel/arch/arm64/boot/dts/rockchip/rk3399.dtsi" 中,如下所示:

```
saradc: saradc@ff100000 {
    compatible = "rockchip,rk3399-saradc";
    reg = <0x0 0xff100000 0x0 0x100>;
    interrupts = <GIC_SPI 62 IRQ_TYPE_LEVEL_HIGH 0>;
    #io-channel-cells = <1>;
    clocks = <&cru SCLK_SARADC>, <&cru PCLK_SARADC>;
    clock-names = "saradc", "apb_pclk";
    status = "disabled";
};
```

说明:这里申请的是 SAR-ADC 的通道 1。

在驱动程序文件中匹配 DTS 节点,定义 of_device_id 结构体数组。代码如下:

```
static const struct of_device_id rockchip_saradc_match[] = {
    {
    .compatible = "rockchip,saradc",
    .data = &saradc_data,
    }, {
    .compatible = "rockchip,rk3066-tsadc",
    .data = &rk3066_tsadc_data,
    }, {
    .compatible = "rockchip,rk3399-saradc",
    .data = &rk3399_saradc_data,
    },
    {},
};
```

将 of_device_id 结构体数组填充到要使用 ADC 的 platform_driver 中。代码如下:

```
static struct platform_driver rockchip_saradc_driver = {
    .probe   = rockchip_saradc_probe,
    .remove = rockchip_saradc_remove,
    .driver = {
    .name = "rockchip-saradc",
    .of_match_table = rockchip_saradc_match,
    .pm = &rockchip_saradc_pm_ops,
    },
};
```

Linux 内核自带的 ADC 驱动程序保存在 "kernel/drivers/iio/adc/rockchip_saradc.c" 中。

(3) ADC 驱动程序的说明。获取 IIO(工业 I/O)通道的代码是:

```c
struct iio_channel *chan;                                    //定义 IIO 通道结构体
chan = iio_channel_get(&pdev->dev, NULL);                    //获取 IIO 通道结构体
```

iio_channel_get()函数是通过 probe()函数传进来的参数 pdev 获取 IIO 通道结构体的。probe()函数如下：

```c
static int XXX_probe(struct platform_device *pdev);
```

读取 ADC 原始数据的代码如下：

```c
int val,ret;
ret = iio_read_channel_raw(chan, &val);
```

说明：iio_read_channel_raw()函数可以读取 ADC 的原始数据并保存在变量 val 中。

ADC 使用标准电压将 A/D 转换的值转换为用户所需要的电压，计算公式如下：

$$V_{ref}/(2^n-1) = V_{result}/\text{raw}$$

式中，V_{ref} 为标准电压；n 为 ADC 的位数；V_{result} 为用户所需要的电压；raw 为 ADC 的原始数据。

(4) ADC 驱动程序接口的说明。

① iio_channel_get()函数：用于获取 IIO 通道。代码如下：

```c
struct iio_channel *iio_channel_get(struct device *dev, const char *channel_name)
{
    const char *name = dev ? dev_name(dev) : NULL;
    struct iio_channel *channel;
    if (dev) {
        channel = of_iio_channel_get_by_name(dev->of_node, channel_name);
        if (channel != NULL)
            return channel;
    }
    return iio_channel_get_sys(name, channel_name);
}
```

② iio_channel_release()函数：用于释放 iio_channel_get()函数获取到的 IIO 通道。代码如下：

```c
void iio_channel_release(struct iio_channel *channel)        //chan：要释放的 IIO 通道指针
{
    if (!channel)
        return;
    iio_device_put(channel->indio_dev);
    kfree(channel);
}
```

③ iio_read_channel_raw()函数：用于读取 chan 通道的原始数据。代码如下：

```c
int iio_read_channel_raw(struct iio_channel *chan, int *val)
//chan 为要读取的 IIO 通道指针，val 为存放原始数据的指针
{
    int ret;
    mutex_lock(&chan->indio_dev->info_exist_lock);
    if (chan->indio_dev->info == NULL) {
```

```
            ret = -ENODEV;
            goto err_unlock;
        }
        ret = iio_channel_read(chan, val, NULL, IIO_CHAN_INFO_RAW);
        err_unlock:
        mutex_unlock(&chan->indio_dev->info_exist_lock);
        return ret;
    }
```

通过命令"cat /sys/bus/iio/devices/iio\:device0/in_voltage*_raw"可查看 SAR-ADC 的值。

5.2.3 PWM 驱动程序的开发

5.2.3.1 PWM 简介

脉冲宽度调制（Pulse Width Modulation，PWM）是指通过对一系列脉冲的宽度进行调制，从而获得所需的波形（包含波形和幅值）。根据设定的周期和占空比，PWM 可从 I/O 接口输出控制信号，一般用来控制 LED 亮度或电机转速。在 PWM 中，高电平保持的时间与时钟周期的时间之比称为占空比。

5.2.3.2 PWM 驱动程序的开发

在 RK3399 嵌入式开发板上编写 PWM 驱动程序，可以使用 Linux 内核中的 API，驱动程序的开发步骤如下：

（1）PWM 驱动程序的开发需要包含以下头文件：

```
#include <linux/pwm.h>
```

（2）申请使用 PWM。代码如下：

```
struct pwm_device *pwm_apply(int pwm_id, const char *label);
```

（3）配置 PWM 的占空比。代码如下：

```
static inline int pwm_config(struct pwm_device *pwm, int duty_ns, int period_ns)
{
    struct pwm_state state;
    if (!pwm)
    return -EINVAL;
    if (duty_ns < 0 || period_ns < 0)
    return -EINVAL;
    pwm_get_state(pwm, &state);
    if (state.duty_cycle == duty_ns && state.period == period_ns)
    return 0;
    state.duty_cycle = duty_ns;
    state.period = period_ns;
    return pwm_apply_state(pwm, &state);
}
```

说明：其中频率是以周期（period_ns）的形式配置的，占空比是以有效时间（duty_ns）的形式配置的，如配置占空比为60%。

```
pwm_config(pwm0, 600000, 1000000);
```

（4）使能 PWM 的函数是 pwm_enable()，函数原型如下：

```
static inline int pwm_enable(struct pwm_device *pwm)
{
    struct pwm_state state;
    if (!pwm)
    return -EINVAL;
    pwm_get_state(pwm, &state);
    if (state.enabled)
    return 0;
    state.enabled = true;
    return pwm_apply_state(pwm, &state);
}
```

（5）禁止 PWM 的函数是 pwm_disable()，函数原型如下：

```
void pwm_disable(struct pwm_device *pwm);
```

（6）释放 PWM 的函数是 pwm_free()，函数原型如下：

```
void pwm_free(struct pwm_device *pwm)
{
    pwm_put(pwm);
}
```

（7）设置 PWM 输出极性。代码如下：

```
static inline int pwm_set_polarity(struct pwm_device *pwm, enum pwm_polarity polarity)
{
    struct pwm_state state;
    if (!pwm)
    return -EINVAL;
    pwm_get_state(pwm, &state);
    if (state.polarity == polarity)
    return 0;
    if (state.enabled)
    return -EBUSY;
    state.polarity = polarity;
    return pwm_apply_state(pwm, &state);
}
```

（8）Linux 内核的 PWM 驱动程序常用的结构体与函数如下：

```
struct pwm_device *pwm_get(struct device *dev, const char *con_id);
struct pwm_device *of_pwm_get(struct device_node *np, const char *con_id);
void pwm_put(struct pwm_device *pwm);
```

```c
struct pwm_device *devm_pwm_get(struct device *dev, const char *con_id);
struct pwm_device *devm_of_pwm_get(struct device *dev, struct device_node *np,const char *con_id);
void devm_pwm_put(struct device *dev, struct pwm_device *pwm);
```

pwm_get()函数和 devm_pwm_get()函数用于从指定的设备树节点中获得对应的 PWM 句柄，可以通过 con_id 指定一个名称，或者根据设备绑定的第一个 PWM 句柄，从设备树中寻找对应的设备信息。pwm_get()函数的代码如下：

```c
struct pwm_device *pwm_get(struct device *dev, const char *con_id)
{
    struct pwm_device *pwm = ERR_PTR(-EPROBE_DEFER);
    const char *dev_id = dev ? dev_name(dev) : NULL;
    struct pwm_chip *chip = NULL;
    unsigned int best = 0;
    struct pwm_lookup *p, *chosen = NULL;
    unsigned int match;
    if (IS_ENABLED(CONFIG_OF) && dev && dev->of_node)
    return of_pwm_get(dev->of_node, con_id);
    mutex_lock(&pwm_lookup_lock);
    list_for_each_entry(p, &pwm_lookup_list, list) {
        match = 0;
        if (p->dev_id) {
            if (!dev_id || strcmp(p->dev_id, dev_id))
                continue;
            match += 2;
        }
        if (p->con_id) {
            if (!con_id || strcmp(p->con_id, con_id))
                continue;
            match += 1;
        }
        if (match > best) {
            chosen = p;
            if (match != 3)
            best = match;
            else
            break;
        }
    }
    if (!chosen) {
        pwm = ERR_PTR(-ENODEV);
        goto out;
    }
    chip = pwmchip_find_by_name(chosen->provider);
    if (!chip)
    goto out;
    pwm = pwm_request_from_chip(chip, chosen->index, con_id ?: dev_id);
```

```
        if (IS_ERR(pwm))
            goto out;
        pwm->args.period = chosen->period;
        pwm->args.polarity = chosen->polarity;
out:
        mutex_unlock(&pwm_lookup_lock);
        return pwm;
}
```

of_pwm_get()函数和devm_of_pwm_get()函数可以在需要解析的PWM信息中指定设备节点，而不是直接指定设备指针。Linux内核使用结构体pwm_chip描述PWM控制器。通常，一个微处理器可以同时支持多路PWM输出，每一路PWM输出都可以看成一个PWM设备，Linux内核统一管理这些PWM设备，将它们归类为结构体pwm_chip。该结构体的定义如下：

```
struct pwm_chip {
    struct device *dev;
    struct list_head list;
    const struct pwm_ops *ops;
    int base;
    unsigned int npwm;
    struct pwm_device *pwms;
    struct pwm_device * (*of_xlate)(struct pwm_chip *pc, const struct of_phandle_args *args);
    unsigned int of_pwm_n_cells;
    bool can_sleep;
};
```

初始化结构体pwm_chip后，可以通过pwmchip_add()函数将其注册在Linux内核中，函数原型如下：

```
int pwmchip_add(struct pwm_chip *chip);
```

对应的注销函数是pwmchip_remove()，函数原型如下：

```
int pwmchip_remove(struct pwm_chip *chip);
```

pwmchip_add()函数的代码如下：

```
int pwmchip_add(struct pwm_chip *chip)
{
    return pwmchip_add_with_polarity(chip, PWM_POLARITY_NORMAL);
}
int pwmchip_add_with_polarity(struct pwm_chip *chip, enum pwm_polarity polarity)
{
    struct pwm_device *pwm;
    unsigned int i;
    int ret;
    if (!chip || !chip->dev || !chip->ops || !chip->npwm)
        return -EINVAL;
    if (!pwm_ops_check(chip->ops))
```

```c
        return -EINVAL;
    mutex_lock(&pwm_lock);
    ret = alloc_pwms(chip->base, chip->npwm);
    if (ret < 0)
        goto out;
    chip->pwms = kcalloc(chip->npwm, sizeof(*pwm), GFP_KERNEL);
    if (!chip->pwms) {
        ret = -ENOMEM;
        goto out;
    }
    chip->base = ret;
    for (i = 0; i < chip->npwm; i++) {
        pwm = &chip->pwms[i];
        pwm->chip = chip;
        pwm->pwm = chip->base + i;
        pwm->hwpwm = i;
        pwm->state.polarity = polarity;
        if (chip->ops->get_state)
            chip->ops->get_state(chip, pwm, &pwm->state);
        radix_tree_insert(&pwm_tree, pwm->pwm, pwm);
    }
    bitmap_set(allocated_pwms, chip->base, chip->npwm);
    INIT_LIST_HEAD(&chip->list);
    list_add(&chip->list, &pwm_chips);
    ret = 0;
    if (IS_ENABLED(CONFIG_OF))
        of_pwmchip_add(chip);
    pwmchip_sysfs_export(chip);
out:
    mutex_unlock(&pwm_lock);
    return ret;
}
```

在编译 Linux 内核和设备树时已经默认加入了对 PWM 的支持，设备树 rk3399.dtsi 可以匹配到驱动程序中的 pwm-rockchip.c 文件（位于"gw3399-linux/kernel/drivers/pwm/pwm-rockchip.c"）。设备树 rk3399.dtsi 的代码如下：

```
pwm0: pwm@ff420000 {
    compatible = "rockchip,rk3399-pwm", "rockchip,rk3288-pwm";
    reg = <0x0 0xff420000 0x0 0x10>;
    #pwm-cells = <3>;
    pinctrl-names = "active";
    pinctrl-0 = <&pwm0_pin>;
    clocks = <&pmucru PCLK_RKPWM_PMU>;
    clock-names = "pwm";
    status = "disabled";
};
```

5.2.4 开发实践：按键、ADC、PWM 驱动程序的开发与测试

5.2.4.1 按键驱动程序的开发、分析与测试

1) 按键驱动程序的开发

按键驱动程序已经默认被编译到 Linux 内核中，因此无须再使用命令"insmod"加载。按键的设备树信息和驱动程序代码保存在 sdk 包中，进入内核目录后，通过命令"vi arch/arm64/boot/dts/rockchip/x3399-linux.dts"查看设备树信息，与按键相关的设备树信息如下：

```
gpio-keys {
    compatible = "gpio-keys";
    #address-cells = <1>;
    #size-cells = <0>;
    autorepeat;
    pinctrl-names = "default";
    pinctrl-0 = <&pwrbtn &userbtn01 &userbtn02>;
    button@0 {
        gpios = <&gpio0 5 GPIO_ACTIVE_LOW>;
        linux,code = <KEY_POWER>;
        label = "GPIO Key Power";
        linux,input-type = <1>;
        gpio-key,wakeup = <1>;
        debounce-interval = <100>;
    };
    button@1 {
        gpios = <&gpio2 10 GPIO_ACTIVE_LOW>;
        linux,code = <KEY_1>;
        label = "GPIO Button 01";
        linux,input-type = <1>;
        debounce-interval = <100>;
    };
    button@2 {
        gpios = <&gpio0 8 GPIO_ACTIVE_LOW>;
        linux,code = <KEY_2>;
        label = "GPIO Button 02";
        linux,input-type = <1>;
        debounce-interval = <100>;
    };
};
```

通过 SSH 远程登录 RK3399 嵌入式开发板，进入"/dev"目录。加载 Linux 内核自带的按键驱动程序后会在"/dev/input/by-path/"下生成 platform-gpio-keys-event。platform-gpio-keys-event 为设备节点，应用程序可以操作该节点来打开或读取按键的值。建议读者自行编写应用程序进行测试，或者参考随书资源提供的 key_app.c 程序，按照以下步骤进行测试：

（1）将"开发例程\13-LedKeyDriver"下面的"key_app"目录下的文件通过 SFTP 服务复

制到"/home/test"目录下。

（2）编译 key_app.c 文件，生成执行程序 key_app，代码如下：

```
test@rk3399:~/key_app$ gcc -key_app key_app.c
```

（3）输入以下命令，运行该程序，按下不同的键，终端可输出不同的值。

```
test@rk3399:~/gw3399-driver/key_app$ sudo ./key_app
key: 2.value: 1
key: 2.value: 0
key: 3.value: 1
key: 3.value: 0
```

2）按键驱动程序的分析

按键驱动程序的代码保存在"gw3399-linux/kernel//drivers/input/keyboard/gpio_keys.c"，设备树定义了 3 个按键，3 个按键分别对应：

```
gpios = <&gpio0 5 GPIO_ACTIVE_LOW>;                    //按键 0
gpios = <&gpio2 10 GPIO_ACTIVE_LOW>;                   //按键 1
gpios = <&gpio0 8 GPIO_ACTIVE_LOW>;                    //按键 2
```

按键驱动程序的代码如下：

```
gpio-keys {
    compatible = "gpio-keys";
    #address-cells = <1>;
    #size-cells = <0>;
    autorepeat;
    pinctrl-names = "default";
    pinctrl-0 = <&pwrbtn &userbtn01 &userbtn02>;
    button@0 {
        gpios = <&gpio0 5 GPIO_ACTIVE_LOW>;
        linux,code = <KEY_POWER>;
        label = "GPIO Key Power";
        linux,input-type = <1>;
        gpio-key,wakeup = <1>;
        debounce-interval = <100>;
    };
    button@1 {
        gpios = <&gpio2 10 GPIO_ACTIVE_LOW>;
        linux,code = <KEY_1>;
        label = "GPIO Button 01";
        linux,input-type = <1>;
        debounce-interval = <100>;
    };
    button@2 {
        gpios = <&gpio0 8 GPIO_ACTIVE_LOW>;
        linux,code = <KEY_2>;
        label = "GPIO Button 02";
```

```
            linux,input-type = <1>;
            debounce-interval = <100>;
        };
};
```

平台总线中最关键的是 probe()函数，其代码如下：

```
static int gpio_keys_probe(struct platform_device *pdev)
{
    struct device *dev = &pdev->dev;
    const struct gpio_keys_platform_data *pdata = dev_get_platdata(dev);
    //相关的结构体及宏定义在 "include/linux/input.h include/linux/gpio_keys.h" 中
    struct gpio_keys_drvdata *ddata;
    struct input_dev *input;
    size_t size;
    int i, error;
    int wakeup = 0;
    if (!pdata) {
        pdata = gpio_keys_get_devtree_pdata(dev);
        if (IS_ERR(pdata))
            return PTR_ERR(pdata);
    }
    size = sizeof(struct gpio_keys_drvdata) + pdata->nbuttons * sizeof(struct gpio_button_data);
    ddata = devm_kzalloc(dev, size, GFP_KERNEL);              //分配且清空数据空间
    if (!ddata) {
        dev_err(dev, "failed to allocate state\n");
        return -ENOMEM;
    }
    input = devm_input_allocate_device(dev);                  //分配一个输入设备
    if (!input) {
        dev_err(dev, "failed to allocate input device\n");
        return -ENOMEM;
    }
    //设置输入设备属性
    ddata->pdata = pdata;
    ddata->input = input;
    mutex_init(&ddata->disable_lock);
    platform_set_drvdata(pdev, ddata);
    input_set_drvdata(input, ddata);
    input->name = pdata->name ? : pdev->name;
    input->phys = "gpio-keys/input0";
    input->dev.parent = &pdev->dev;
    input->open = gpio_keys_open;
    input->close = gpio_keys_close;

    input->id.bustype = BUS_HOST;
    input->id.vendor = 0x0001;
```

```c
            input->id.product = 0x0001;
            input->id.version = 0x0100;
            //启用输入子系统的自动重复功能
            if (pdata->rep)
                __set_bit(EV_REP, input->evbit);
            for (i = 0; i < pdata->nbuttons; i++) {              //对注册的每个 GPIO 进行设置
                const struct gpio_keys_button *button = &pdata->buttons[i];
                struct gpio_button_data *bdata = &ddata->data[i];
                //主要是 GPIO 的中断、定时器、工作队列等设置
                error = gpio_keys_setup_key(pdev, input, bdata, button);
                if (error)
                    return error;
                if (button->wakeup)
                    wakeup = 1;
            }
            //创建文件系统的节点
            error = sysfs_create_group(&pdev->dev.kobj, &gpio_keys_attr_group);
            if (error) {
                dev_err(dev, "Unable to export keys/switches, error: %d\n", error);
                return error;
            }
            error = input_register_device(input);                //注册一个输入设备
            if (error) {
                dev_err(dev, "Unable to register input device, error: %d\n", error);
                goto err_remove_group;
            }
            device_init_wakeup(&pdev->dev, wakeup);
            return 0;

        err_remove_group:
            sysfs_remove_group(&pdev->dev.kobj, &gpio_keys_attr_group);
            return error;
        }
        //输入设备退出时调用的函数
        static int gpio_keys_remove(struct platform_device *pdev)
        {
            sysfs_remove_group(&pdev->dev.kobj, &gpio_keys_attr_group);
            device_init_wakeup(&pdev->dev, 0);
            return 0;
        }
```

3）按键驱动程序的测试

按键驱动程序的测试是通过设备文件进行的，首先调用 open()函数打开按键设备文件"/dev/input/by-path/platform-gpio-keys-event"，然后在 keyEventCheck 中调用 read()函数来读取按键的状态，最后输出读取到的按键状态。代码如下：

```c
#define USE_ADC_KEY 0
#define DEVFILE    "/dev/input/by-path/platform-gpio-keys-event"
static int devFd = -1;
//按键状态检测函数
static struct input_event keyEventCheck(void)
{
    struct input_event t;
    if (devFd >= 0){
        struct timeval tv;
        fd_set rset;

        tv.tv_sec = 0;
        tv.tv_usec = 20;
        FD_ZERO(&rset);
        FD_SET(devFd, &rset);
        select(devFd+1, &rset, NULL, NULL, &tv);
        if(FD_ISSET(devFd, &rset)){
            if (read(devFd, &t, sizeof(t)) == sizeof(t)){
                if(t.type==EV_KEY && t.value != 2){
                    return t;
                }
            }
        }
    }
    memset(&t, 0, sizeof t);
    return t;
}

struct input_event keyCheck(void)
{
    return keyEventCheck();
}
//打开设备文件
void keyInit(void)
{
    if (devFd < 0) {
        devFd = open(DEVFILE, O_RDONLY);
    }
}
//关闭设备文件
void keyDeInit(void)
{
    if (devFd >= 0) {
        close(devFd);
        devFd = -1;
    }
}
```

```c
int main(int argc, char *argv[])
{
    struct input_event t;
    keyInit();
    while (1) {
        t = keyCheck();
        if (t.type==EV_KEY) {
            printf("key: %d, value: %d\r\n", t.code, t.value);
        }
    }
    return 0;
}
```

5.2.4.2 ADC 驱动程序的开发、分析与测试

1）ADC 驱动程序的开发

按键驱动程序已经默认被编译到 Linux 内核中，因此无须再使用命令"insmod"加载。Linux 2.6 内核已经自带了 ADC 通用驱动程序，该通用驱动程序是基于平台总线设备驱动模块开发的，但该通用驱动程序并不完善。ADC 驱动程序也可以基于混杂字符设备驱动模块来开发。本节介绍 Linux 内核自带的 ADC 驱动程序。

设备树信息及 ADC 驱动程序代码保存在 sdk 包中，进入内核目录后，可输入以下命令来查看设备树信息。

```
root@hostlocal:/home/mysdk/gw3399-linux/kernel# vi arch/arm64/boot/dts/rockchip/rk3399.dtsi
```

说明：x3399-linux.dts 包含 rk3399.dtsi，两者都包含驱动程序信息。

和 ADC 相关的信息如下：

```
saradc: saradc@ff100000 {
    compatible = "rockchip,rk3399-saradc";
    reg = <0x0 0xff100000 0x0 0x100>;
    interrupts = <GIC_SPI 62 IRQ_TYPE_LEVEL_HIGH 0>;
    #io-channel-cells = <1>;
    clocks = <&cru SCLK_SARADC>, <&cru PCLK_SARADC>;
    clock-names = "saradc", "apb_pclk";
    resets = <&cru SRST_P_SARADC>;
    reset-names = "saradc-apb";
    status = "disabled";
};
```

通过 SSH 远程登录 RK3399 嵌入式开发板，进入"/sys/devices/platform/ff100000.saradc"目录后输入命令"cd iio\:device0/"，可得到设备信息，如下所示。

```
test@rk3399:/sys/devices/platform/ff100000.saradc$ cd iio\:device0/
test@rk3399:/sys/devices/platform/ff100000.saradc/iio:device0$ ls
dev             in_voltage2_raw  in_voltage5_raw   of_node  uevent
in_voltage0_raw in_voltage3_raw  in_voltage_scale  power
in_voltage1_raw in_voltage4_raw  name              subsystem
```

在上面的设备信息中,"in_voltage%d_raw"对应的是各个 ADC 通道的转换值,接下来可编写应用程序测试 ADC 驱动程序。步骤如下:

(1)将"开发例程\14-ADC_PWMDriver"中 adc_app 文件夹通过 SFTP 服务复制到 RK3399 嵌入式开发板的"/home/test"目录。

(2)进入"adc_app"目录,输入以下命令编译源文件。

```
test@rk3399:~/adc_app$ gcc -o adc_app adc_app.c
test@rk3399:~/adc_app$ ls
adc_app adc_app.c adc.h
```

(3)输入以下命令运行编译生成的文件,可得到 ADC 的输出数据,如下所示。

```
test@rk3399:~/adc_app$ ./adc_app
adc ch 0 v:0.16
adc ch 0 v:0.16
adc ch 0 v:0.16
adc ch 0 v:0.16
adc ch 0 v:0.17
adc ch 0 v:0.15
adc ch 0 v:0.16
adc ch 0 v:0.16
adc ch 0 v:0.16
adc ch 0 v:0.16
adc ch 0 v:0.16
adc ch 0 v:0.17
```

2)ADC 驱动程序的分析

ADC 驱动程序的代码保存在"gw3399-linux/kernel/drivers/iio/adc/rockchip_saradc.c"中,设备树文件保存在"gw3399-linux/kernel/arch/arm64/boot/dts/rockchip/rk3399.dtsi"中,如下所示。

```
saradc: saradc@ff100000 {
    compatible = "rockchip,rk3399-saradc";
    reg = <0x0 0xff100000 0x0 0x100>;
    interrupts = <GIC_SPI 62 IRQ_TYPE_LEVEL_HIGH 0>;
    #io-channel-cells = <1>;
    clocks = <&cru SCLK_SARADC>, <&cru PCLK_SARADC>;
    clock-names = "saradc", "apb_pclk";
    resets = <&cru SRST_P_SARADC>;
    reset-names = "saradc-apb";
    status = "disabled";
};
```

通过代码"compatible = "rockchip,rk3399-saradc"",可得到 ADC 驱动程序的代码,保存在"/drivers/iio/adc/rockchip_saradc.c"中。代码如下:

```
static const struct of_device_id rockchip_saradc_match[] = {
    {
        .compatible = "rockchip,saradc",
```

```
            .data = &saradc_data,
    }, {
            .compatible = "rockchip,rk3066-tsadc",
            .data = &rk3066_tsadc_data,
    }, {
            .compatible = "rockchip,rk3399-saradc",                    //匹配设备树
            .data = &rk3399_saradc_data,
    },
    {},
};
```

其中重要的结构体为 iio_info rockchip_saradc_iio_info，该结构体的定义如下：

```
static const struct iio_info rockchip_saradc_iio_info = {
    .read_raw = rockchip_saradc_read_raw,       //rockchip_saradc_read_raw()函数用来读取 ADC 数据
    .driver_module = THIS_MODULE,
};
```

设置 ADC 通道，在设备树中使用的是 adc1()函数，代码如下：

```
static const struct iio_chan_spec rockchip_rk3399_saradc_iio_channels[] = {
    ADC_CHANNEL(0, "adc0"),                                            //ADC 通道
    ADC_CHANNEL(1, "adc1"),
    ADC_CHANNEL(2, "adc2"),
    ADC_CHANNEL(3, "adc3"),
    ADC_CHANNEL(4, "adc4"),
    ADC_CHANNEL(5, "adc5"),
};
static const struct rockchip_saradc_data rk3399_saradc_data = {
    .num_bits = 10,                                                    //ADC 的位数是 10
    .channels = rockchip_rk3399_saradc_iio_channels,                   //ADC 通道
    .num_channels = ARRAY_SIZE(rockchip_rk3399_saradc_iio_channels),   //通道数目
    .clk_rate = 1000000,                                               //时钟频率
};
```

ADC 驱动程序中的关键函数是 probe()函数，该函数用于设置寄存器的地址、时钟频率、参考电压等。代码如下：

```
static int rockchip_saradc_probe(struct platform_device *pdev)
{
    struct rockchip_saradc *info = NULL;             //自定义结构体，用来记录一些资源
    struct device_node *np = pdev->dev.of_node;
    struct iio_dev *indio_dev = NULL;
    struct resource       *mem;
    const struct of_device_id *match;
    int ret;
    int irq;
    if (!np)
    return -ENODEV;
```

```c
    indio_dev = devm_iio_device_alloc(&pdev->dev, sizeof(*info));      //分配一个 iio_dev 结构体
    if (!indio_dev) {
        dev_err(&pdev->dev, "failed allocating iio device\n");
        return -ENOMEM;
    }
    info = iio_priv(indio_dev);
    match = of_match_device(rockchip_saradc_match, &pdev->dev);
    info->data = match->data;
    mem = platform_get_resource(pdev, IORESOURCE_MEM, 0);              //获取寄存器地址
    info->regs = devm_ioremap_resource(&pdev->dev, mem);               //映射到内核空间
    if (IS_ERR(info->regs))
    return PTR_ERR(info->regs);
    info->reset = devm_reset_control_get(&pdev->dev, "saradc-apb");
    if (IS_ERR(info->reset)) {
        ret = PTR_ERR(info->reset);
        if (ret != -ENOENT)
        return ret;
        dev_dbg(&pdev->dev, "no reset control found\n");
        info->reset = NULL;
    }
    init_completion(&info->completion);
    irq = platform_get_irq(pdev, 0);                                   //获取中断号
    if (irq < 0) {
        dev_err(&pdev->dev, "no irq resource?\n");
        return irq;
    }
    ret = devm_request_irq(&pdev->dev, irq, rockchip_saradc_isr, 0, dev_name(&pdev->dev), info);
    if (ret < 0) {
        dev_err(&pdev->dev, "failed requesting irq %d\n", irq);
        return ret;
    }
    info->pclk = devm_clk_get(&pdev->dev, "apb_pclk");
    if (IS_ERR(info->pclk)) {
        dev_err(&pdev->dev, "failed to get pclk\n");
        return PTR_ERR(info->pclk);
    }
    info->clk = devm_clk_get(&pdev->dev, "saradc");
    if (IS_ERR(info->clk)) {
        dev_err(&pdev->dev, "failed to get adc clock\n");
        return PTR_ERR(info->clk);
    }
    info->vref = devm_regulator_get(&pdev->dev, "vref");               //设置参考电压
    if (IS_ERR(info->vref)) {
        dev_err(&pdev->dev, "failed to get regulator, %ld\n", PTR_ERR(info->vref));
        return PTR_ERR(info->vref);
    }
    if (info->reset)
```

```c
        rockchip_saradc_reset_controller(info->reset);
        _set_rate(info->clk, info->data->clk_rate);                    //设置时钟频率
        if (ret < 0) {
            dev_err(&pdev->dev, "failed to set adc clk rate, %d\n", ret);
            return ret;
        }
        ret = regulator_enable(info->vref);
        if (ret < 0) {
            dev_err(&pdev->dev, "failed to enable vref regulator\n");
            return ret;
        }
        info->uv_vref = regulator_get_voltage(info->vref);
        if (info->uv_vref < 0) {
            dev_err(&pdev->dev, "failed to get voltage\n");
            ret = info->uv_vref;
            goto err_reg_voltage;
        }
        ret = clk_prepare_enable(info->pclk);
        if (ret < 0) {
            dev_err(&pdev->dev, "failed to enable pclk\n");
            goto err_reg_voltage;
        }
        ret = clk_prepare_enable(info->clk);
        if (ret < 0) {
            dev_err(&pdev->dev, "failed to enable converter clock\n");
            goto err_pclk;
        }
        platform_set_drvdata(pdev, indio_dev);                          //把 iio_dev 放到平台设备的私有数据中
        indio_dev->name = dev_name(&pdev->dev);
        indio_dev->dev.parent = &pdev->dev;
        indio_dev->dev.of_node = pdev->dev.of_node;
        indio_dev->info = &rockchip_saradc_iio_info;
        indio_dev->modes = INDIO_DIRECT_MODE;
        indio_dev->channels = info->data->channels;
        indio_dev->num_channels = info->data->num_channels;   //记录通道数
        ret = iio_device_register(indio_dev);                           //向 Linux 内核注册 iio_dev
        if (ret)
        goto err_clk;
        return 0;
    err_clk:
        clk_disable_unprepare(info->clk);
    err_pclk:
        clk_disable_unprepare(info->pclk);
    err_reg_voltage:
        regulator_disable(info->vref);
        return ret;
    }
```

3）ADC 驱动程序的测试

ADC 驱动程序的测试是通过 sysfs 文件系统进行的。首先调用 open()函数打开 ADC 设备文件"/sys/devices/platform/ff100000.saradc/iio:device0"；然后在 adcReadRaw()函数中调用设备文件的 read()函数来读取 ADC 的原始电压数据，读取的数据通过 adcReadCh0Volage()函数转换成有效的检测数据；最后输出转换后的数据。代码如下：

```c
#define DEVDIR    "/sys/devices/platform/ff100000.saradc/iio:device0"
void msleep(int ms);
//延时处理函数
void msleep(int ms)
{
    struct timeval delay;
    delay.tv_sec = ms/1000;
    delay.tv_usec = (ms%1000) * 1000;
    select(0, NULL, NULL, NULL, &delay);
}
//读取 ADC 的原始电压数据
int adcReadRaw(int ch)
{
    int ret = -1;
    if (ch>=0 && ch<=5) {
        char buf[128];
        snprintf(buf, 128, DEVDIR"/in_voltage%d_raw", ch);
        int fd = open(buf, O_RDONLY);
        if (fd > 0) {
            ret = read(fd, buf, 128);
            if (ret > 0) {
                buf[ret] = '\0';
                ret = atoi(buf);
            }
            close(fd);
        }
    }
    return ret;
}
//ADC 数据转换函数，将读取的电压值转换成有效的检测数据
float adcReadCh0Volage(void)
{
    int t = adcReadRaw(0);
    if (t >= 0) {
        float v = t * 1.8f / 1023;
        float vin = v;
        #define R1 10000.0f
        #define R2 10000.0f
        #define R3 10000.0f
        //10K 1.8v
```

```
            #if 0
            float i3, i1, i2;
            i3 = (1.8 - v)/R3;
            i1 = v / R1;
            i2 = i1 - i3;
            vin = v + i2 * R2;
            #endif
            return vin;
      }
      return -1;
}
//循环调用 adcReadCh0Volage()函数读取传感器的数据
int adicTest()
{
      while (1) {
            float v =   adcReadCh0Volage();
            printf("adc ch 0 v:%.2f \r\n", v);
            msleep(1000);
      }
      return 0;
}
int main()
{
      while (1) {
            float v =   adcReadCh0Volage();
            printf("adc ch 0 v:%.2f \r\n", v);
            msleep(1000);
      }
      return 0;
}
```

5.2.4.3 PWM 驱动程序的开发、分析与测试

1）PWM 驱动程序的开发

PWM 驱动程序已经被编译到默认 Linux 内核中了，无须再使用"insmod"命令加载。PWM 的设备树信息及驱动源代码均保存在 sdk，进入内核目录后，输入以下命令可查看设备树信息：

root@hostlocal:/home/mysdk/gw3399-linux/kernel# vi arch/arm64/boot/dts/rockchip/rk3399.dtsi

在设备树中，和 PWM 驱动程序相关的信息如下：

```
pwm0: pwm@ff420000 {
      compatible = "rockchip,rk3399-pwm", "rockchip,rk3288-pwm";
      reg = <0x0 0xff420000 0x0 0x10>;
      #pwm-cells = <3>;
      pinctrl-names = "active";
      pinctrl-0 = <&pwm0_pin>;
      clocks = <&pmucru PCLK_RKPWM_PMU>;
```

```
        clock-names = "pwm";
        status = "disabled";
};
pwm1: pwm@ff420010 {
        compatible = "rockchip,rk3399-pwm", "rockchip,rk3288-pwm";
        reg = <0x0 0xff420010 0x0 0x10>;
        #pwm-cells = <3>;
        pinctrl-names = "active";
        pinctrl-0 = <&pwm1_pin>;
        clocks = <&pmucru PCLK_RKPWM_PMU>;
        clock-names = "pwm";
        status = "disabled";
};
```

输入以下命令可查看 PWM 驱动程序的代码:

```
root@hostlocal:/home/mysdk/gw3399-linux/kernel# vi drivers/pwm pwm-rockchip.c
```

通过 SSH 远程登录 RK3399 嵌入式开发板后,进入"/sys/class/pwm/pwmchip1/"目录可查看 PWM 驱动程序的信息,如下所示。

```
test@rk3399: /sys/devices/platform/ff100000.saradc/iio:device0$ cd /
test@rk3399:/$ cd /sys/class/pwm/pwmchip1/
test@rk3399:/sys/class/ pwm/pwmchip1$ ls
device   export   npwm   power   subsystem   uevent   unexport
```

编写应用程序来测试 PWM 驱动程序,步骤如下:

(1) PWM 驱动程序的代码保存在"ADC_PWMDriver/pwm_app"中,通过 SFTP 服务将该目录复制到 RK3399 嵌入式开发板的"/home/test"目录中。代码如下:

```
test@rk3399:~$ pwd
/home/test
test@rk3399:~$ ls
adc_ app Downloads nlp-platform server tcp ZXBeeGW
catkin Ws i2c_ app nlp- resources sqlite - 3071600 Templates
Code incToudlab-ai Pictures sqlite-arm test.db
cv-platform key_ app process sqlite.c uart-test
Desktop map Public ssd1316. ko udp
Documents Music pwm_app ssl Videos
```

(2) 进入"ADC_PWMDriver/pwm_app"目录,输入以下命令进行编译:

```
test@rk3399:~$ ~/pwm _app$ gcc -o pwm_app pwm_app.c
/tmp/ccUlCViY.o:在函数'pwm_LedSin'中:
pwm_app.c(.text+0x39c):对'sinf'未定义的引用
collect2:error:ld returned 1 exit status
```

此时会出现提示 sinf 未定义的错误,重新输入以下命令进行编译:

```
test@rk3399:~/pwm app$ gcc -o pwm_app pwm_app.c -lm
test@rk3399:-/ pwm_ app$ ls
pwm_app     pwmapp.c    pwmLed.h
```

(3) 输入以下命令运行编译生成的文件,可以看到 LED 的亮度在逐渐变化。

```
test@rk3399:~/pwm_app$ sudo su
root@rk3399:/home/test/pwm_app# ./pwm_ app
```

2) PWM 驱动程序的分析

PWM 驱动程序的代码保存在"gw3399-linux/kernel/drivers/pwm/pwm-rockchip.c"中,其中 gw3399-linux 是从 gw3399-linux.tar 包里解压缩来的。

(1) 在设备树中,"pinctrl-0 = <&pwm0_pin>"表明使用的是 pwm0 通道,相关硬件信息如下:

```
pwm0: pwm@ff420000 {
    compatible = "rockchip,rk3399-pwm", "rockchip,rk3288-pwm";
    reg = <0x0 0xff420000 0x0 0x10>;
    #pwm-cells = <3>;
    pinctrl-names = "active";
    pinctrl-0 = <&pwm0_pin>;
    clocks = <&pmucru PCLK_RKPWM_PMU>;
    clock-names = "pwm";
    status = "disabled";
};
pwm1: pwm@ff420010 {
    compatible = "rockchip,rk3399-pwm", "rockchip,rk3288-pwm";
    reg = <0x0 0xff420010 0x0 0x10>;
    #pwm-cells = <3>;
    pinctrl-names = "active";
    pinctrl-0 = <&pwm1_pin>;
    clocks = <&pmucru PCLK_RKPWM_PMU>;
    clock-names = "pwm";
    status = "disabled";
};
```

(2) PWM 的驱动程序保存在 pwm-rockchip.c 中,主要包括初始化 PWM、打开 PWM、读取 PWM 的数据、控制 PWM、释放 PWM、卸载 PWM。在 PWM 驱动程序中,rockchip_pwm_config()函数用于配置 PWM 的周期和占空比,rockchip_pwm_enable()函数用于使能 PWM,rockchip_pwm_apply()函数用于申请 PWM。PWM 驱动程序中的重要结构体如下:

```
pc->data = id->data;
pc->chip.dev = &pdev->dev;
pc->chip.ops = &rockchip_pwm_ops;
pc->chip.base = -1;
pc->chip.npwm = 1;
```

结构体 rockchip_pwm_ops 的定义为:

```
static const struct pwm_ops rockchip_pwm_ops = {
    .get_state = rockchip_pwm_get_state,        //获取当前 PWM 状态
    .apply = rockchip_pwm_apply,                //申请 PWM
    .owner = THIS_MODULE,
};
```

初始化 pwm_chip 后,可以通过 pwmchip_add()函数将 pwm_chip 注册到 Linux 内核中。代码如下:

```
ret = pwmchip_add(&pc->chip);
if (ret < 0) {
    clk_unprepare(pc->clk);
    dev_err(&pdev->dev, "pwmchip_add() failed: %d\n", ret);
    goto err_pclk;
}
```

注册 pwm_chip 后调用的函数是 rockchip_pwm_probe(),PWM 的功能主要是在该函数中实现的,该函数的代码如下:

```
static struct platform_driver rockchip_pwm_driver = {
    .driver = {
        .name = "rockchip-pwm",
        .of_match_table = rockchip_pwm_dt_ids,
    },
    .probe = rockchip_pwm_probe,
    .remove = rockchip_pwm_remove,
};
module_platform_driver(rockchip_pwm_driver);
```

退出 PWM 时调用的函数是 rockchip_pwm_remove(),该函数的代码如下:

```
static int rockchip_pwm_remove(struct platform_device *pdev)
{
    struct rockchip_pwm_chip *pc = platform_get_drvdata(pdev);

    if (pwm_is_enabled(pc->chip.pwms))
        clk_disable(pc->clk);

    clk_unprepare(pc->pclk);
    clk_unprepare(pc->clk);

    return pwmchip_remove(&pc->chip);
}
```

运行 PWM 驱动程序后会在"/sys/class/pwm/pwmchip"中生成相关的文件。控制 PWM 的示例代码如下:

```
echo 0 > /sys/class/pwm/pwmchip %d/export              //设置某个 PWM 通道输出
echo 1 >/sys/class/pwm/pwmchip%d/pwm0/enable           //设置某个 PWM 使能
echo 1000000 >/sys/class/pwm/pwmchip%d/pwm0/period     //设置某个 PWM 的周期持续时间,单位为 ns
```

```
//设置一个周期中 ON 的时间, 单位为 ns, 即占空比 duty_cycle/period=50%
echo 500000 >/sys/class/pwm/pwmchip%d/pwm0/duty_cycle
```

3) PWM 驱动程序的测试

PWM 驱动程序的测试是通过 sysfs 文件系统来实现的。首先调用 pwmLedInit()函数,在该函数中调用以下函数进行 PWM 的初始化:

```
pwmLedPeriod(1000);           //设置 1000 ns 的持续时间
pwmLedEnable(0);              //设置使能
pwmLedValue(0);               //设置占空比
pwmLedPolarity(0);            //设置正常模式
```

然后在控制线程中通过 pwmLedSin(3000, parg)控制 LED 的亮度变化,实现呼吸灯的效果,代码如下:

```c
#define M_PI 3.14159265358979323846
#define PWM_DIR "/sys/class/pwm/pwmchip1/pwm0"
#if 0
#define dbg(x...) do{printf(x);printf("\r\n");}while(0)
#else
#define dbg(x...) do{}while(0)
#endif
//延时处理函数
void msleep(int ms)
{
    struct timeval delay;
    delay.tv_sec = ms/1000;
    delay.tv_usec = (ms%1000) * 1000;
    select(0, NULL, NULL, NULL, &delay);
}
//设置 PWM 的周期持续时间,单位为 ns
void pwmLedPeriod(int p)
{
    char buf[128];
    snprintf(buf, 128, "echo \"%d\" > "PWM_DIR"/period",p*1000);
    dbg(buf);
    system(buf);
}
//设置一个周期中 ON 的时间,单位为 ns,即占空比=duty_cycle/period=50%
void pwmLedValue(int v)
{
    char buf[128];
    snprintf(buf, 128, "echo \"%d\" > "PWM_DIR"/duty_cycle",v*1000);
    dbg(buf);
    system(buf);
}
//设置 LED 工作模式
void pwmLedPolarity(int p)
```

```c
{
    char buf[128];
    char* v[] = {"normal", "inversed"};
    p = !!p;
    snprintf(buf, 128, "echo %s > "PWM_DIR"/polarity",v[p]);
    dbg(buf);
    system(buf);
}
//设置某个 PWM 使能
void pwmLedEnable(int en)
{
    char buf[128];
    snprintf(buf, 128, "echo \"%d\" > "PWM_DIR"/enable", !!en);
    dbg(buf);
    system(buf);
}
//LED 的初始化
void pwmLedInit(void)
{
    if (0 != access(PWM_DIR,F_OK)) {
        system("echo \"0\" > /sys/class/pwm/pwmchip1/export");
    }
    pwmLedPeriod(1000);
    pwmLedEnable(0);
    pwmLedValue(0);
    pwmLedPolarity(0);
}
//PWM 在指定时间的占空比
void pwmLedSin(int Tms, int *run)
{
    int i;
    float t = Tms / 180.0f;
    for (i=0; i<=180&& *run; i+=1) {
        int v = sinf(i*M_PI/180)*1000;
        pwmLedValue(v);
        msleep(t);
    }
}
//LED 的控制线程
void *pwmLedThread(void *arg)
{
    int *parg = arg;

    pwmLedInit();
    pwmLedPeriod(1000);
    pwmLedEnable(1);
    while (*parg) {
```

```
            pwmLedSin(3000, parg);
            for (int i=0; i<10&& *parg; i++) {
                msleep(100);
            }
        }
        return 0;
    }
    int main()
    {
        int run = 1;
        pwmLedThread(&run);
        return 0;
    }
```

5.2.5 小结

本节的主要内容包括按键驱动程序的开发、ADC 驱动程序的开发、PWM 驱动程序的开发，通过开发实践引导读者掌握按键、ADC 和 PWM 驱动程序的开发与测试。

5.2.6 思考与拓展

（1）Linux 的中断由几部分构成？分别有什么作用？
（2）简述输入子系统的概念。
（3）ADC 有哪些主要特性？
（4）通过 PWM 驱动 LED 与通过 GPIO 驱动 LED 有什么区别？

5.3 总线设备驱动程序的开发

嵌入式系统会经常使用到一些总线，如 I2C 总线和 SPI 总线，这些总线都有各自的开发框架，本节以 I2C 总线驱动程序为例，介绍总线设备驱动程序的开发。

5.3.1 I2C 总线概述

在微处理器中，串行总线已成为必备的功能。在目前比较流行的几种串行总线中，I2C（Inter Integrated Circuit）总线以其严格的规范，以及众多器件的支持，得到了广泛的应用。

I2C 总线是由 Philips 公司开发的二线式串行总线，用于连接微处理器及其外设。I2C 总线由 SDA 和 SCL 构成，可发送和接收数据。I2C 总线可在微处理器与被控设备之间、设备与设备之间进行双向数据传输，高速 I2C 总线的数据传输速率一般可达 400 kbps 以上。I2C 总线与通信设备之间的常用连接方式如图 5.13 所示。

I2C 总线有以下特点：
（1）I2C 总线是一种支持多设备的总线，多个设备可共用信号线。
（2）I2C 总线只使用两条线路，一条线路为 SDA，另一条线路为 SCL，SDA 用来传输数据，SCL 用于数据收发同步。

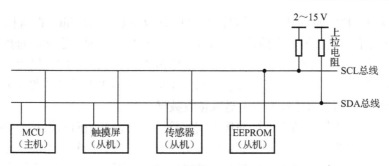

图 5.13　I2C 总线与通信设备之间的常用连接方式

（3）每个连接到总线的设备都有一个唯一的、独立的地址，主机可以利用这个地址访问不同的设备。

（4）I2C 总线通过上拉电阻接到电源，当设备空闲时，会输出高阻态；当所有设备都空闲，都输出高阻态时，由上拉电阻把 I2C 总线拉成高电平。

（5）当多个主机同时使用总线时，为了防止数据冲突，I2C 总线利用仲裁的方式决定由哪个主机占用总线。

（6）I2C 总线具有三种传输模式：标准模式的数据传输速率为 100 kbps，快速模式的数据传输速率为 400 kbps，高速模式的数据传输速率为 3.4 Mbps。

（7）连接到 I2C 总线上的设备数量受到总线的最大电容（400 pF）的限制。

同时，I2C 总线协议定义了通信的起始信号、停止信号、数据有效性、响应等内容。

I2C 总线通信的工作原理为：主机首先发送起始信号；接着发送 1 B 的数据，该数据由高 7 bit 的地址码和最低 1 bit 的方向位组成（方向位表明主机与从机间的数据传输方向），I2C 总线的所有从机将自己的地址与主机发送的地址进行比较，如果从机地址与总线上的地址相同，该从机就是与主机进行数据传输的设备；然后进行数据传输，根据方向位，主机接收从机发送的数据或者向从机发送数据；当数据传输完成后，主机发出一个停止信号，释放 I2C 总线，所有的从机等待下一个起始信号。

I2C 总线的主机（主设备）写数据到从机（从设备）的通信过程如图 5.14 所示。

图 5.14　主机写数据到从机的通信过程

主机由从机中读数据的通信过程如图 5.15 所示。

图 5.15　主机由从机中读数据的通信过程

其中，S 表示由主机发送起始信号，这时连接到 I2C 总线上的所有从机都会接收到这个信号，并开始等待主机广播的从机地址信号。在 I2C 总线上，每个设备的地址都是唯一的，当主机广播的地址与某个从机的地址相同时，就表示这个从机被选中了，其他从机就会忽略之后的数据。根据 I2C 总线协议，从机地址可以有 7 bit 或 10 bit。在从机地址（SLAVE ADDRESS）位之后，是传输方向的选择（R/$\overline{\text{W}}$）位，该位为 0 时，表示后面数据传输的方向是由主机传输至从机，即主机向从机写数据；该位为 1 时则相反，即主机读取从机的数据。从机接收到匹配的地址后，主机或从机会返回一个应答（ACK）或非应答（NACK）信号，只有接收到应答信号后主机才能继续发送或接收数据。

写数据过程：当主机广播完地址并接收到应答信号后，开始向从机发送数据，数据包的大小为 8 bit，主机每发送完 1 B 的数据后都要等待从机的应答信号，不断重复这个过程，就可以向从机传输 N 字节的数据（N 没有大小限制）。当数据传输结束后，主机向从机发送一个停止传输信号（P），表示不再发送数据。

读数据过程：当主机广播完地址并接收到应答信号后，从机开始向主机发送数据，数据包的大小也是 8 bit，从机每发送完 1 B 的数据，都会等待主机的应答信号，不断重复这个过程，可以返回 N 字节的数据（N 也没有大小限制）。当主机希望停止接收数据时，就向从机发送一个非应答信号（NACK），则从机自动停止数据的发送。

5.3.2　I2C 总线驱动程序的开发

5.3.2.1　Linux 的 I2C 总线驱动程序架构

Linux 的 I2C 总线驱动程序架构包括 3 个组成部分：

I2C 核心：I2C 核心提供了 I2C 总线驱动程序和设备驱动的注册、注销方法，I2C 总线的通信方法，与具体适配器无关的代码，以及设备检测的上层代码等。

I2C 总线驱动：I2C 总线驱动是对 I2C 总线驱动程序架构中的适配器实现，适配器可由微处理器控制，甚至可以直接集成在微处理器中。

I2C 设备驱动：I2C 设备驱动是对 I2C 总线驱动程序架构中的设备端实现，设备一般挂接在由微处理器控制的适配器上，通过适配器与微处理器交换数据。

5.3.2.2　I2C 总线驱动程序中的重要结构体

（1）i2c_driver 结构体：用于管理 I2C 的驱动程序和 I2C 设备的检测，实现与应用层交互的文件操作集合，如 fops、cdev 等。该结构体的定义为：

```
struct i2c_driver {
    unsigned int class;
    int (*attach_adapter)(struct i2c_adapter *);
    int (*detach_adapter)(struct i2c_adapter *);
    //标准驱动程序模型接口
    int (*probe)(struct i2c_client *, const struct i2c_device_id *);
    int (*remove)(struct i2c_client *);
    //与枚举无关的驱动程序模型接口
    void (*shutdown)(struct i2c_client *);
    int (*suspend)(struct i2c_client *, pm_message_t mesg);
    int (*resume)(struct i2c_client *);
    void (*alert)(struct i2c_client *, unsigned int data);
    //类似于 ioctl()函数，用于执行设备的特定功能
```

```
        int (*command)(struct i2c_client *client, unsigned int cmd, void*arg);
        struct device_driver driver;
        const struct i2c_device_id *id_table;          //该驱动程序所支持的设备 ID 表
        //设备检测回调函数，用于自动创建设备
        int (*detect)(struct i2c_client *, struct i2c_board_info *);
        const unsigned short *address_list;
        struct list_head clients;
    };
```

（2）i2c_client 结构体：每一个 I2C 总线的从机都是用 i2c_client 结构体来描述的，i2c_client 对应真实的 I2C 设备。该结构体的定义为：

```
    struct i2c_client {
        unsigned short flags;                          //标志
        unsigned short addr;                           //低 7 位为地址
        char name[I2C_NAME_SIZE];                      //设备名称
        struct i2c_adapter *adapter;
        struct i2c_driver *driver;
        struct device dev;                             //设备结构体
        int irq;                                       //设备所使用的结构体
        struct list_head detected;                     //链表头
    #if IS_ENABLED(CONFIG_I2C_SLAVE)
        i2c_slave_cb_t slave_cb;                       //从机模式的回调
    #endif
    };
```

i2c_client 结构体可以通过以下方式自动创建：
方法 1：分配、设置、注册 i2c_board_info。
方法 2：获取适配器，调用 i2c_new_device()函数。
方法 3：通过设备树创建。
方法 1 和方法 2 是通过平台总线实现的，这两种方法在 Linux 3.0 以前的内核使用；方法 3 是最新的方法，Linux 3.0 之后的内核都采用方法 3。

（3）i2c_adapter 结构体：I2C 总线都是由适配器来控制的，通过 I2C 核心将 I2C 设备与适配器关联起来，从而实现完成 I2C 总线的控制。i2c_adapter 结构体用于描述适配器，其定义为：

```
    struct i2c_adapter {
        struct module *owner;                          //所属模块
        unsigned int id;                               //算法的类型，定义在 i2c-id.h 中
        unsigned int class;                            //允许检测的类
        const struct i2c_algorithm *algo;              //访问 I2C 总线的算法
        void *algo_data;                               //对所有设备均有效的数据字段
        struct rt_mutex bus_lock;                      //控制并发访问的自旋锁
        int timeout;
        int retries;
        struct device dev;                             //适配器设备
        int nr;
        char name[48];                                 //适配器名称
```

```
    struct completion dev_released;           //用于同步
    struct list_head userspace_clients;       //链表头
};
```

（4）i2c_algorithm 结构体：用于描述 I2C 总线数据算法，通过管理适配器，实现 I2C 总线上数据的发送和接收操作。该结构体的定义为：

```
struct i2c_algorithm {
    int (*master_xfer)(struct i2c_adapter *adap, struct i2c_msg *msgs, int num);
    int (*smbus_xfer) (struct i2c_adapter *adap, u16 addr, unsigned short flags, char read_write,
                       u8 command, int size, union i2c_smbus_data *data);
    //确定适配器支持什么
    u32 (*functionality) (struct i2c_adapter *);
#if IS_ENABLED(CONFIG_I2C_SLAVE)
    int (*reg_slave)(struct i2c_client *client);
    int (*unreg_slave)(struct i2c_client *client);
#endif
};
```

5.3.2.3 结构体的关系分析

（1）i2c_adapter 结构体与 i2c_algorithm 结构体的关系。i2c_adapter 结构体对应着适配器，i2c_algorithm 对应着通信方法，适配器需要 i2c_algorithm 结构体提供的通信函数来控制适配器产生特定的访问周期，i2c_adapter 结构体中包含其使用 i2c_algorithm 结构体的指针。

i2c_algorithm 结构体中的关键函数 master_xfer()用于产生访问 I2C 总线的起始信号、停止信号和应答信号，以 i2c_msg 为单位发送和接收数据，i2c_msg 调用驱动程序中的发送函数和接收函数时需要填充 i2c_algorithm 结构体。代码如下：

```
struct i2c_msg {
    __u16 addr;                  //地址
    __u16 flags;
    __u16 len;                   //消息长度
    __u8 *buf;                   //指向 msg 数据
};
```

（2）i2c_driver 结构体和 i2c_client 结构体的关系。i2c_driver 对应着一套驱动方程序，其主要函数是 attach_adapter()和 detach_client()；i2c_client 对应着 I2C 设备，每个 I2C 设备都需要由一个 i2c_client 结构体来描述。i2c_driver 结构体与 i2c_client 结构体的关系是一对多，一个 i2c_driver 结构体可以支持多个同等类型的 i2c_client 结构体。

（3）i2c_adapter 结构体和 i2c_client 结构体的关系。i2c_adapter 结构体和 i2c_client 结构体的关系与 I2C 总线驱动程序架构中适配器和设备的关系类似，i2c_client 结构体依附于 i2c_adapter 结构体。由于适配器上可以连接多个 I2C 设备，所以 i2c_adapter 结构体中包含依附于它的 i2c_client 结构体链表。

5.3.3 I2C 总线驱动程序接口函数

5.3.3.1 I2C 总线驱动程序调用分析

Linux 内核提供了 I2C 总线驱动程序框架，以及与底层硬件相关的代码，I2C 总线驱动程序开发的主要工作是挂载 I2C 总线上的设备。Linux 内核对 I2C 总线驱动程序架构进行了抽象，通过 I2C 核心分离了设备驱动和硬件控制的实现细节。I2C 核心不仅为设备驱动提供了封装后的内核注册函数，还为硬件事件提供了注册接口。

I2C 总线驱动程序的开发通常可分为 4 个步骤，前 2 个步骤属于 I2C 总线驱动，后面 2 个步骤属于 I2C 设备驱动，具体如下：

（1）初始化适配器，由微处理器控制适配器。

（2）提供 I2C 总线控制的算法，调用适配器的 xxx_xfer()函数填充 i2c_algorithm 的 master_xfer 指针，并赋值给 i2c_adapter 的 algo 指针。

（3）实现 I2C 设备驱动中的 i2c_driver,调用具体设备 yyy（yyy 为设备名称）的 yyy_probe()、yyy_remove()、yyy_suspend()、yyy_resume()函数，将 i2c_device_id 表赋值给 i2c_driver 的 probe、remove、suspend、resume 和 id_table。

（4）实现 I2C 设备与总线的挂接。

5.3.3.2 I2C 设备的注册

I2C 设备的注册主要是定义一些结构体并调用一些 API，具体如下。

（1）在 Linux 的 I2C 总线驱动程序中主要包含以下几个成员：

```
struct i2c_board_info   info;              //定义板级信息
struct i2c_adapter      *adapter;          //I2C 适配器
struct i2c_client       *client;           //I2C 设备的声明
```

（2）板级信息包含的 I2C 总线地址和设备名如下：

```
#define DEVICE_NAME "ssd1316"
#define DEV_I2C_ADDRESS    (0x78>>1)
struct i2c_board_info   info;
memset(&info, 0, sizeof (struct i2c_board_info));
info.addr = DEV_I2C_ADDRESS;
strcpy(info.type, DEVICE_NAME);
```

（3）i2c_get_adapter()函数和 i2c_new_device()函数。i2c_get_adapter()函数用于获取适配器相应的 I2C 设备，参数是设备号，代码如下：

```
struct i2c_adapter *i2c_get_adapter(int nr)
{
    struct i2c_adapter *adapter;
    mutex_lock(&core_lock);
    adapter = idr_find(&i2c_adapter_idr, nr);
    if (!adapter)
```

```
            goto exit;
        if (try_module_get(adapter->owner))
        get_device(&adapter->dev);
        else
        adapter = NULL;
    exit:
        mutex_unlock(&core_lock);
        return adapter;
}
```

i2c_new_device()函数用于静态地向适配器添加新的 I2C 设备，根据 i2c_board_info 静态设备声明信息，把适配器和新增的 I2C 设备关联起来，从而组成一个客户端。代码如下：

```
struct i2c_client * i2c_new_device(struct i2c_adapter *adap, struct i2c_board_info const *info)
{
        struct i2c_client *client;
        int status;

        client = kzalloc(sizeof *client, GFP_KERNEL);
        if (!client)
        return NULL;
        client->adapter = adap;
        client->dev.platform_data = info->platform_data;
        if (info->archdata)
        client->dev.archdata = *info->archdata;
        client->flags = info->flags;
        client->addr = info->addr;
        client->irq = info->irq;
        strlcpy(client->name, info->type, sizeof(client->name));
        status = i2c_check_addr_validity(client->addr, client->flags);
        if (status) {
            dev_err(&adap->dev, "Invalid %d-bit I2C address 0x%02hx\n",
                client->flags & I2C_CLIENT_TEN ? 10 : 7, client->addr);
                goto out_err_silent;
        }
        //检查 I2C 总线地址
        status = i2c_check_addr_ex(adap, i2c_encode_flags_to_addr(client));
        if (status != 0)
        dev_err(&adap->dev, "%d i2c clients have been registered at 0x%02x", status, client->addr);
        client->dev.parent = &client->adapter->dev;
        client->dev.bus = &i2c_bus_type;
        client->dev.type = &i2c_client_type;
        client->dev.of_node = info->of_node;
        client->dev.fwnode = info->fwnode;
        i2c_dev_set_name(adap, client, status);
        status = device_register(&client->dev);
        if (status)
```

```
        goto out_err;
    dev_dbg(&adap->dev, "client [%s] registered with bus id %s\n", client->name, dev_name(&client->dev));
    return client;
out_err:
    dev_err(&adap->dev, "Failed to register i2c client %s at 0x%02x " "(%d)\n", client->name, client->addr, status);
out_err_silent:
    kfree(client);
    return NULL;
}
```

i2c_get_adapter()函数和 i2c_new_device()函数配合使用的示例如下：

```
adapter = i2c_get_adapter(DEV_I2C_BUS);
if (adapter == NULL) {
    return -ENODEV;
}
client = i2c_new_device(adapter, &info);
i2c_put_adapter(adapter);
if (client == NULL) {
    return -ENODEV;
}
```

5.3.3.3　I2C 总线的读写接口

（1）I2C 设备读写的实现。I2C 设备的读写分为两类，一类是读写命令，另一类是读写数据，都是通过 i2c_master_send()函数来实现的。

（2）i2c_master_send()函数的代码如下：

```
int i2c_master_send(const struct i2c_client *client, const char *buf, int count)
{
    int ret;
    struct i2c_adapter *adap = client->adapter;
    struct i2c_msg msg;
    msg.addr = client->addr;
    msg.flags = client->flags & I2C_M_TEN;
    msg.len = count;
    msg.buf = (char *)buf;
    ret = i2c_transfer(adap, &msg, 1);
    //如果一切正常，则返回已传输的数据字节数，否则返回错误代码
    return (ret == 1) ? count : ret;
}
```

例如：

```
i2c_master_send(new_client, write_data, 2);
//向 new_client 发送 write_data 数据，2 表示发送数据的大小
```

（3）写命令的代码如下：

```c
static int ssd1316_write_command(char c)
{
    char cmd[] = {0x00, c};
    return i2c_master_send(i2c_dev, cmd, 2);
}
```

例如：

```c
ssd1316_write_command(0x40);
```

（4）写数据的代码如下：

```c
static int ssd1316_write_data(char *p)
{
    char cmd[97];
    cmd[0] = 0x40;
    memcpy(&cmd[1], p, 96);
    return i2c_master_send(i2c_dev, cmd, 97);
}
```

例如：

```c
static void ssd1316_flush(void)
{
    int m;
    char led_buf[4][96];
    for (m=0; m<4; m++) {
    ssd1316_write_command(0xb0 + m);
    ssd1316_write_command(0x00);
    ssd1316_write_command(0x10);
    ssd1316_write_data(led_buf[m]);
    }
}
```

5.3.4 开发实践：I2C 总线驱动程序的开发

5.3.4.1 I2C 设备驱动程序的开发

本开发实践通过 I2C 总线驱动 OLED，SCL、SDA 对应的是 I2C 总线 2，OLED 的起始地址为 0x39，通过 I2C 总线向 OLED 写命令和数据，控制 OLED 的显示。OLED 的硬件连接如图 5.16 所示。

建立交叉编译开发环境后，将 ssd1363 驱动程序代码复制到共享文件夹。使用 root 权限将驱动程序代码复制到"/home/"目录中。输入以下命令进入开发目录：

```
root@hostlocal:/#cd /home/ssd1363/
root@hostlocal:/home/ssd1363# ls
Makefile    ssd1316.c
```

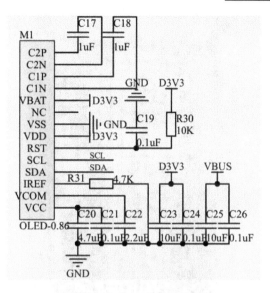

图 5.16 OLED 的硬件连接

输入 make 命令进行编译，可生成 ssd1316.ko 文件，通过下面的命令将该文件复制到共享文件夹内。

root@hostlocal: /home/ssd1363# cp ssd1316.ko /media/sf_share/

说明：生成.ko 文件必须借助于 Linux 内核源代码目录在 PC 上进行；测试程序在嵌入式开发板（如 RK3399 嵌入式开发板）上运行。

将共享文件夹内的 ssd1316.ko 文件和 i2c_app 文件夹通过 MobaXterm 工具的 SFTP 服务复制到 RK3399 嵌入式开发板的"/home/test"目录中，输入以下命令进入 i2c_app 目录。

test@rk3399:~$ cd i2c_app/
test@rk3399:~/i2c_app$ ls
oled_app.c   oled.h

在 i2c_app 目录输入以下命令编译源文件：

test@rk3399:~/i2c_app$ gcc -o oled_app oled_app.c
test@rk3399:~/i2c_app$ ls
oled_app oled_app.c oled.h

切换到 root 用户，使用命令 insmod 加载编译生成的文件，代码如下：

test@rk3399:~/i2c_app$ sudo su
root@rk3399:/home/test/i2c_app# insmod ../ssd1316.ko

运行 oled_app，在 OLED 上显示"Welcome"，说明驱动程序运行。驱动程序测试结果如图 5.17 所示。

root@rk3399:/home/test/i2c_app# ./oled_app

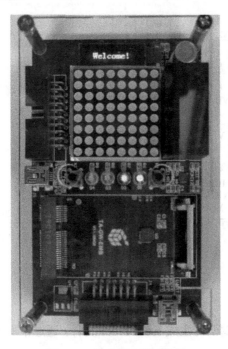

图 5.17 驱动程序测试结果

5.3.4.2 OLED 的驱动程序

OLED 的驱动程序位于"gw3399-driver/modules/ssd1316/ssd1316.c",代码如下:

```
#define    DEVICE_RS 1
#define USE_DEVFS 0
#define dbg(a...)    printk(a)
#define DEVICE_NAME "ssd1316"
#if DEVICE_RS
#define DEV_I2C_BUS 2
#define DEV_I2C_ADDRESS (0x78>>1)
//I2C 设备的注册
static int dev_i2c_register(void)
{
    struct i2c_board_info info;
    struct i2c_adapter *adapter;
    struct i2c_client *client;

    memset(&info, 0, sizeof (struct i2c_board_info));
    info.addr = DEV_I2C_ADDRESS;
    strcpy(info.type, DEVICE_NAME);

    adapter = i2c_get_adapter(DEV_I2C_BUS);
    if (adapter == NULL) {
        return -ENODEV;
    }
```

```c
        client = i2c_new_device(adapter, &info);
        i2c_put_adapter(adapter);
        if (client == NULL) {
            return -ENODEV;
        }
        dbg(DEVICE_NAME":dev register devices ok\n");
        return 0;
}
#endif
#define CMD_LED_ON      0xAF
#define CMD_LED_OFF     0xAE
tatic char led_buf[4][96];
static struct i2c_client *i2c_dev;

static int ssd1316_write_command(char c)
{
    char cmd[] = {0x00, c};
    return i2c_master_send(i2c_dev, cmd, 2);
}
static int ssd1316_write_data(char *p)
{
    char cmd[97];
    cmd[0] = 0x40;
    memcpy(&cmd[1], p, 96);
    return i2c_master_send(i2c_dev, cmd, 97);
}
static void ssd1316_flush(void)
{
    int m;
    for (m=0; m<4; m++) {
        ssd1316_write_command(0xb0 + m);
        ssd1316_write_command(0x00);
        ssd1316_write_command(0x10);
        ssd1316_write_data(led_buf[m]);
    }
}
ssize_t buffer_read(struct file *f, struct kobject *k, struct bin_attribute *a, char *buf, loff_t of, size_t len)
{
    if (len > a->size) len = a->size;
    memcpy(buf, led_buf, len);
    return len;
}
ssize_t buffer_write(struct file *f, struct kobject *k, struct bin_attribute *a, char *buf, loff_t of, size_t len)
{
    if (len > a->size) len = a->size;
    memcpy(led_buf, buf, len);
    ssd1316_flush();
```

```c
        return len;
}
static   BIN_ATTR_RW(buffer, 4*96);
static int dev_i2c_probe(struct i2c_client *client, const struct i2c_device_id *id)
{
        int ret;
        dbg(DEVICE_NAME":dev_i2c_probe()\r\n");
        i2c_dev = client;
        memset(led_buf, 0, sizeof led_buf);

        ssd1316_write_command(0xAE);            //display off
        ssd1316_write_command(0x00);            //set lower column address
        ssd1316_write_command(0x10);            //set higher column address
        ssd1316_write_command(0x40);            //set display start line
        ssd1316_write_command(0xA1);            //set segment remap
        ssd1316_write_command(0xC0);            //Com scan direction 0XC0
        ssd1316_write_command(0xA6);            //normal / reverse
        ssd1316_write_command(0xA8);            //multiplex ratio
        ssd1316_write_command(0x1F);            //duty = 1/32
        ssd1316_write_command(0xD3);            //set display offset
        ssd1316_write_command(0x00);
        ssd1316_write_command(0xD5);            //set osc division
        ssd1316_write_command(0x80);
        ssd1316_write_command(0xD9);            //set pre-charge period
        ssd1316_write_command(0x22);
        ssd1316_write_command(0xDA);            //set COM pins
        ssd1316_write_command(0x12);
        ssd1316_write_command(0xdb);            //set vcomh
        ssd1316_write_command(0x20);
         ssd1316_write_command(0x8d);           //set charge pump enable
        ssd1316_write_command(0x14);

        ssd1316_flush();
        ssd1316_write_command(CMD_LED_ON);
        ret = device_create_bin_file(&client->dev, &bin_attr_buffer);
        if (ret < 0) {
                printk(DEVICE_NAME":error create bin file\r\n");
                return -1;
        }
        return 0;
}
static int dev_i2c_remove(struct i2c_client *client)
{
        dbg(DEVICE_NAME":dev_i2c_remove()\r\n");
        device_remove_bin_file(&client->dev, &bin_attr_buffer);
        ssd1316_write_command(CMD_LED_OFF);
        return 0;
```

```c
}
static const struct i2c_device_id dev_i2c_id[] = {
    { DEVICE_NAME, 0, },
    { }
};
//驱动的注册
static struct i2c_driver dev_i2c_driver = {
    .driver = {
        .name = DEVICE_NAME,
        .owner = THIS_MODULE,
    },
    .probe = dev_i2c_probe;
    .remove = dev_i2c_remove;
    .id_table = dev_i2c_id;
};
static int __init dev_init(void)
{
    int ret;

    dbg(DEVICE_NAME":dev_init()\r\n");
#if DEVICE_RS
    dev_i2c_register();
#endif
    ret = i2c_add_driver(&dev_i2c_driver);
    if (ret < 0) {
        printk("dev error: i2c_add_driver\n");
        goto e1;
    }
    return ret;
e1:
    return -1;
}
static void __exit dev_exit(void)
{
    dbg(DEVICE_NAME":dev_exit()\r\n");
    i2c_del_driver(&dev_i2c_driver);
#if DEVICE_RS

    i2c_unregister_device(i2c_dev);
#endif
}
MODULE_LICENSE("GPL");
MODULE_DESCRIPTION(DEVICE_NAME" driver");
module_init(dev_init);
module_exit(dev_exit);
```

5.3.4.3　OLED 驱动程序的测试

OLED 驱动程序的测试是通过设备文件进行的，首先通过 oledInit()函数初始化 OLED，在函数中检查是否已加载驱动模块，没有就加载驱动模块，清除屏幕显示；接着通过 fontShow16(16,8, "Welcome!", oledPoint)函数设置显示的字符大小、内容、坐标点；最后通过 oledFlush()函数刷新 OLED 的显示。

```
#include "oled.h"
#define DEVDIR "/sys/bus/i2c/devices/i2c-2/2-003c"
//字节按列排
static char ram[4][96];
typedef struct {
    int height;
    int width;
    int codeSize;
    int (*getCharPoint)(char* code, int x, int y);
} font_t;
//字库定义
……
//ASCII 6×12 字符坐标
static int _getASCII6x12CharPoint(char* code, int x, int y)
{
    char c = *code;
    int idx;
    if (c <= ' ') return 0;
    idx = (c - ' ') * 12;
    if (x<6 && y<12) {
        return ASCII6x12[idx+(y/8*6)+x]&(1<<(y%8));
    }
    return 0;
}
//ASCII 8×16 字符坐标
static int _getASCII8x16CharPoint(char* code, int x, int y)
{
    char c = *code;
    int idx;
    if (c <= ' ') return 0;
    idx = (c - ' ') * 16;
    if (x<8 && y<16) {
        return ASCII8x16[idx+(y/8*8)+x]&(1<<(y%8));
    }
    return 0;
}
// ASCII 6×12 结构体
static font_t fontAscii6x12 = {
    .height = 12,
```

```c
        .width = 6,
        .codeSize = 1,
        .getCharPoint = _getASCII6x12CharPoint
};
//ASCII 8×16 结构体
static font_t fontAscii8x16 = {
        .height = 16,
        .width = 8,
        .codeSize = 1,
        .getCharPoint = _getASCII8x16CharPoint
};

//ASCII 12×12 结构体
static font_t fontHZK12 = {
        .height = 12,
        .width = 12,
        .codeSize = 2,
        .getCharPoint = NULL,
};
//ASCII 16×16 结构体
static font_t fontHZK16 = {
        .height = 16,
        .width = 16,
        .codeSize = 2,
        .getCharPoint = NULL,
};
//字符绘制
static void fontDraw(font_t *pf, char *ch, int x, int y,void (*df)(int,int,int))
{
        for (int i=0; i<pf->height; i++) {
                for (int j=0; j<pf->width; j++) {
                        if (pf->getCharPoint!=NULL) {
                                int st = pf->getCharPoint(ch, j, i);
                                df(x+j, y+i, st);
                        }
                }
        }
}
//6×12 或 12×12 字符显示
void fontShow12(int x, int y, char* str, void (*df)(int,int,int))
{
        while (*str != '\0'){
                char ch = *str;
                if ((ch & 0x80) != 0) {
                        fontDraw(&fontHZK12, str, x, y, df);
                        x += fontHZK12.width;
                        str += fontHZK12.codeSize;
```

```c
        } else {
            fontDraw(&fontAscii6x12, str, x, y, df);
            x += fontAscii6x12.width;
            str += fontAscii6x12.codeSize;
        }
    }
}
//8×16 或 16×16 字符显示
void fontShow16(int x, int y, char* str, void (*df)(int,int,int))
{
    while (*str != '\0'){
        char ch = *str;
        if ((ch & 0x80) != 0) {
            fontDraw(&fontHZK16, str, x, y, df);
            x += fontHZK16.width;
            str += fontHZK16.codeSize;
        } else {
            fontDraw(&fontAscii8x16, str, x, y, df);
            x += fontAscii8x16.width;
            str += fontAscii8x16.codeSize;
        }
    }
}

//设置显示坐标
void oledPoint(int x, int y, int st)
{
    if (x>=0 && x<96){
        if (y>=0 && y<32) {
            ram[y/8][x] = ram[y/8][x] & ~(1<<(y%8));
            if (st != 0) {
                ram[y/8][x] = ram[y/8][x] | (1<<(y%8));
            }
        }
    }
}
//复制显示缓存区
void oledDraw(char *buf)
{
    memcpy(ram, buf, sizeof ram);
}
//清除显示缓存区
void oledClear(void)
{
    memset(ram, 0, sizeof ram);
}
//OLED 的写数据操作，更新屏幕显示
```

```
void oledFlush(void)
{
    int fd = open(DEVDIR"/buffer", O_WRONLY);
    if (fd >= 0) {
        write(fd, ram, sizeof ram);
        close(fd);
    }
    dumRam();
}
//OLED 的初始化
void oledInit(void)
{
    if (0 == access("ssd1316.ko",F_OK)){
        int ret = system("lsmod | grep ssd1316");
        if (ret != 0) {
            system("insmod ssd1316.ko");
        }
    }
    memset(ram, 0, sizeof ram);
    oledFlush();
}
int main(int argc, char *argv[])
{
    oledInit();
    fontShow16(16,8, "Welcome!", oledPoint);
    oledFlush();
    return 0;
}
```

5.3.5 小结

本节的主要内容包括 I2C 总线概述、I2C 总线驱动程序的开发、I2C 总线驱动程序接口函数，通过开发实践引导读者掌握 I2C 总线驱动程序的开发。

5.3.6 思考与拓展

（1）简述 I2C 总线的工作原理。
（2）Linux 的 I2C 总线驱动程序架构分为几个部分？每部分的功能与作用是什么？
（3）在 Linux 中编写 I2C 总线驱动程序，有哪些方法？各自的优缺点是什么？
（4）Linux 的 I2C 总线驱动程序架构中的重要结构体有哪些？它们之间有什么关系？

5.4 块设备驱动程序的开发

块设备是 I/O 设备中的一类，可将数据存储在固定大小的块中，每个块都有自己的地址，可以在设备的任意位置读取一定长度的数据。块设备是一种具有一定结构的随机存取设备，对这种设备的读写是按块进行的，使用缓存区来存放暂时的数据，待条件成熟后，从缓存一次性写入设备或者从设备一次性读到缓存区。

5.4.1 Linux 块设备

5.4.1.1 Linux 磁盘设备

块设备是以块为单位存储数据的设备，如磁盘或光盘。在 Windows 中，磁盘设备是一个实实在在的设备，可以通过图形界面对磁盘设备进行管理。在 Linux 中，磁盘设备并不直观，在"一切皆文件"的理念下，磁盘设备其实也是一个文件，只不过是一个比较特殊的文件。块设备文件如图 5.18 所示，b 表示这个文件是磁盘设备文件，而非普通文件。

```
brw-rw----  1 root    disk      8,   0 7月  7 09:47 sda
brw-rw----  1 root    disk      8,   1 7月  7 09:47 sda1
brw-rw----  1 root    disk      8,   2 7月  7 09:47 sda2
brw-rw----  1 root    disk      8,   5 7月  7 09:47 sda5
```

图 5.18 块设备文件

对于 Linux，磁盘设备是基于 bdev 来管理的。bdev 是一个在内存中的伪文件系统，与 EXT4 等文件系统相同。bedv 伪文件系统如图 5.19 所示。

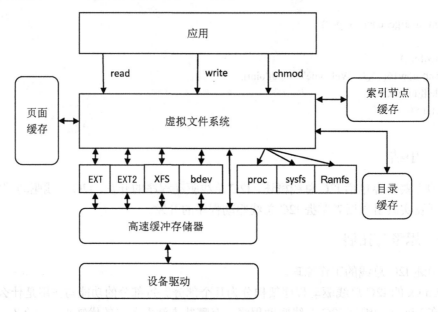

图 5.19 bdev 伪文件系统

在 Linux 中，不同文件系统的数据处理关键是其提供 API，而 API 在打开文件时是确定的。当打开磁盘设备时，文件系统根据磁盘设备的特性初始化 API，后续利用 API 对磁盘设备进行读写操作。

5.4.1.2 Linux 块设备的基本构成

块设备不仅可以随机访问，而且块设备的访问位置能够在存储媒介的不同区间前后移动。

块设备主要由以下几部分组成：

扇区：任何块设备对数据处理的基本单位。

块：由 Linux 指定数据处理的基本单位，1 个块通常由 1 个或多个扇区组成。

段：由若干个相邻的块组成。

页、段、块、扇区之间的关系如图 5.20 所示。

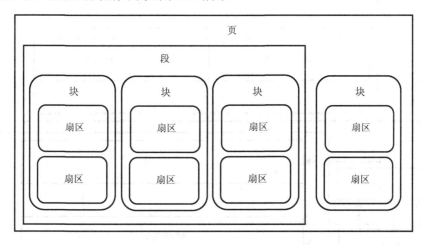

图 5.20　页、段、块、扇区之间的关系

5.4.2　Linux 块设备驱动程序的开发

应用程序访问块设备的方式有两种：/dev 和文件系统挂载点。前者和访问字符设备一样，通常用于配置；后者是在 mount 之后通过文件系统直接访问块设备的。

5.4.2.1　Linux 块设备驱动程序的架构

Linux 块设备驱动程序的架构如图 5.21 所示。从图 5.21 可以看出，块设备驱动程序在 Linux 中是一个完整的子系统，其访问过程如下：

（1）驱动程序对块设备的访问方式。在 Linux 中，对块设备进行输入或输出操作，都会向块设备发出一个请求，驱动程序用 request 结构体描述请求。对于请求速度比较慢的磁盘设备，Linux 内核通过请求队列机制把请求添加到队列中，在驱动程序中用 request_queue 结构体描述。在向块设备提交这些请求前，Linux 内核会先执行请求的合并和排序预操作，然后由 I/O 调度程序子系统来提交 I/O 操作请求。

（2）块设备驱动程序在上层文件系统与底层硬件之间维持 I/O 操作请求，通用块层通过 bio 结构体描述 I/O 操作请求，所需要的段用 bio_vec 结构体表示。

（3）块设备驱动程序访问底层硬件。Linux 提供 gendisk 结构体来表示一个独立的硬件或分区。在 gendisk 结构体中，有一个类似于字符设备中 file_operations 的硬件操作结构指针，即 block_device_operations 结构体。

5.4.2.2　Linux 块设备驱动程序中的常用结构体和接口函数

块设备驱动程序的开发相对固定，主要步骤如下：

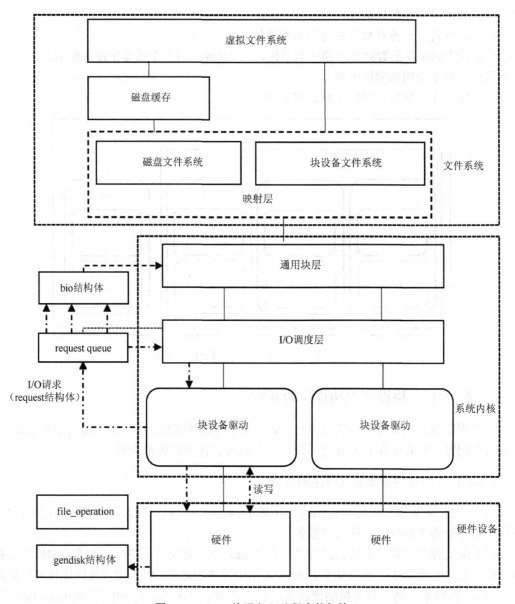

图 5.21 Linux 块设备驱动程序的架构

- 分配 gendisk。
- 分配/设置队列。
- 设置 gendisk 信息，提供容量等属性。
- 实现 blk_init_queue。
- 注册 add_disk。

1) 常用结构体

Linux 块设备驱动程序开发中的常用结构体如表 5.1 所示。

表 5.1　Linux 块设备驱动程序开发中的常用结构体

结　构　体	说　　　明
block_device	描述一个分区或整个磁盘在 Linux 内核中的块设备实例
gendisk	描述一个通用硬盘对象
bio	描述块数据传输时如何完成填充或读取块数据给驱动程序
request	描述向 Linux 内核请求一个列表进行队列处理
request_queue	描述 Linux 内核申请 request 资源建立请求链表，填写 bio 形成队列

（1）block_device 结构体。Linux 内核通过 block_device 结构体来表示一个块设备对象。如果该结构体表示一个分区，则其成员 bd_part 指向块设备的分区结构；如果该结构体表示设备，则其成员 bd_disk 指向块设备的通用硬盘结构 gendisk。当用户打开块设备文件时，Linux 内核将创建 block_device 结构体和 gendisk 实例，分配请求队列并注册结构 block_device 实例。block_device 结构体的定义为：

```
struct block_device {
    dev_t bd_dev;
    struct inode * bd_inode;                        //分区节点
    struct super_block * bd_super;
    int bd_openers;
    struct mutex bd_mutex;                          //打开与关闭的互斥量
    struct semaphore bd_mount_sem;                  //挂载操作信号量
    struct list_head bd_inodes;
    void * bd_holder;
    int bd_holders;
#ifdef CONFIG_SYSFS
    struct list_head bd_holder_list;
#endif
    struct block_device * bd_contains;
    unsigned bd_block_size;
    struct hd_struct * bd_part;
    unsigned bd_part_count;
    int bd_invalidated;
    struct gendisk * bd_disk;                       //指向通用硬盘结构
    struct list_head bd_list;
    struct backing_dev_info *bd_inode_backing_dev_info;
    unsigned long bd_private;
    int bd_fsfreeze_count;
    struct mutex bd_fsfreeze_mutex;
};
```

（2）gendisk 结构体。gendisk 结构体表示一个硬盘对象，该结构体存储了硬盘的信息，包括请求队列、分区链表和块设备操作函数集等。块设备驱动程序分配 gendisk 实例、装载分区表、分配请求队列并填充结构体的其他域。支持分区的块设备驱动程序必须声明一个 gendisk 结构体，Linux 内核还维护该结构体实例的一个全局链表 gendisk_head，通过

add_gendisk()、del_gendisk()和 get_gendisk()函数来维护该链表。gendisk 结构体的定义为：

```
struct gendisk {
    int major;                                      //驱动程序的主设备号
    int first_minor;                                //第一个次设备号
    int minors;                                     //次设备号的最大数量
    char disk_name[32];                             //主设备号驱动程序的名字
    struct hd_struct **part;                        //分区列表
    struct block_device_operations *fops;           //块设备操作
    struct request_queue *queue;
    struct blk_scsi_cmd_filter cmd_filter;
    void *private_data;
    sector_t capacity;
    int flags;
GENHD_FL_REMOVABLE
    struct device dev;
    struct kobject *holder_dir;
    struct kobject *slave_dir;
    struct timer_rand_state *random;
    int policy;
    atomic_t sync_io;
    unsigned long stamp;
    int in_flight;
#ifdef CONFIG_SMP
    struct disk_stats *dkstats;
#else
    //硬盘统计信息，如读写的扇区数、融合的扇区数、在请求队列的时间等
    struct disk_stats dkstats;
#endif
    struct work_struct async_notify;
#ifdef CONFIG_BLK_DEV_INTEGRITY
    struct blk_integrity *integrity;                //用于数据完整性扩展
#endif
};
```

（3）bio 结构体与 bio_vec 结构体。块设备的 I/O 操作请求是通过 bio 结构体来表示的，每个请求都包含一个或者多个块，并存储在 bio_vec 结构体中。bio_vec 结构体描述了每一个扇区在物理页面中的实际位置，bio_vec 结构体指向 I/O 操作的第一个扇区，其他片段依次放置第一个扇区，共有 bi_vcnt 个扇区。当开始执行块设备的 I/O 操作请求时，需要使用各个扇区，bi_idx 会一直指向当前的扇区。bio 结构体与 bio_vec 结构体定义在 "/include/linux/bio.h" 中，其定义为：

```
struct bio
{
    sector_t bi_sector;                             //要传输的第一个扇区
    struct bio *bi_next;
    struct block_device *bi_bdev;
```

```c
    unsigned long bi_flags;              //状态、命令等
    unsigned long bi_rw;                 //低位表示读或写，高位表示优先级
    unsigned short bi_vcnt;              //bio_vec 的数量
    unsigned short bi_idx;               //当前 bvl_vec 的索引
    unsigned int bi_phys_segments;       //不相邻物理段的数目
    unsigned int bi_size;                //以字节为单位所需传输的数据大小
    unsigned int bi_seg_front_size;
    unsigned int bi_seg_back_size;
    unsigned int bi_max_vecs;
    struct bio_vec *bi_io_vec;
};

struct bio_vec
{
    struct page *bv_page;                //页指针
    unsigned int bv_len;                 //传输的字节数
    unsigned int bv_offset;              //偏移位置
};
```

（4）request 结构体与 request_queue 结构体。块设备有两种访问方式，一种是/dev，另一种是通过文件系统。后者通过 I/O 调度在 "gendisk->request_queue" 上增加请求，最终回调与 request_queue 结构体绑定的处理函数。request_queue 结构体和 gendisk 结构体都需要使用 Linux 内核的 API 来分配并初始化。request 与 request_queue 结构体定义在 "/include/linux/blkdev.h" 中，具体定义为：

```c
struct request {
    struct list_head queuelist;          //链表结构
    union {
        struct call_single_data csd;
        unsigned long fifo_time;
    };
    struct request_queue *q;             //请求队列
    struct blk_mq_ctx *mq_ctx;
    u64 cmd_flags;
    unsigned cmd_type;
    unsigned long atomic_flags;
    int cpu;
    //the following two fields are internal, NEVER access directly
    unsigned int __data_len;             //总数据长度
    sector_t __sector;                   //扇形光标

    struct bio *bio;
    struct bio *biotail;

    union {
        struct hlist_node hash;          //合并哈希
        struct list_head ipi_list;
```

```c
    };

    union {
        struct rb_node rb_node;                 //排序/查询
        void *completion_data;
    };

    union {
        struct {
            struct io_cq *icq;
            void *priv[2];
        } elv;

        struct {
            unsigned int seq;
            struct list_head list;
            rq_end_io_fn *saved_end_io;
        } flush;
    };
    struct gendisk *rq_disk;
    struct hd_struct *part;
    unsigned long start_time;
#ifdef CONFIG_BLK_CGROUP
    struct request_list *rl;
    unsigned long long start_time_ns;
    unsigned long long io_start_time_ns;
#endif
    //执行物理地址合并后,收集 DMA addr + len 对的数量
    unsigned short nr_phys_segments;
#if defined(CONFIG_BLK_DEV_INTEGRITY)
    unsigned short nr_integrity_segments;
#endif

    unsigned short ioprio;
    void *special;
    int tag;
    int errors;
    //当请求作为分组命令载体时
    unsigned char __cmd[BLK_MAX_CDB];
    unsigned char *cmd;
    unsigned short cmd_len;

    unsigned int extra_len;                     //对齐和填充的长度
    unsigned int sense_len;
    unsigned int resid_len;                     //剩余数
    void *sense;
    unsigned long deadline;
```

```c
    struct list_head timeout_list;
    unsigned int timeout;
    int retries;
    //完成回调
    rq_end_io_fn *end_io;
    void *end_io_data;

    struct request *next_rq;

    ktime_t lat_hist_io_start;
    int lat_hist_enabled;
};
struct request_queue {
    //与 queue_head 一起用于缓存行共享
    struct list_head queue_head;
    struct request *last_merge;
    struct elevator_queue *elevator;
    int nr_rqs[2];
    int nr_rqs_elvpriv;
    struct request_list root_rl;
    request_fn_proc *request_fn;
    make_request_fn *make_request_fn;
    prep_rq_fn *prep_rq_fn;
    unprep_rq_fn *unprep_rq_fn;
    softirq_done_fn *softirq_done_fn;
    rq_timed_out_fn *rq_timed_out_fn;
    dma_drain_needed_fn *dma_drain_needed;
    lld_busy_fn *lld_busy_fn;

    struct blk_mq_ops *mq_ops;

    unsigned int *mq_map;
    //sw 队列
    struct blk_mq_ctx __percpu *queue_ctx;
    unsigned int nr_queues;
    //hw 调度队列
    struct blk_mq_hw_ctx **queue_hw_ctx;
    unsigned int nr_hw_queues;
    //调度队列排序
    sector_t end_sector;
    struct request *boundary_rq;
    //延迟队列处理
    struct delayed_work delay_work;
    struct backing_dev_info backing_dev_info;
    void *queuedata;
    unsigned long queue_flags;
    int id;
```

```c
        gfp_t bounce_gfp;
        spinlock __queue_lock;
        spinlock_t *queue_lock;
        //队列对象
        struct kobject kobj;
        struct kobject mq_kobj;
        //队列设置
        unsigned long nr_requests;
        unsigned int nr_congestion_on;
        unsigned int nr_congestion_off;
        unsigned int nr_batching;

        unsigned int dma_drain_size;
        void *dma_drain_buffer;
        unsigned int dma_pad_mask;
        unsigned int dma_alignment;
        struct blk_queue_tag *queue_tags;
        struct list_head tag_busy_list;
        unsigned int nr_sorted;
        unsigned int in_flight[2];
        unsigned int request_fn_active;
        unsigned int rq_timeout;
        struct timer_list timeout;
        struct list_head timeout_list;
        struct list_head icq_list;
        struct queue_limits limits;
        unsigned int sg_timeout;
        unsigned int sg_reserved_size;
        int node;
        unsigned int flush_flags;
        unsigned int flush_not_queueable:1;
        struct blk_flush_queue *fq;
        struct list_head requeue_list;
        spinlock_t requeue_lock;
        struct work_struct requeue_work;
        struct mutex sysfs_lock;
        int bypass_depth;
        atomic_t mq_freeze_depth;
        struct rcu_head rcu_head;
        wait_queue_head_t mq_freeze_wq;
        struct percpu_ref q_usage_counter;
        struct list_head all_q_node;
        struct blk_mq_tag_set *tag_set;
        struct list_head tag_set_list;
        struct bio_set *bio_split;
        bool mq_sysfs_init_done;
};
```

Linux 块设备驱动程序结构体之间的关系如图 5.22 所示。

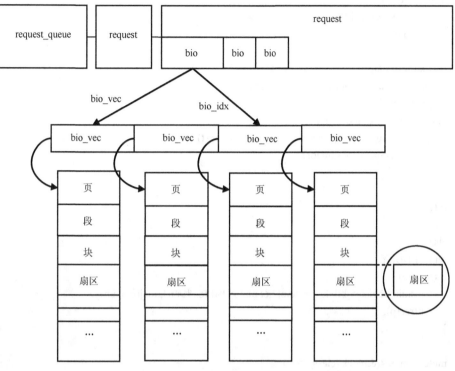

图 5.22　Linux 块设备驱动程序结构体之间的关系

2）常用接口函数

（1）register_blkdev()函数：该函数用于创建一个块设备，当参数 major=0 时，表示动态创建块设备，返回一个主设备号。代码如下：

```
int register_blkdev(unsigned int major, const char *name)
{
    struct blk_major_name **n, *p;
    int index, ret = 0;
    mutex_lock(&block_class_lock);
    if (major == 0) {
        for (index = ARRAY_SIZE(major_names)-1; index > 0; index--) {
            if (major_names[index] == NULL)
            break;
        }
        if (index == 0) {
            printk("register_blkdev: failed to get major for %s\n", name);
            ret = -EBUSY;
            goto out;
        }
        major = index;
        ret = major;
    }
```

```
    p = kmalloc(sizeof(struct blk_major_name), GFP_KERNEL);
    if (p == NULL) {
        ret = -ENOMEM;
        goto out;
    }
    p->major = major;
    strlcpy(p->name, name, sizeof(p->name));
    p->next = NULL;
    index = major_to_index(major);
    for (n = &major_names[index]; *n; n = &(*n)->next) {
        if ((*n)->major == major)
            break;
    }
    if (!*n)
    *n = p;
    else
    ret = -EBUSY;
    if (ret < 0) {
        printk("register_blkdev: cannot get major %d for %s\n", major, name);
        kfree(p);
    }
out:
    mutex_unlock(&block_class_lock);
    return ret;
}
```

（2）unregister_blkdev()函数：该函数用于卸载一个块设备，参数 major 表示主设备号，name 表示块名称。代码如下：

```
int unregister_blkdev(unsigned int major, const char *name);
```

（3）alloc_disk()函数：该函数用于分配一个 gendisk 结构体，参数 minors 表述分区数，当 minors=1 时表示不分区。代码如下：

```
struct gendisk *alloc_disk(int minors)
{
    return alloc_disk_node(minors, NUMA_NO_NODE);
}
struct gendisk *alloc_disk_node(int minors, int node_id)
{
    struct gendisk *disk;
    disk = kzalloc_node(sizeof(struct gendisk), GFP_KERNEL, node_id);
    if (disk) {
        if (!init_part_stats(&disk->part0)) {
            kfree(disk);
            return NULL;
        }
        disk->node_id = node_id;
```

```
            if (disk_expand_part_tbl(disk, 0)) {
                free_part_stats(&disk->part0);
                kfree(disk);
                return NULL;
            }
            disk->part_tbl->part[0] = &disk->part0;
            seqcount_init(&disk->part0.nr_sects_seq);
            if (hd_ref_init(&disk->part0)) {
                hd_free_part(&disk->part0);
                kfree(disk);
                return NULL;
            }
            disk->minors = minors;
            rand_initialize_disk(disk);
            disk_to_dev(disk)->class = &block_class;
            disk_to_dev(disk)->type = &disk_type;
            device_initialize(disk_to_dev(disk));
        }
        return disk;
}
```

（4）del_gendisk()函数：该函数用于释放 gendisk 结构体。代码如下：

```
void del_gendisk(struct gendisk *disk);
```

（5）blk_init_queue()函数：该函数用于分配一个 request_queue 请求队列，分配成功返回一个 request_queue 结构体。代码如下：

```
struct request_queue *blk_init_queue(request_fn_proc *rfn, spinlock_t *lock)
{
    return blk_init_queue_node(rfn, lock, NUMA_NO_NODE);
}
blk_init_queue_node(request_fn_proc *rfn, spinlock_t *lock, int node_id)
{
    struct request_queue *uninit_q, *q;
    uninit_q = blk_alloc_queue_node(GFP_KERNEL, node_id);
    if (!uninit_q)
    return NULL;
    q = blk_init_allocated_queue(uninit_q, rfn, lock);
    if (!q)
    blk_cleanup_queue(uninit_q);
    return q;
}
```

（6）blk_cleanup_queue()函数：该函数用于清除 Linux 内核中的 request_queue 请求队列。代码如下：

```
void blk_cleanup_queue(request_queue_t * q);
```

（7）spinlock()函数：该函数用于定义一个自旋锁。代码如下：

```
static DEFINE_SPINLOCK(spinlock_t lock);
```

（8）set_capacity()函数：该函数用于设置 gendisk 结构体的扇区数，参数 size 表示扇区数。代码如下：

```
static inline void set_capacity(struct gendisk *disk, sector_t size);
```

（9）add_disk()函数：该函数用于向 Linux 内核注册 gendisk 结构体。代码如下：

```
void add_disk(struct gendisk *disk)
{
    struct backing_dev_info *bdi;
    dev_t devt;
    int retval;
    WARN_ON(disk->minors && !(disk->major || disk->first_minor));
    WARN_ON(!disk->minors && !(disk->flags & GENHD_FL_EXT_DEVT));
    disk->flags |= GENHD_FL_UP;
    retval = blk_alloc_devt(&disk->part0, &devt);
    if (retval) {
        WARN_ON(1);
        return;
    }
    disk_to_dev(disk)->devt = devt;
    disk->major = MAJOR(devt);
    disk->first_minor = MINOR(devt);
    disk_alloc_events(disk);
    bdi = &disk->queue->backing_dev_info;
    bdi_register_owner(bdi, disk_to_dev(disk));
    blk_register_region(disk_devt(disk), disk->minors, NULL, exact_match, exact_lock, disk);
    register_disk(disk);
    blk_register_queue(disk);
    WARN_ON_ONCE(!blk_get_queue(disk->queue));
    retval = sysfs_create_link(&disk_to_dev(disk)->kobj, &bdi->dev->kobj, "bdi");
    WARN_ON(retval);
    disk_add_events(disk);
    blk_integrity_add(disk);
}
```

（10）put_disk()函数：该函数用于注销 Linux 内核中的 gendisk 结构体。代码如下：

```
void put_disk(struct gendisk *disk);
```

（11）elv_next_reques()函数：该函数可通过电梯算法获取请求队列中未完成的申请，获取成功后返回一个 request 结构体，不成功返回 NULL。不使用获取到的申请时，应使用 end_request()函数来结束获取的申请。elv_next_reques()函数的代码如下：

```
struct request *elv_next_request(request_queue_t *q);
```

（12）end_request()函数：该函数用于结束获取的申请，当 uptodate=0 时，表示使用该申请读写扇区失败；当 uptodate=1，表示函数执行成功。代码如下：

> void end_request(struct request *req, int uptodate);

（13）kzalloc()函数：该函数用于分配一段静态缓存，当成磁盘扇区使用，分配成功返回缓存的地址，分配失败返回 0。代码如下：

> static inline void *kzalloc(size_t size, gfp_t flags);

（14）kfree()函数：该函数用于注销一段静态缓存，与 kzalloc()函数成对使用。代码如下：

> void kfree(const void *block);

（15）rq_data_dir()函数：该函数用于获取 request 结构体的命令标志，当返回 READ(0)时表示读扇区命令，否则为写扇区命令。代码如下：

> rq_data_dir(rq);

5.4.2.3 块设备 I/O 操作请求处理

（1）I/O 调度程序。I/O 调度程序通过合并与排序两种方法来减少磁盘寻址时间。合并是指将两个或多个请求结合成一个新请求。排序是指按照扇区增长的方向对整个请求队列进行排序，不仅可以缩短单次请求的磁盘寻址时间，更重要的是可以保持磁头以直线方向移动，缩短所有请求的磁盘寻址时间。

（2）请求队列。块设备将 I/O 操作请求保存在请求队列中，该请求队列是用 request_queue 结构体描述的。只要请求队列不为空，请求队列中对应的块设备驱动程序就会首先从请求队列头获取请求，然后将其送入对应的块设备中。请求队列中的每一项都是一个单独的请求，用 request 结构体表示，因为一个请求可能要操作多个连续的磁盘，所以每个请求可以由多个 bio 结构体组成。

（3）块设备驱动程序对 I/O 操作请求进行处理的两种方式。块设备驱动程序在处理 I/O 操作请求时，可以使用请求队列和不使用请求队列两种方式。使用请求队列的方式有助于提高系统的性能，但对于一些完全可以进行随机访问的块设备来说，使用请求队列并不能提高性能，通用块层提供了一种不使用请求队列的方式。

① 使用请求队列的方式是通过 ramdisk_do_request()函数来实现的，该函数代码如下：

```
static void ramdisk_do_request(struct request_queue_t *Que)
{
    struct request *Reqe;
    while(Reqe = elv_next_request(Que) != NULL)
    {
        if ((Reqe->sector + Reqe->current_nr_sectors) << 9 > RAMDISK_SIZE)
        {
            end_request(Reqe, 0);
            continue;
        }
        switch (rq_data_dir(Reqe))
```

```
        {
            case READ:
                memcpy(Reqe->buffer, disk_data + (Reqe->sector << 9), Reqe->current_nr_sectors << 9);
                end_request(Reqe, 1);
            break;
            case WRITE:
                memcpy(disk_data + (Reqe->sector << 9), Reqe->buffer, Reqe->current_nr_sectors << 9);
                end_request(Reqe, 1);
            break;
            default:
            break;
        }
    }
}
```

使用请求队列处理 I/O 操作请求的流程如下：
- 从请求队列中取出一条请求。
- 判断这一条请求的方向，即判断写操作或读操作，并将数据装入缓存区。
- 通知 I/O 操作请求处理完成。

代码如下：

```
static int __int ramdisk_init(void)
{
    register_blkdev(RAMDISK_MAJOR, RAMDISK_NAME);
    ramdisk_queue = blk_init_queue(ramdisk_do_request, NULL);
……
}
```

② 不使用请求队列处理 I/O 操作请求是通过 ramdisk_make_request ()函数来实现的，该函数代码如下：

```
static int ramdisk_make_request(struct request_queue_t *Que, struct bio *Bio)
{
    int i;
    struct bio_vec *BioVec;
    void *DiskMem;
    void *BvecMem;
    if((Bio->bi_sector << 9) + Bio->bi_size > RAMDISK_SIZE)
    {
        bio_endio(Bio, 0, -EIO);
        return 0;
    }
    DiskMem = disk_data + (Bio->bi_sector << 9);
    bio_for_each_segment(BioVec, Bio, i)
    {
        BvecMem = kmap(BioVec->bv_page) + BioVec->bv_offset;
        switch(bio_data_dir(Bio))
```

```
        {
                case READ:
                    memcpy(BvecMem, DiskMem, BioVec-> bv_len);
                    break;
                case WRITE :
                    memcpy(DiskMem, BvecMem, BioVec-> bv_len);
                    break;
                default :
                    kunmap(BioVec->bv_page);
        }
        kunmap(BioVec->bv_page);
        DiskMem += BioVec->bv_len;
    }
    bio_endio(Bio, Bio->bi_size, 0);
    return 0;
}
```

ramdisk_make_request()函数的第一个参数是请求队列,不包含任何请求。bio 结构体中的每个 bio_vec 都表示一个或多个要传输的缓存区。代码如下:

```
static int __int ramdisk_init(void)
{
    ramdisk_major = register_blkdev(RAMDISK_MAJOR, RAMDISK_NAME);
    ramdisk_queue = blk_alloc_queue(GFP_KERNEL);
    blk_queue_make_request(ramdisk_queue, &ramdisk_make_request);
    ……
}
```

5.4.3 RamDisk 块设备驱动程序的分析

Linux 内核通过 alloc_disk()函数和 add_disk()函数来创建块设备,alloc_disk()函数用于分配一个 gendisk 结构体实例,add_disk()函数用于将分配的结构体实例注册到 Linux 内核中。

5.4.3.1 RamDisk 块设备

RamDisk 块设备将 RAM 中的一部分内存空间模拟成一个磁盘设备,以块设备的访问方式来访问内存。RamDisk 块设备在 Linux 文件系统中对应的设备文件节点是 "/dev/ram%d"。对于 RamDisk 这种可以完全随机访问的非机械块设备,不需要进行复杂的 I/O 调度,因此无须 I/O 调度层。RamDisk 块设备如图 5.23 所示。

RamDisk 块设备处理文件系统读写操作请求的流程如下:
(1)通过 blk_fetch_request()函数从请求队列中提取并处理请求。
(2)从请求中提取并处理 bio 结构体。
(3)从 bio 结构体中提取并处理扇区。
① 获得一个扇区的缓存区。
② 以缓存区为中介处理扇区中需要操作的数据。
③ 释放该缓存区。

（4）完成请求的处理后，文件系统调用 blk_end_request_all()函数进行报告。

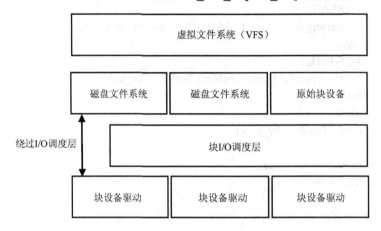

图 5.23　RamDisk 块设备

5.4.3.2　RamDisk 驱动程序的设计过程

RamDisk 块设备驱动程序包括入口函数、处理函数和出口函数，具体如下：
（1）入口函数，其处理流程如下：
- 创建一个块设备。
- 分配一个请求队列，并为请求队列绑定处理函数。
- 分配一个 gendisk 结构体。
- 设置 gendisk 结构体的成员。
- 获取缓存区地址。
- 注册 gendisk 结构体。

（2）处理函数，其处理流程如下：
- 申请请求队列中未处理的请求。
- 获取请求的读写命令标志。
- 结束获取的请求。

（3）出口函数，其处理流程如下：
- 注销 gendisk 结构体。
- 清除内存中的请求队列。

5.4.4　开发实践：RamDisk 块设备驱动程序

5.4.4.1　RamDisk 块设备驱动程序的分析

RamDisk 块设备驱动程序的代码如下：

```
#include <linux/module.h>
#include <linux/blkdev.h>

#define RAMDISK_BLKDEV_DISKNAME "simp_blkdev"                           //块设备名
```

```c
#define RAMDISK_BLKDEV_DEVICEMAJOR COMPAQ_SMART2_MAJOR        //主设备号
#define RAMDISK_BLKDEV_BYTES (2*1024*1024)                    //块设备大小为 2 MB
#define RAMDISK_SECTOR_SIZE_SHIFT 9

static struct gendisk *ramdisk_blkdev_disk;                   //gendisk 结构体表示一个简单的磁盘设备
static struct block_device_operations ramdisk_blkdev_fops = { //块设备操作，gendisk 结构体的一个属性
    .owner = THIS_MODULE,
};
static struct request_queue *ramdisk_blkdev_queue;            //指向块设备请求队列的指针
unsigned char ramdisk_blkdev_data[RAMDISK_BLKDEV_BYTES];      //虚拟磁盘块设备的存储空间

//块设备数据处理函数
static void ramdisk_blkdev_do_request(struct request_queue *q){
    struct request *Reqe;                    //正在处理的请求队列中的请求
    struct bio *req_bio;                     //当前请求的 bio 结构体
    struct bio_vec *BioVec;                  //当前请求的 bio 结构体的段(segment)链表
    char *DiskMem;                           //需要读写的磁盘区域
    char *buffer;                            //块设备的请求在内存中的缓存区
    int j = 0;
    while((Reqe = blk_fetch_request(q)) != NULL){
        //判断当前 Reqe 是否合法
        if((blk_rq_pos(Reqe)<<RAMDISK_SECTOR_SIZE_SHIFT) +
                        blk_rq_bytes(Reqe) > RAMDISK_BLKDEV_BYTES){
            printk(KERN_ERR RAMDISK_BLKDEV_DISKNAME":bad request:block=%llu, count=%u\n",
                            (unsigned long long)blk_rq_pos(Reqe),blk_rq_sectors(Reqe));
            blk_end_request_all(Reqe, -EIO);
            continue;
        }
        //获取需要操作的内存位置
        DiskMem = ramdisk_blkdev_data + (blk_rq_pos(Reqe) << RAMDISK_SECTOR_SIZE_SHIFT);
        req_bio = Reqe->bio;                 //获取当前请求的 bio 结构体

        switch (rq_data_dir(Reqe)) {         //判断请求的类型
            case READ:
                //遍历 Reqe 请求的 bio 结构体链表
                while(req_bio != NULL){
                    //通过 for 循环处理 bio 结构体中的 bio_vec 结构体数组
                    for(j=0; j<req_bio->bi_vcnt; j++){
                        BioVec = &(req_bio->bi_io_vec[j]);
                        buffer = kmap(BioVec->bv_page) + BioVec->bv_offset;
                        memcpy(buffer, DiskMem, BioVec->bv_len);
                        kunmap(BioVec->bv_page);
                        DiskMem += BioVec->bv_len;
                    }
                    req_bio = req_bio->bi_next;
                }
                blk_end_request_all(Reqe, 0);
```

```c
                break;
            case WRITE:
                while(req_bio != NULL){
                    for(j=0; j<req_bio->bi_vcnt; j++){
                        BioVec = &(req_bio->bi_io_vec[i]);
                        buffer = kmap(BioVec->bv_page) + BioVec->bv_offset;
                        memcpy(DiskMem, buffer, BioVec->bv_len);
                        kunmap(BioVec->bv_page);
                        DiskMem += BioVec->bv_len;
                    }
                    req_bio = req_bio->bi_next;
                }
                blk_end_request_all(Reqe, 0);
                break;
            default:
                break;
        }
    }
}

//模块的初始化函数
static int __init ramdisk_blkdev_init(void){
    int ret;
    //申请设备的资源
    ramdisk_blkdev_disk = alloc_disk(1);                    //分配一个 gendisk 结构体
    if(!ramdisk_blkdev_disk){
        ret = -ENOMEM;
        goto err_alloc_disk;
    }
    //设置设备的有关属性
    strcpy(ramdisk_blkdev_disk->disk_name,RAMDISK_BLKDEV_DISKNAME);
    ramdisk_blkdev_disk->major = RAMDISK_BLKDEV_DEVICEMAJOR;
    ramdisk_blkdev_disk->first_minor = 0;
    ramdisk_blkdev_disk->fops = &ramdisk_blkdev_fops;

    //将块设备请求处理函数的地址传入 blk_init_queue()函数，初始化一个请求队列
    ramdisk_blkdev_queue = blk_init_queue(ramdisk_blkdev_do_request, NULL);
    if(!ramdisk_blkdev_queue){
        ret = -ENOMEM;
        goto err_init_queue;
    }
    ramdisk_blkdev_disk->queue = ramdisk_blkdev_queue;
    set_capacity(ramdisk_blkdev_disk, RAMDISK_BLKDEV_BYTES>>9);

    //添加磁盘块设备
    add_disk(ramdisk_blkdev_disk);
    return 0;
```

```
err_alloc_disk:
    return ret;
err_init_queue:
    return ret;
}

//出口函数
static void __exit ramdisk_blkdev_exit(void){
    del_gendisk(ramdisk_blkdev_disk);            //释放块设备
    put_disk(ramdisk_blkdev_disk);               //释放申请的设备资源
    blk_cleanup_queue(ramdisk_blkdev_queue);     //清除请求队列
}

module_init(ramdisk_blkdev_init);                //声明驱动模块的入口
module_exit(ramdisk_blkdev_exit);                //声明驱动模块的出口
```

5.4.4.2　RamDisk 块设备驱动程序的开发

RamDisk 块设备驱动程序的开发过程如下：

（1）建立交叉编译开发环境，将 RamDisk 块设备驱动程序复制到共享文件夹。

（2）使用 root 权限（或 root 用户）将程序代码复制到虚拟机的"/home"目录下，并进入驱动开发目录。

（3）通过下面的代码进行 Makefile 编译。

```
obj-m := simp_blkdev.o
KDIR := /home/mysdk/gw3399-linux/kernel
PWD := $(shell pwd)
all:
    make -C $(KDIR) M=$(PWD) modules
clean:
    rm -f *.ko *.o *.mod.o *.mod.c *.symvers   modul*
```

（4）将编译生成的.ko 文件复制到共享文件夹。

（5）通过 SSH 远程登录 RK3399 嵌入式开发板，利用 MobaXterm 工具把共享文件夹中的 VT_blkdev.ko 文件复制到 RK3399 嵌入式开发板的"/home/"目录下。

（6）通过以下命令加载 VT_blkdev.ko。

```
insmod VT_blkdev.ko
```

（7）若成功加载，则会在"/dev"目录下面生成 VT_blkdev.ko 文件。

（8）输入以下命令，在 RamDisk 块设备上创建文件系统。

```
root@rk3399:/home/test# mkfs.ext4 /dev/VT_blkdev
mke2fs 1.42.13(17-May-2015)
Creating filesystem with 3072 1k blocks and 768 inodes


Allocating group tables:完成
正在写入 inode 表:完成
```

Creating journal (1024 blocks): 完成
Writing superblocks and fi lesystem accounting information:完成

（9）输入以下命令，创建文件夹。

root@rk3399:/home/test# mkdir -p /mnt/tmp1/

（10）输入以下命令进行挂载操作。

root@rk3399:/home/test# mount /dev/VT_blkdev /mnt/tmp1/
root@rk3399:/home/test# ls /mnt/tmp1/
lost+found

（11）输入命令查看挂载情况，如下所示。

```
root@rk3399:/home/test# df
文件系统          1K-块      已用      可用 已用% 挂载点
/dev/root      12605340 11360044   657108  95% /
devtmpfs        1969580        0  1969580   0% /dev
tmpfs           1970092      116  1969976   1% /dev/shm
tmpfs           1970092    17652  1952440   1% /run
tmpfs              5120        4     5116   1% /run/lock
tmpfs           1970092        0  1970092   0% /sys/fs/cgroup
tmpfs            394020       40   393980   1% /run/user/1000
/dev/simp_blkdev   1003       17      915   2% /mnt/tmp1
```

说明：最后一项"/dev/sim_blkdev"是本次挂载操作创建的，显示的是文件占用信息。

（12）通过以下命令在当前目录创建一个文件夹，并复制到"/mnt/tmp1"目录。

root@rk3399:/home/test# touch 123
root@rk3399:/home/test# cp 123 /mnt/tmp1/

（13）通过以下命令查看"/mnt/tmp1"目录，该目录下已经生成了文件 touch，说明文件写成功了。

root@rk3399:/home/test# ls /mnt/tmp1/123 -l
-rw-r--r-- 1 root root 0 Nov 27 11:19 /mnt/tmp1/123

（14）进行读操作验证，先通过命令"echo 456 > /mnt/tmp1/123"往文件里面写入数据"456"，再使用命令"cat"进行查看，输出"456"说明读写成功。

root@rk3399:/home/test# echo 456 > /mnt/tmp1/123
root@rk3399:/home/test# cat /mnt/tmp1/123
456

（15）通过以下命令卸载 RamDisk 块设备。

root@rk3399:/home/test# umont /mnt/tmp1/
root@rk3399:/home/test# rmmod VT_blkdev

（16）通过以下命令查看 RamDisk 块设备是否卸载成功。

root@rk3399:/home/test# lsmod
Module Size   Used by
bcmdhd 1224704   0

5.4.5 小结

本节的主要内容包括 Linux 块设备、Linux 块设备驱动程序的开发、RamDisk 块设备驱动程序的分析，通过开发实践引导读者掌握 RamDisk 块设备驱动程序的开发。

5.4.6 思考与拓展

（1）简述 Linux 块设备的特性。
（2）块设备与字符设备有哪些区别？
（3）试绘制 Linux 块设备驱动程序的架构。
（4）块设备驱动程序是以何种方式对块设备进行访问的？
（5）块设备驱动程序处理 I/O 操作请求的两种方式有什么区别？

5.5 网络设备驱动程序的开发

5.5.1 Linux 网络设备概述

5.5.1.1 Linux 网络设备概念

常用的网络设备包括集线器、交换机、网桥、路由器和无线接入点等，Linux 具有强大的网络功能，Linux 并不使用文件作为应用程序访问网络设备的接口，"/sys/dev" 目录和 "/dev" 目录下并没有相应的网络设备文件，应用程序是通过 Socket 来访问网络设备的。

5.5.1.2 Linux 网络系统

Linux 的网络系统主要基于 Socket 机制，支持送数据和接收数据的缓存，提供流量控制机制，提供对多协议的支持。OSI 参考模型与 Linux 协议栈的对比如表 5.2 所示。

表 5.2 OSI 参考模型与 Linux 协议栈的对比

OSI 参考模型	Linux 协议栈	对应的网络协议
应用层	应用层	TFTP、FTP、NFS、WAIS
表示层		Telnet、Rlogin、SNMP、Gopher
会话层		SMTP、DNS
传输层	传输层	TCP、UDP
网络层	网络层	IP、ICMP、ARP、RARP、AKP、UUCP
数据链路层	链路层	FDDI、Ethernet、Arpanet、PDN、SLIP、PPP
物理层		IEEE 802.1a、IEEE 802.2

Linux 的网络系统是由 Linux 协议栈实现的，Linux 协议栈主要包括应用层、传输层、网络层和链路层。Linux 内核为应用层的各协议模块提供数据包收发功能，由 Linux 协议栈提供系统调用接口。

5.5.2 网络设备驱动程序的开发

5.5.2.1 网络设备驱动程序的架构

网络设备驱动程序主要负责收发网络中的数据包,将上层传递的数据包以特定的媒介访问控制(MAC)进行发送,并将接收到的数据包传递到上层。Linux 将网络设备驱动程序的架构分为 4 层,分别为网络协议接口层、网络设备接口层、提供实际功能的设备驱动功能层,以及网络设备与媒介层。Linux 网络设备驱动程序的体系架构如图 5.24 所示。

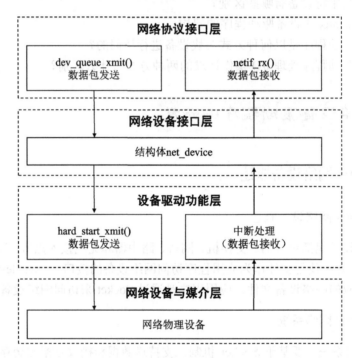

图 5.24　Linux 网络设备驱动程序的体系架构

各层的作用如下:

(1)网络协议接口层:提供统一的数据包收发接口,通过 dev_queue_xmit()函数发送数据包,通过 netif_rx()函数接收数据包,该层使得上层协议独立于具体的设备。

(2)网络设备接口层:提供统一的用于描述具体网络设备属性和操作的结构体 net_device,该结构体是设备驱动功能层中函数的容器。

(3)设备驱动功能层:该层的函数是网络设备接口层 net_device 结构体的具体成员,驱动网络设备硬件完成相应的动作,通过 hard_start_xmit()函数发送数据包,并通过中断处理接收数据包。

(4)网络设备与媒介层:完成数据包发送和接收的物理设备,包括网络适配器和具体的传输媒介,网络适配器由设备驱动功能层中的函数驱动。

每一个具体的网络接口都有一个名字,能够在网络系统中唯一标识一个网络接口。Linux 对网络设备命名的规则如下(其中 N 为一个非负整数):

- eth$N$:以太网接口。

- tr*N*：令牌环接口。
- sl*N*/SLIP：网络接口。
- ppp*N*/PPP：网络接口，包括同步接口和异步接口。
- plip*N*/PLIP：网络接口，其中 *N* 与输出端口号相同。
- tunl*N*/IPIP：压缩频道网络接口。
- nr*N*/NetROM：虚拟网络设备接口。
- isdn*N*/ISDN：网络接口。
- dummy*N*：空设备。
- lo：回环网络接口。

5.5.2.2 网络设备驱动程序的结构体及其 API

网络设备驱动程序的核心函数如下：

- dev_queue_xmit()函数：网络协议接口层向下发送数据的接口。
- ndo_start_xmit()函数：网络设备接口层向下发送数据的接口，位于 net_device->net_device_ops，会被 dev_queue_xmit()函数回调，需要网络驱动实现。
- netif_rx()函数：网络设备接口层向上发送数据的接口。
- 中断处理函数：网络设备媒介层收到数据后先向上发送数据的入口，再调用 netif_rx() 函数。

网络设备驱动程序使用到的一些重要结构体与接口函数如下：

1）sk_buff 结构体

sk_buff 是网络设备驱动程序中用于描述信息的结构体，用于在网络分层模型中对数据进行层层打包以及层层解包。该结构体的定义为：

```
struct sk_buff {
    //These two members must be first.
    struct sk_buff *next;              //指向后一个 sk_buff 结构体的指针
    struct sk_buff *prev;              //指向前一个 sk_buff 结构体的指针
    ktime_t tstamp;
    struct sock *sk;
    struct net_device *dev;            //对应的 net_device
    char cb[48] __aligned(8);
    unsigned long _skb_refdst;
    unsigned int len,                  //表示数据区的长度（tail-data）与分片结构体数据区的长度之和
    data_len;                          //表示分片结构体数据区长度
    __u16 mac_len,                     //MAC 报头的长度
    hdr_len;
    __be16 protocol;          //数据包的协议类型，标识是 IP 包还是 ARP 包，或者其他类型数据包
    __u16 inner_transport_header;
    __u16 inner_network_header;
    __u16 inner_mac_header;
    __u16 transport_header;            //指向传输层包头
    __u16 network_header;              //指向网络层包头
    __u16 mac_header;                  //指向链路层包头
```

```
        sk_buff_data_t tail;            //指向当前数据包的尾地址，随着网络各层的打包或解包而变化
        sk_buff_data_t end;             //数据缓存区的结束地址
        unsigned char *head,            //数据缓存区的开始地址
        unsigned char data;             //指向当前数据包的首地址，随着网络各层的打包或解包而变化
        unsigned int truesize;
        atomic_t users;
};
```

2）net_device 结构体与 API

Linux 内核通过 net_device 结构体来描述网络设备，该结构体描述了接口信息和硬件信息，通过 net_device 结构体，Linux 内核在底层的网络驱动和网络层之间构建了一个网络接口核心层，底层驱动程序无须关注上层的网络层协议，通过 Linux 内核提供的网络接口核心层可以和网络层进行数据交互。网络层只需要通过网络接口核心层就可以向下发送数据，无须关心硬件（如网卡）类型。

网络设备驱动程序只需要通过填充 net_device 结构体的具体成员并注册 net_device，就可以实现硬件操作函数与 Linux 内核的挂载。net_device 的定义如下：

```
struct net_device {
        char name[IFNAMSIZ];            //网络设备的名称，网络设备被加载后会出现在 ifconfig 中
        unsigned long mem_end;          //存储所使用的共享内存结束地址
        unsigned long mem_start;        //存储所使用的共享内存起始地址
        unsigned long base_addr;        //表示网络设备的 IO 基地址
        int irq;                        //网络设备使用的中断号
        unsigned long    state;
        struct list_head dev_list;
        struct list_head napi_list;
        struct list_head unreg_list;
        struct list_head close_list;
        netdev_features_t features;
        netdev_features_t hw_features;
        netdev_features_t wanted_features;
        const struct net_device_ops *netdev_ops;        //网络设备操作方法
        const struct ethtool_ops *ethtool_ops;          //ethtool 的方法集
        const struct forwarding_accel_ops *fwd_ops;
        const struct header_ops *header_ops;            //表示协议头操作集
        unsigned int flags;
        unsigned int priv_flags;
        unsigned short gflags;
        unsigned short padded;
        unsigned char operstate;
        unsigned char link_mode;
        unsigned char if_port;          //指定多端口设备使用的端口
        unsigned char dma;              //DMA 通道
        unsigned int mtu;               //MTU 接口
        unsigned short type;            //硬件接口类型
        unsigned short hard_header_len; //表示网络设备的硬件头长度
```

```
        unsigned short needed_headroom;                //表示数据包缓存区中需要的 head_room 大小
        unsigned short needed_tailroom;                //数据缓存区中需要的 tailroom 大小
        unsigned char perm_addr[MAX_ADDR_LEN];         //MAC 地址
        unsigned char addr_assign_type;                //硬件地址类型
        unsigned char addr_len;                        //硬件地址长度
        struct kset *queues_kset;
        int watchdog_timeo;
};
```

与 net_device 结构体相关的 API 如下：

（1）网卡分配函数 alloc_etherdev()，函数原型为：

```
struct net_device *alloc_netdev(int sizeof_priv, const char *name,unsigned char name_assign_type,void (*setup) (struct net_device *));
```

参数说明：sizeof_priv 表示数据大小；char *name 表示物理接口名；name_assign_type 可设置为 NET_NAME_UNKNOWN；void (*setup)(struct net_device *)用于初始化函数。

alloc_etherdev() 函数用于分配及初始化 net_device 结构体，是通过宏定义调用 alloc_netdev_mqs()函数实现的。代码如下：

```
struct net_device *alloc_netdev_mqs(int sizeof_priv, const char *name, unsigned char name_assign_type,
                    void (*setup)(struct net_device *), unsigned int txqs, unsigned int rxqs)
{
    struct net_device *dev;
    size_t alloc_size;
    struct net_device *p;
    BUG_ON(strlen(name) >= sizeof(dev->name));
    if (txqs < 1) {
        pr_err("alloc_netdev: Unable to allocate device with zero queues\n");
        return NULL;
    }
#ifdef CONFIG_SYSFS
    if (rxqs < 1) {
        pr_err("alloc_netdev: Unable to allocate device with zero RX queues\n");
        return NULL;
    }
#endif
    alloc_size = sizeof(struct net_device);
    if (sizeof_priv) {
        //ensure 32-byte alignment of private area
        alloc_size = ALIGN(alloc_size, NETDEV_ALIGN);
        alloc_size += sizeof_priv;
    }
    //ensure 32-byte alignment of whole construct
    alloc_size += NETDEV_ALIGN - 1;

    p = kzalloc(alloc_size, GFP_KERNEL | __GFP_NOWARN | __GFP_REPEAT);
    if (!p)
```

```c
        p = vzalloc(alloc_size);
    if (!p)
        return NULL;
    dev = PTR_ALIGN(p, NETDEV_ALIGN);
    dev->padded = (char *)dev - (char *)p;
    dev->pcpu_refcnt = alloc_percpu(int);
    if (!dev->pcpu_refcnt)
        goto free_dev;
    if (dev_addr_init(dev))
        goto free_pcpu;
    dev_mc_init(dev);
    dev_uc_init(dev);
    dev_net_set(dev, &init_net);
    dev->gso_max_size = GSO_MAX_SIZE;
    dev->gso_max_segs = GSO_MAX_SEGS;
    dev->gso_min_segs = 0;

    INIT_LIST_HEAD(&dev->napi_list);
    INIT_LIST_HEAD(&dev->unreg_list);
    INIT_LIST_HEAD(&dev->close_list);
    INIT_LIST_HEAD(&dev->link_watch_list);
    INIT_LIST_HEAD(&dev->adj_list.upper);
    INIT_LIST_HEAD(&dev->adj_list.lower);
    INIT_LIST_HEAD(&dev->all_adj_list.upper);
    INIT_LIST_HEAD(&dev->all_adj_list.lower);
    INIT_LIST_HEAD(&dev->ptype_all);
    INIT_LIST_HEAD(&dev->ptype_specific);
    dev->priv_flags = IFF_XMIT_DST_RELEASE | IFF_XMIT_DST_RELEASE_PERM;
    setup(dev);
    if (!dev->tx_queue_len) {
        dev->priv_flags |= IFF_NO_QUEUE;
        dev->tx_queue_len = 1;
    }
    dev->num_tx_queues = txqs;
    dev->real_num_tx_queues = txqs;
    if (netif_alloc_netdev_queues(dev))
        goto free_all;
#ifdef CONFIG_SYSFS
    dev->num_rx_queues = rxqs;
    dev->real_num_rx_queues = rxqs;
    if (netif_alloc_rx_queues(dev))
        goto free_all;
#endif
    strcpy(dev->name, name);
    dev->name_assign_type = name_assign_type;
    dev->group = INIT_NETDEV_GROUP;
    if (!dev->ethtool_ops)
```

```
        dev->ethtool_ops = &default_ethtool_ops;
        nf_hook_ingress_init(dev);
        return dev;
free_all:
        free_netdev(dev);
        return NULL;
free_pcpu:
        free_percpu(dev->pcpu_refcnt);
free_dev:
        netdev_freemem(dev);
        return NULL;
}
```

（2）释放函数 free_netdev()，函数原型为：

```
void free_netdev(struct net_device *dev)
{
        struct napi_struct *p, *n;
        netif_free_tx_queues(dev);
#ifdef CONFIG_SYSFS
        kvfree(dev->_rx);
#endif
        gpio_get_value();
        kfree(rcu_dereference_protected(dev->ingress_queue, 1));
        //刷新网络设备地址
        dev_addr_flush(dev);
        list_for_each_entry_safe(p, n, &dev->napi_list, dev_list)
        netif_napi_del(p);
        free_percpu(dev->pcpu_refcnt);
        dev->pcpu_refcnt = NULL;
        //与驱动程序中的错误处理兼容
        if (dev->reg_state == NETREG_UNINITIALIZED) {
            netdev_freemem(dev);
            return;
        }
        BUG_ON(dev->reg_state != NETREG_UNREGISTERED);
        dev->reg_state = NETREG_RELEASED;
        //释放网络设备
        put_device(&dev->dev);
}
```

（3）以太网设备初始化函数 ether_setup()：该函数既可以用于初始化一个以太网设备，也可以用于初始化 net_device 结构体。函数原型为：

```
void ether_setup(struct net_device *dev)
{
        dev->header_ops = &eth_header_ops;
        dev->type = ARPHRD_ETHER;
```

```
        dev->hard_header_len = ETH_HLEN;
        dev->min_header_len = ETH_HLEN;
        dev->mtu = ETH_DATA_LEN;
        dev->addr_len = ETH_ALEN;
        dev->tx_queue_len = 1000;
        dev->flags = IFF_BROADCAST|IFF_MULTICAST;
        dev->priv_flags |= IFF_TX_SKB_SHARING;
        eth_broadcast_addr(dev->broadcast);
}
```

（4）注册/注销网络设备的函数，函数原型为：

```
int register_netdev(struct net_device *dev);          //注册网络设备
void unregister_netdev(struct net_device *dev);       //注销网络设备
```

3）netdevice_ops 结构体与 API

netdevice_ops 结构体的定义为：

```
struct net_device_ops {
        int (*ndo_init)(struct net_device *dev);                      //注册网络设备时调用
        void (*ndo_uninit)(struct net_device *dev);                   //网络设备卸载时调用
        int (*ndo_open)(struct net_device *dev);                      //打开网络接口设备时调用
        int (*ndo_stop)(struct net_device *dev);                      //停止网络接口设备时调用
        //开始发送数据包，传入 sk_buff 结构体指针，获取从上层传递下来的数据包
        netdev_tx_t (*ndo_start_xmit) (struct sk_buff *skb,struct net_device *dev);
        void (*ndo_change_rx_flags)(struct net_device *dev,int flags);
        void (*ndo_set_rx_mode)(struct net_device *dev);
        int (*ndo_set_mac_address)(struct net_device *dev,void *addr);    //设置网络设备的 MAC 地址
        int (*ndo_validate_addr)(struct net_device *dev);
        int (*ndo_do_ioctl)(struct net_device *dev, struct ifreq *ifr, int cmd); //进行网络设备的特定 I/O 控制
        //配置接口，可用于改变网络设备的 I/O 地址和中断号
        int (*ndo_set_config)(struct net_device *dev, struct ifmap *map);
        int (*ndo_change_mtu)(struct net_device *dev, int new_mtu);
        int (*ndo_neigh_setup)(struct net_device *dev,struct neigh_parms *);
        //当数据包发送超时时调用该函数，该函数会重启数据包的发送过程或重启硬件来将网络设备恢复
到正常状态
        void (*ndo_tx_timeout) (struct net_device *dev);
};
```

net_device_ops 结构体初始化实例如下：

```
void AAA_init(struct net_device *dev)
{
        struct AAA_priv *priv;              //网络设备的私有信息结构体
        AAA_hw_init();                      //检查网络设备是否存在，以及网络设备需要的硬件资源
        ether_setup(dev);                   //初始化以太网设备的共用成员
        //初始化成员函数指针
        dev->netdev_ops->ndo_open = AAA_open;
        dev->netdev_ops->ndo_stop = AAA_stop;
        dev->netdev_ops->ndo_set_config = AAA_set_config;
        dev->netdev_ops->ndo_start_xmit = AAA_tx;
```

```
    dev->netdev_ops->ndo_do_ioctl = AAA_ioctl;
    dev->netdev_ops->ndo_get_stats = AAA_stats;
    dev->netdev_ops->ndo_change_mtu = AAA_change_mtu;
    dev->netdev_ops->ndo_tx_timeout = AAA_tx_timeout;
    dev->netdev_ops->ndo_watchdog_timeo = AAA_timeout;
    dev->rebuild_header = AAA_rebuild_header;
    dev->hard_header = AAA_header;

    priv = netdev_priv(dev);                       //获得私有数据并进行初始化
}
```

ndo_open()函数和 ndo_release()函数的代码为：

```
int AAA_open(struct net_device *dev)
{
    ret = request_irq(dev->irq, &AAA_interrupt, 0, dev->name, dev);   //申请中断资源
    netif_start_queue(dev);                                            //激活发送队列
}
init AAA_release(struct net_device *dev)
{
    free_irq(dev->irq,dev);                        //释放中断资源
    netif_stop_queue(dev);                         //关闭发送队列
}
```

ndo_start_xmit()函数用于网络设备接口层向下发送数据，位于"net_device->net_device_ops"，可以被 dev_queue_xmit()函数回调。例如：

```
int AAA_tx(struct sk_buff *skb, struct net_device *dev)
{
    int len;
    char *data, shortpkt[ETH_ZLEN];
    if(AAA_send_available()){                      //发送队列未满，可以发送
        //获得有效数据的指针和长度
        data = skb->data;
        len = skb->len;
        if(len < ETH_ZLEN){
            //如果帧的长度小于以太网帧最小长度，则补 0
            memset(shortpkt,0,ETH_ZLEN);
            memcpy(shortpkt,skb->data,skb->len);
            len = ETH_ZLEN;
            data = shortpkt;
        }
        dev->trans_start = jiffies;                //记录发送的时间戳
        //设置硬件寄存器，以便发送数据
        AAA_hw_tx(data,len,dev);
    }else{
        netif_stop_queue(dev);
        ......
    }
}
```

4）中断处理函数

网络设备接收数据是通过中断的方式实现的，调用 netif_rx()函数将接收到的数据上报到协议接口层。例如：

```
static void AAA_rx(struct xxx_device * dev)
{
    ......
    length = get_rev_len(...);
    //分配新的 Socket 缓存区
    skb = dev_alloc_skb(length +2);
    skb_researve(skb, 2);       //对齐
    skb->dev = dev;
    //读取硬件上接收到的数据
    insw(ioaddr +RX_FRAME_PORT, skb_put(skb, length), length >>1);
    if(length &1){
        skb ->data[length - 1] = inw(ioaddr + RX_FRAME_PORT);
    }
    //获取上层协议类型
    skb->protocol = eth_type_trans(skb,dev);
    //把数据包交给上层
    netif_rx(skb);
    //记录接收的时间戳
    dev->last_rx = jiffies;
    ...
}
static void AAA_interrupt(int irq, void *dev_id)
{
    ...
    switch(status & ISQ_EVENT_MASK){
        case ISQ_RECEIVER_EVENT:            //接收数据包
            xxx_rx(dev);
            break;
        //其他类型中断
    }
}
```

5）其他 API

其他 API 如下，定义在"include/linux/netdevice.h"中。

void *netdev_priv(const struct net_device *dev);	//得到私有数据指针
int eth_mac_addr(struct net_device *dev, void *p);	//设置 MAC
int eth_validate_addr(struct net_device *dev);	//检查 MAC 地址是否有效
nt eth_change_mtu(struct net_device *dev, int new_mtu);	//修改 MTU 值
void eth_hw_addr_random(struct net_device *dev)	//随机生成 MAC 地址
void eth_random_addr(u8 *addr);	//随机生成 MAC 地址
void netif_start_queue(struct net_device *dev) ;	//开启发送队列
void netif_stop_queue(struct net_device *dev) ;	//停止发送队列

void netif_carrier_on(struct net_device *dev) ;
void netif_carrier_off(struct net_device *dev)

5.5.2.3 网络设备驱动程序的开发步骤

Linux 内核设计了 net_device 结构体，用于封装一些参数、方法或者接口信息，屏蔽了网络设备的具体细节，采用统一的形式访问网络设备，在开发网络设备驱动程序时需要填充这些结构体。网络设备驱动程序的开发步骤如下：

（1）分配并初始化网络设备：动态分配网络设备，定义并初始化 net_device 结构体，过程如图 5.25 所示。

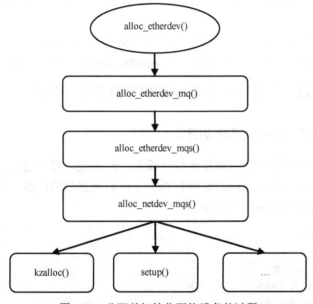

图 5.25 分配并初始化网络设备的过程

（2）注册网络设备：通过 register_netdev()函数把已完成初始化的 net_device 结构体注册到 Linux 内核中，过程如图 5.26 所示。

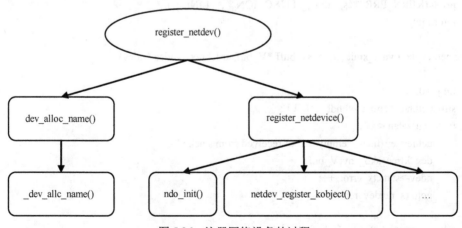

图 5.26 注册网络设备的过程

5.5.3 虚拟网络设备驱动程序的开发

网络设备驱动程序较为复杂，本书以虚拟网络设备驱动程序为例来介绍网络设备驱动程序的开发。与物理的网络设备不同，虚拟网络设备没有中断机制，但可以模拟实现一些简单的 ping 命令，实现自循环的网络通信。

虚拟网络设备驱动程序开发的关键是熟悉虚拟网络设备传输数据的机制，以及一些重要的结构体和设备操作方法。

（1）虚拟网络设备传输数据的机制。首先申请建立一个虚拟网络设备，如网卡 eth1，使用 netif_stop_queue()函数将数据发送出去，然后将发送的 ethhdr 源地址与目标地址交换，端口号也进行交换，并将数据区域复制到新申请的用于发送新 sk_buff 的数据区，启用 netif_rx()函数发送数据。

（2）在虚拟网络设备数据传输过程中，用到的重要的结构体包括 sk_buff、net_device 和 net_device_ops，用到的设备操作函数包括 dev_queue_xmit()、ndo_start_xmit()和 netif_rx()。

5.5.4 开发实践：虚拟网络设备驱动程序的开发与测试

5.5.4.1 虚拟网络设备驱动程序的开发

虚拟网络设备驱动程序不需要操作硬件，没有中断函数，可通过 Linux 的 ping 命令来实现数据包的收发，在发送数据包的函数中模拟一个接收数据包的函数，能够 ping 通任何 IP 地址。虚拟网络设备驱动程序的代码如下：

```
#include <linux/cdev.h>
#include <linux/fs.h>
#include <linux/netdevice.h>
#define VIRNET_MAX_PACKET_SIZE 128
static struct net_device *g_ndev;
int vnet_mac(struct net_device *dev, void *p)
{
    int ret = 0;
    printk(KERN_ERR "%s,%d\n",__FUNCTION__,__LINE__);
    return ret;
}
static netdev_tx_t vnet_xmit (struct sk_buff *V_buf,struct net_device *ndev)
{
    int j = 0;
    struct ethhdr *virnet_ethhdr = NULL;
    if (V_buf->len <= 0) {
        netdev_err(ndev, "empty V_buf received from stack\n");
        dev_kfree_skb_any(V_buf);
        ndev->stats.tx_errors++;
        goto tx_netdev_return;
    }
    ndev->stats.tx_bytes += V_buf->len;
    ndev->stats.tx_packets++;
```

```c
        virnet_ethhdr = eth_hdr(V_buf);
        //交换 IP
        for(j = 0; j < 4; j++){
            V_buf->data[12+j]= V_buf->data[12+j]^V_buf->data[16+j];
            V_buf->data[16+j]= V_buf->data[12+j]^V_buf->data[16+j];
            V_buf->data[12+j]= V_buf->data[12+j]^V_buf->data[16+j];
        }
        //TCP 和 UDP 通信
        if( (6 == V_buf->data[9]) || (17 == V_buf->data[9]) ){
            //交换端口号
            for(j = 0; j < 2; j++){
                V_buf->data[20+j]= V_buf->data[20+j]^V_buf->data[22+j];
                V_buf->data[22+j]= V_buf->data[20+j]^V_buf->data[22+j];
                V_buf->data[20+j]= V_buf->data[20+j]^V_buf->data[22+j];
            }
        }
        if(NET_RX_SUCCESS == netif_rx(V_buf)){
            ndev->stats.rx_bytes += V_buf->len;
            ndev->stats.rx_packets++;
        }
    tx_netdev_return:
        return NETDEV_TX_OK;
}

static const struct net_device_ops nops   = {
    .ndo_start_xmit = vnet_xmit,
    .ndo_set_mac_address = vnet_mac,
};

void vnet_setup(struct net_device *ndev)
{
    ndev->mtu = VIRNET_MAX_PACKET_SIZE - 2;
    ndev->netdev_ops   = &nops;
    ndev->flags = IFF_NOARP;
}
static int vnet_init(void)
{
    //分配一个 net_device 结构体
    g_ndev = alloc_netdev(0,"eth1",NET_NAME_UNKNOWN, vnet_setup);
    printk(KERN_ALERT " g_ndev->name =%s\n", g_ndev->name);
    if(!g_ndev) {
        printk("alloc_netdev err\n");
        return -1;
    }
    //注册虚拟网络设备
    register_netdev(g_ndev);
    return 0;
}
static void vnet_exit(void)
{
    unregister_netdev(g_ndev);
```

```
        free_netdev(g_ndev);              //释放 net_device 结构体
}
module_init(vnet_init);                   //声明驱动模块的入口函数
module_exit(vnet_exit);                   //声明驱动模块的出口函数
```

5.5.4.2 虚拟网络设备驱动程序的测试

（1）建立交叉编译开发环境，将本实践项目目录下的 net 文件夹复制到共享文件夹。

（2）使用 root 权限（root 用户）将虚拟网络设备驱动程序代码复制到"/home/"目录下。

```
root@hostlocal:/# cp -r /media/sf_share/net/ /home/
```

（3）进入开发目录。

```
root@hostlocal:/# cd /home/net/
root@hostlocal:/home/net# ls
Makefile    virnet.c
```

（4）编译 Makefile。

```
obj-m := virnet.o
PWD := $(shell pwd)
KDIR := /home/mysdk/gw3399-linux/kernel
all:
        make -C $(KDIR) M=$(PWD) modules
clean:
        rm -f *.ko *.o *.mod.o *.mod.c *.symvers    modul*
```

输入 ls 命令查看是否生成.ko 文件。

```
root@hostlocal:/home/net# ls
Makefile Module.symvers virnets.ko virnet.mod.o
Modules.order virnet.c virnet.mod.c virnet.o
```

（5）将生成的.ko 文件复制到共享文件夹。

```
root@hostlocal:home/net# cp virnet.ko /media/sf_share/
```

（6）通过 SSH 远程登录 RK3399 嵌入式开发板后，使用 MobaXterm 的 SFTP 服务将 virnet.ko 文件复制到 RK3399 嵌入式开发板的"/home/test"目录下。

```
test@rk3399:~$ pwd
/home/test
test@rk3399: ls
```

结果如下所示：

```
adc_app         Downloads       nlp-platform    server          ssl             Videos
catkin_ws       i2c_app         nlp-resources   simp_blkdev.ko  tcp             virnet.ko
Code            incloudlab-ai   Pictures        sqlite-3071600  Templates       ZXBeeGW
cv-platform     key_app         process         sqlite-arm      test.db
Desktop         map             Public          sqlite.c        uart-test
Documents       Music           pwm_app         ssd1316.co      udp
```

（7）使用 root 权限加载 virnet.ko 文件。

```
test@rk3399:~$ sudo su
root@rk3399:/home/test# insmod virnet.ko
```

（8）使用 ifconfig 命令查看 "/home/test" 目录。

```
root@rk3399:/home/test# ifconfig
```

结果如下所示：

```
eth0      Link encap:以太网  硬件地址 5e:ee:96:12:1c:8a
          UP BROADCAST MULTICAST  MTU:1500  跃点数:1
          接收数据包:0 错误:0 丢弃:0 过载:0 帧数:0
          发送数据包:0 错误:0 丢弃:0 过载:0 载波:0
          碰撞:0 发送队列长度:1000
          接收字节:0 (0.0 B)  发送字节:0 (0.0 B)
          中断:24

lo        Link encap:本地环回
          inet 地址:127.0.0.1  掩码:255.0.0.0
          inet6 地址: ::1/128 Scope:Host
          UP LOOPBACK RUNNING  MTU:65536  跃点数:1
          接收数据包:514 错误:0 丢弃:0 过载:0 帧数:0
          发送数据包:514 错误:0 丢弃:0 过载:0 载波:0
          碰撞:0 发送队列长度:1
          接收字节:53957 (53.9 KB)  发送字节:53957 (53.9 KB)

wlan0     Link encap:以太网  硬件地址 cc:4b:73:7e:6c:22
          inet 地址:192.168.100.83  广播:192.168.100.255  掩码:255.255.255.0
          inet6 地址: fe80::93ba:a9db:54f8:d7e7/64 Scope:Link
          UP BROADCAST RUNNING MULTICAST  MTU:1500  跃点数:1
          接收数据包:3509 错误:0 丢弃:0 过载:0 帧数:0
          发送数据包:633 错误:0 丢弃:0 过载:0 载波:0
          碰撞:0 发送队列长度:1000
```

（9）输入以下命令添加一个虚拟网卡，并设置其 IP 地址。

```
root@rk3399:/home/test# ifconfig eth1 6.6.6.6
```

输入以下命令查看是否生成虚拟网卡。

```
root@rk3399:/home/test# ifconfig
```

结果如下所示：

```
eth0      Link encap:以太网  硬件地址 5e:ee:96:12:1c:8a
          UP BROADCAST MULTICAST  MTU:1500  跃点数:1
          接收数据包:0 错误:0 丢弃:0 过载:0 帧数:0
          发送数据包:0 错误:0 丢弃:0 过载:0 载波:0
          碰撞:0 发送队列长度:1000
          接收字节:0 (0.0 B)  发送字节:0 (0.0 B)
          中断:24

eth1      Link encap:AMPR NET/ROM  硬件地址
          inet 地址:6.6.6.6  掩码:255.0.0.0
          UP RUNNING NOARP  MTU:249  跃点数:1
          接收数据包:28 错误:0 丢弃:0 过载:0 帧数:0
          发送数据包:28 错误:0 丢弃:0 过载:0 载波:0
          碰撞:0 发送队列长度:1
          接收字节:2576 (2.5 KB)  发送字节:2576 (2.5 KB)

lo        Link encap:本地环回
          inet 地址:127.0.0.1  掩码:255.0.0.0
          inet6 地址: ::1/128 Scope:Host
          UP LOOPBACK RUNNING  MTU:65536  跃点数:1
          接收数据包:514 错误:0 丢弃:0 过载:0 帧数:0
          发送数据包:514 错误:0 丢弃:0 过载:0 载波:0
          碰撞:0 发送队列长度:1
          接收字节:53957 (53.9 KB)  发送字节:53957 (53.9 KB)

wlan0     Link encap:以太网  硬件地址 cc:4b:73:7e:6c:22
```

（10）输入以下命令 ping 虚拟网络自身。

```
root@rk3399:/home/test# ping 6.6.6.8
```

结果如下所示：

```
PING 6.6.6.8 (6.6.6.8) 56(84) bytes of data.
64 bytes from 6.6.6.8: icmp_seq=1 ttl=64 time=53.0 ms
64 bytes from 6.6.6.8: icmp_seq=2 ttl=64 time=53.0 ms
64 bytes from 6.6.6.8: icmp_seq=3 ttl=64 time=52.9 ms
64 bytes from 6.6.6.8: icmp_seq=4 ttl=64 time=53.2 ms
64 bytes from 6.6.6.8: icmp_seq=5 ttl=64 time=53.2 ms
64 bytes from 6.6.6.8: icmp_seq=6 ttl=64 time=53.3 ms
```

（11）输入以下命令 ping 同一网段中的其他地址。

```
root@rk3399:/home/test# ping 6.6.6.6
```

结果如下所示：

```
PING 6.6.6.6 (6.6.6.6) 56(84) bytes of data.
64 bytes from 6.6.6.6: icmp_seq=1 ttl=64 time=0.127 ms
64 bytes from 6.6.6.6: icmp_seq=2 ttl=64 time=0.144 ms
64 bytes from 6.6.6.6: icmp_seq=3 ttl=64 time=0.153 ms
64 bytes from 6.6.6.6: icmp_seq=4 ttl=64 time=0.143 ms
64 bytes from 6.6.6.6: icmp_seq=5 ttl=64 time=0.101 ms
```

5.5.5 小结

本节主要内容包括 Linux 网络设备概述、网络设备驱动程序的开发、虚拟网络设备驱动程序的开发，通过开发实践引导读者掌握虚拟网络设备驱动程序的开发与测试。

5.5.6 思考与拓展

（1）什么是 Linux 网络设备？网络设备与字符设备、块设备有什么区别？
（2）简述 Linux 网络系统。
（3）简述 Linux 网络设备驱动程序架构每一层的作用。
（4）简述 Linux 网络设备驱动程序的开发步骤。

参考文献

[1] 郝玉胜. μC/OS-Ⅱ嵌入式操作系统内核移植研究及其实现[D]. 兰州交通大学,2014.

[2] 王福刚,杨文君,葛良全. 嵌入式系统的发展与展望[J]. 计算机测量与控制,2014(12):3843-3847.

[3] 廖建尚. 基于STM32嵌入式接口与传感器应用开发[M]. 北京:电子工业出版社,2018.

[4] 鸟哥. 鸟哥的Linux私房菜 基础学习篇[M]. 4版. 北京:人民邮电出版社,2018.

[5] 丹尼尔·P. 博韦,马尔科·西斯特. 深入理解LINUX内核[M]. 3版. 陈莉君,张琼声,张宏伟,译. 北京:中国电力出版社,2008.

[6] 宋宝华. Linux设备驱动开发详解:基于最新的Linux 4.0内核[M]. 北京:机械工业出版社,2015.

[7] 王军. Linux系统命令及Shell脚本实践指南[M]. 北京:机械工业出版社,2014.

[8] Richard Blum,Christine Bresnahan. Linux命令行与shell脚本编程大全[M]. 3版. 门佳,武海峰,译. 北京:人民邮电出版社,2016.

[9] 谢希仁. 计算机网络[M]. 7版. 北京:电子工业出版社,2017.

[10] 韦东山. 嵌入式Linux应用开发完全手册[M]. 北京:人民邮电出版社,2021.

[11] 廖建尚. 面向物联网的CC2530与传感器应用开发[M]. 北京:电子工业出版社,2018.

[12] 文件系统[EB/OL]. [2021-09-11]https://baike.baidu.com/item/文件系统.

[13] Linux Shell[EB/OL]. [2021-09-13]https://baike.baidu.com/item/Linux%20Shell.

[14] Shell 脚本[EB/OL]. [2021-09-13]https://baike.baidu.com/item/Shell 脚本/572265?fr=aladdin.

[15] FTP工具[EB/OL]. [2021-09-17]https://baike.baidu.com/item/FTP工具/7838526?fr=aladdin.

[16] BootLoader[EB/OL]. [2021-09-18]https://baike.baidu.com/item/BootLoader.

[17] U-Boot[EB/OL]. [2021-10-10]https://baike.baidu.com/item/U-Boot/10377075?fr=aladdin.

[18] 套接字[EB/OL]. [2021-10-12]https://baike.baidu.com/item/套接字.

[19] 廖建尚. 基于I2C总线的云台电机控制系统设计[J]. 单片机与嵌入式系统应用,2015(2):67-70.

[20] 李法春. C51单片机应用设计与技能训练[M]. 北京:电子工业出版社,2011.

[21] LUPA. LINUX软件工程师(C语言)实用教程(修订版)[M]. 北京:科学出版社,2007.

[22] 苗德行,冯建,刘洪涛,等. 从实践中学嵌入式Linux应用程序开发[M]. 2版. 北京:电子工业出版社,2015.

[23] 王雷. TCP/IP网络编程基础教程[M]. 北京:北京理工大学出版社,2017.